OCEANUS
SEPTENTRIO
NOVA
ZEMLA
Nova Zemla anno 1606 à Gulielmo Barentsonio Amste lodamensi detecta est, nomine Illustrissimorum Federatarum Belgij Provinciarum Ordinum
TARTARICUS
NALIS
Oceanus
MARE
MEDITER RANEUM
Pontus Euxinus nunc Mare Major
Mare de Sala ol Caspium
TARTARIA
Cathaya
CHINA
OCEANUS CHINEN
GUINEA
Mare Arabicum et Indicum
OCEANUS
ÆTHIOPICUS
MAR DI INDIA
MARE LANTCHIDOL
MAGALLANICA
Fretum Magallanic.
Fret le Maire
Promontorium terræ Australis
Nova Guinea
Borneo
Mindanao
Philippinæ Ins.
Beach
MERIDIES
Mar del Zur
INDIA
I. S. Paulo
S. Helena
Madagascar

地图时光机

[美] 凯文·J. 布朗 著
木同 译

中国画报出版社·北京

目　录

引 言

这本书讲述了一部世界史，一部由无数张地图组成的世界史。在这些地图中，既有已知人类历史上最早的地图，也有20世纪近代战争宣传地图。这些地图不仅构成了一部地理学的世界史，更向我们展示了一部人类认知世界、认知彼此以及最终发现自我的感性思想发展史。我们将乘着这些隽永的图画穿越时空，从宗教、社会和经济等不同的视角来重新凝视这个世界，并思考自身的存在以及我们同这个世界之间的联结。

首先映入我们眼帘的是《波伊廷格地图》和《赫里福德世界地图》。这两幅地图分别标志着我们地图时光之旅的起点和终点。这两幅地图之间的差异，淋漓尽致地表现出了不同制图理念之间以及制图师内心的冲突与挣扎：科学与宗教、物质与精神、现实与虚构、存在与探索、中立与劝导。

率先出场的是《波伊廷格地图》。这是一张不论从形制还是功能的角度来看都既先进又朴拙的地图。波伊廷格地图并不是按照精确的数学比例制成的，因而相较于后世的地图显得原始而粗糙。虽然简朴，但它却依然是一幅实用的路线导航图。在图上，古罗马帝国的交通路网系统中的城市、路站以及它们之间的距离都被详细地描绘了出来。我们不妨试试，用看今天的伦敦地铁交通图那样的方式来解读它：两者都忽略了相对比例这样的数学概念，通过突出描绘路线和航路点[1]，使得地图更易于阅读和理解；它们都是实用性的地图，提供了从“A点”到达“B点”的路线。不论在古代的罗马还是当代的伦敦，这样实用的交通图都是外出旅行的必备工具。

曾经盛极一时的罗马帝国，其最主要的两个特征便是对外征战与商业贸易。支撑这两项国家功能的必要条件之一，就是一个庞大而完善的交通路网系统。但罗马帝国的衰落，最终导致了这个完善的交通系统的全面崩溃，使得人们外出旅行与商业贸易的活动不再便捷安全。仿佛一只触冰后破损了的巨轮，欧洲大陆缓缓沉入了黑暗的时代。人们的出行普遍减少，地方政府也彼此更为分散孤立。此时的欧洲世界逐渐转向了对于灵魂的内在探索，宗教与精神的价值成为整个世界的重心。这是理查德·哈丁汉姆－拉福德创作《赫里福德世界地图》时所处的时代。如果说《波伊廷格地图》是一幅服务于现实世界的导航图，那么《赫里福德世界地图》则不啻为引导精神徜徉于《圣经》故事世界中的引路灯。与《波伊廷格地图》相比，尽管《赫里福德世界地图》中同样包含了地理信息，但这些信息在现实世界中却毫无用处。

这两幅地图各自代表了一种制图理念上的极致。《波伊廷格地图》是一个实用性的工具，它经过精心的设计与规划，引导人们探索广袤而纷杂的现实世界。而《赫里福德世界地图》则是一个劝导式的媒介，它意图给人们带来精神上的指引与启示，但在实际生活上的功用却微乎其微。制图学漫长的发展史

1　航路点（waypoints）：飞行或航海每一阶段的坐标点。——译者注（全文均为译者注，后不再赘述）

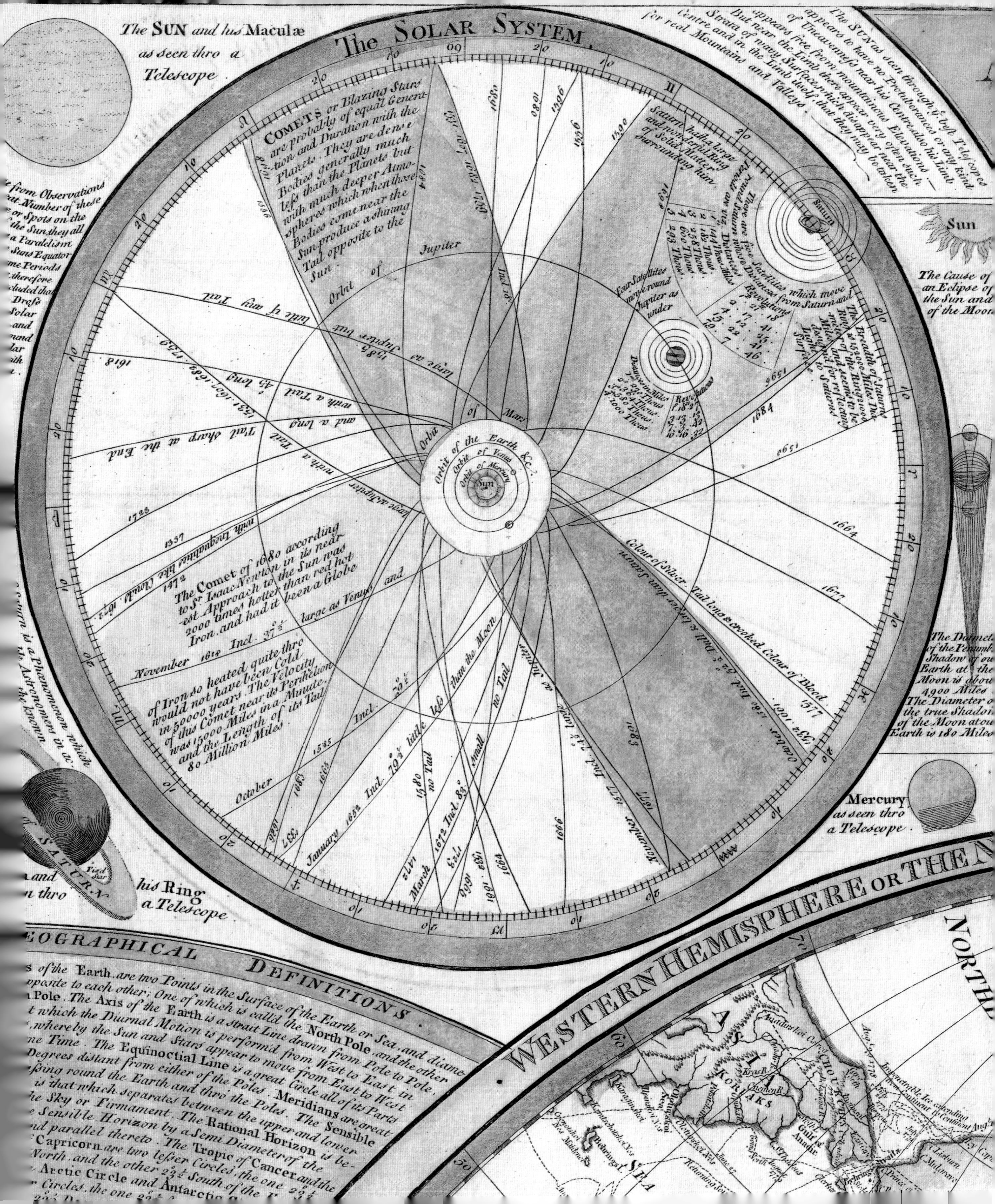
The SUN and his Maculæ as seen thro a Telescope
The SOLAR SYSTEM.
COMETS or Blazing Stars are probably of equal Generation and Duration with the Planets. They are dense Bodies generally much less than the Planets but with much deeper Atmospheres which when those Bodies come near the Sun produce a shining Tail opposite to the Sun.
Saturn hath a large and wonderful Ring of Solid Matter surrounding him.
The SUN as seen through ye best Telescopes appears to have no Protuberances or any kind of Unevenness near his Centre, also his Limb appears free from mountainous Elevations — But near the Limb there appear very often such Strata of wavy Surface, which disappear near the Centre and in the Limb itself, that they may be taken for real Mountains and Valleys
Sun
The Cause of an Eclipse of the Sun and of the Moon
Orbit of Jupiter
Orbit of Mars
Orbit of the Earth &c.
Orbit of Venus
Orbit of Mercury
Sun
large as Jupiter but little if any Tail
with a Tail 4½ long
and a long Tail sharp at the End
with Inequalities like Clouds
The Comet of 1680 according to Sr Isaac Newton in its nearest Approach to the Sun was 2000 times hotter than red hot Iron, and had it been a Globe of Iron so heated quite thro would not have been Cold in 50000 years. The Velocity of this Comet near its Perihelion was 15000 Miles in a Minute, and the Length of its Tail 80 Million Miles
large as Venus and
November 1618 Incl. 37½
Colour of Silver. Tail long & crooked Colour of Blood.
Dull & larger than Saturn
little less than the Moon
no Tail
small
January 1652 Incl. 79¼
March 1672 Incl. 83°
October
The Diamet. of the Penumb. Shadow of our Earth at the Moon is about 4900 Miles The Diameter of the true Shadow of the Moon at our Earth is 180 Miles
Mercury as seen thro a Telescope
SATURN
his Ring a Telescope
EOGRAPHICAL DEFINITIONS
WESTERN HEMISPHERE OR THE N
NORTH
ASIA
KORIAKS

便是这样，在不同的意识形态以及制图理念之间的往复更替中，逐渐生成。由此，这两幅地图既是我们的地图之旅的起点，亦是我们的终点，是我们解开其他地图之迷的钥匙。

接下来的一幅巨作，是瓦尔德泽米勒创作于1507年的《宇宙志》。这幅地图创作的年代恰巧是近代时期[2]（1500—1800）的伊始，由此，它也被认为是这个时代开篇的见证。近代时期的开端，是以1492年美洲新大陆的发现，以及随之开启的大探险时代为标志的。这个开端大致对应着欧洲的文艺复兴和启蒙运动时期。最后，长达300年的近代历史也随着19世纪初的革命时期（自美国革命战争始）的到来而终结。

大探险时代的开篇预示了航海科学的发展。尽管像《赫里福德世界地图》这样的作品，可以在前近代时期充分地满足人们对于精神世界探索的需求，但它却在横渡大西洋或跨越好望角时变得毫无用处。瓦尔德泽米勒的地图在这时便是一次先驱性的尝试。它整合了前近代时期的宗教地图与专题地图，并集托勒密地图以及描绘现实世界的现代地图之大成。在此基础上，后世的制图学家越发趋向科学与公式化的制图模式，并逐步将先进精密的数学投影系统（如心形投影、日晷投影以及最重要的墨卡托投影系统）应用于地图的绘制。

2　近代时期（early modern era），历史学上的一种分期法，指中世纪之后与现代（modern）之前这个时期。起源于欧洲历史学界将人类历史分为四阶段（古代、中世纪、近代、现代）的习惯分期法。

可以说，《宇宙志》的出版推动了世界地图趋向精确与严谨化的发展。而后，随着全球商业贸易、探险考察、征服殖民和勘探开发活动的增加，地图的制作者有机会接收到越来越多有价值的信息。在像阿姆斯特丹和伦敦这样繁忙的港口，船只夜以继日地驶向未知的远方，带回最新的消息。港口逐渐成为制图业和印刷制造业的中心。

这个时期的大多数制图大师并不是领航员或探险家，而仅仅是地图的编撰及绘制者。他们从各个可能的地方收集尽可能多的信息，并将其编绘成地图。然而，当大部分的世界仍然是未知领域之时，他们的工作无异于排沙简金般困难。制图师需要与同行，甚至于欧洲大陆上其他领域的专家往来通信，通过详尽的交流来获得有效的信息，从而一步步填补地图上的空白。由于频繁交流的愿望是如此迫切，渐渐地，那些最有建树的学者被召集起来，齐聚在了如巴黎、伦敦和圣彼得堡这样的中心城市，并建立起了属于他们的大本营——科学院。在科学院中，那个时代最伟大的思想在卷帙浩繁中碰撞交锋，学者与思想家运用源源不断的智慧与灵感，一点点揭开了自然世界的神秘面纱。

科学院的兴起标志着制图学发展的一次重大改革。早期制图师的作品尽管做工精良，但却往往缺乏来自同行的评鉴。随着科学院的发展壮大，隶属于同一个地图绘制中心的制图学家定期会面，交流研讨的问题逐渐深入，包含了如纬度、经度、山脉、河流和北极通道这样的问题。然而有时，问题的答案也会变得高度政治化。这时候，谁能获得国王或权贵的信赖与委任，谁就会在同行之间获得更高的话语权与威望。这一点在法国皇家科学院中体现得尤为突出。

18 世纪初，法国皇家科学院的崛起带动欧洲的制图中心从阿姆斯特丹迁到了巴黎。在那里，制图师之间的激烈竞争从谁能拥有最精准的信息，延伸到了谁能持续获得社会名流的青睐。他们面临的挑战无所不在。与此同时，世界依然保留着大片的未知领域，那些地图上空缺的信息要如何来填补呢？这时，一些制图师与学者逐步研发出了复杂的地球物理理论，理论详细涵盖了全球温度、地质、冰流、水流、存在或缺失的山脉走向，以及其他的地质特征。而另一些人，则选择追随政治风向、服务于权贵。假如一位国王或富商想要在西北方开辟一条商道，那些深谙谄媚之道的制图师就算凭空捏造，也要在地图上画出一条这样的通道，或至少表明这里确有一条商道亟待开发。同样地，一位希望取悦国王的法国制图师也会把法国的殖民地绘制得远远大于他们的竞争对手西班牙和英国。这所皇家科学院以实证和猜想主义制图而闻名天下，并统领整个欧洲大陆的制图界，直至近代时期结束。到了那时，詹姆斯·库克上尉（1728—1779）、让·弗朗索瓦·拉彼鲁兹伯爵（1741—1788）和乔治·温哥华上尉（1757—1798）已经成功地远征归来，并就此确定了此前大部分尚未被划定的海岸线。

欧洲伟大的科学院不仅拥有无数制图大师，还凝聚了许多其他领域的科学家。这些学者会聚一堂，共同研习那些随着远征探险队和殖民化商业活动带入欧洲的大量资料。他们还共同创立了许多科学图表，用来描绘洋流的运动及其他地球物理学的理论。这些学者所绘制的地图，有时是为了表达某一种观念或是为某个科学的地位进行辩护。

最后，制图学的齿轮开始向着来时的方向逆转。从罗马帝国的实用地图到文艺复兴时期精确构建的数学地图，再到科学专题地图，又转回了一种服务于思想道德宣传的教育式地图。其他非科学机构很快便引用了专题地图的制图技法，并制作出大量关于道德、社会、宗教以及政治的宣传图册。

随着制图学知识在 19 世纪和 20 世纪的全面普及与迅猛发展，制图师已经可以做出假设，相信大众普遍具备理解一张地图的基础知识水平。普通人也能够迅速地从地图中图形的形状特征，辨认出国家、城市以及大陆。当民众有了较强的地理知识背景之后，制图师便开始将地图作为媒介，用来表达更加强有力的信息。制图学在他们的手中，被带向了新的高度。有趣的是，他们将地图中的地理信息升华为所要表达的内容，其手法正如《赫里福德世界地图》一样。最终，制图界的各个流派都演变为了将地理信息杂糅编辑，只为了传达一些专题信息的制图风格，就像我们在最后一章中所看到的那样。

于此，制图学的齿轮又将缓缓向前转动了。

60

90
80
80
POLE
ARCTIQUE
TERRES
Smith
par les Russes
1723

第一章
制图学的曙光：从波伊廷格到开普勒

制作地图是人类总结探索世界的经验的一种方式；而地图或类似的工具则是我们记录历史的一种形式。最早的地图铭刻在古巴比伦神秘的楔形文字中，书写在古埃及珍贵的莎草纸上，出现在古希腊智慧的哲学理论中，并镶嵌成为古罗马美丽的马赛克图画。想要了解地图制图学的起源，就必须从了解《波伊廷格地图》开始。这幅地图中展现的世界，据称是古罗马帝国最初的样貌。在这一章节中，我们将通过托勒密地图、中世纪地图和文艺复兴早期及中期的地图，来了解制图学的发展，以及那些最早被应用到制图系统中的数学原理。

许多古地图，例如古巴比伦和古罗马时期的地图，不仅界定了我们今天所理解的“地图”的概念，也为后世的地图创作奠定了范本。

前文中提到的两幅古地图：《波伊廷格地图》与《赫里福德世界地图》，分别代表了两种前托勒密式的制图风格。两幅地图一幅来自古罗马，另一幅来自欧洲的中世纪，呈现的是迥然不同的世界观。

《波伊廷格地图》描绘了古罗马庞大、复杂的交通路网系统，为繁荣昌盛的商业与跨国贸易提供服务。这幅地图并不是根据精确的数学系统而建立的，但它仍被看作一个实用的工具。结合古罗马广袤领土上精密复杂的道路系统，《波伊廷格地图》可以为人们的出行与物资运输提供极其便利的导航。从现代社会的角度来看，《波伊廷格地图》与大都市的轨道交通地图最为相似。尽管两者都不是按比例绘制的，但却都能提供路线规划、物理距离以及车站信息以作概览，使行人轻松地从一个地点到达另一个地点。

与此相反，《赫里福德世界地图》引领的则是一个精神的世界。中世纪的特征之一便是古罗马的交通系统的瓦解。人们的远途旅行大大减少，而日常的出行环境变成了穿梭于狭小封闭的领地中的崎岖小路，这些小路既缺乏维护又充满危险。古罗马时期那些宽阔平展的道路、路旁的休息站和巡逻的守卫，都消失在了历史的记忆里。人们不再热衷于出行，转而投向对于灵魂与信仰的探索。《赫里福德世界地图》所反映出的，正是这样一个由向外转为向内的世界，而它所指引的是在这个向内的世界中徘徊的灵魂。

到了文艺复兴初期，制图学迎来了一次重要的革新，这要归功于被欧洲人重新发现的托勒密地图。克劳迪乌斯·托勒密（Claudius Ptolemaeus）是公元 2 世纪古罗马帝国的数学家，他出生于埃及，长期居住在亚历山大城。他的鸿篇巨著《地理学指南》（*Geographia*）为现代地图制图学奠定了基础。这部书详细介绍了如何严谨地运用地理坐标系绘制地图，以及如何应用数学地图投影系统将地球的曲率表现在地图上。不仅如此，他所建立的坐标系统包含了数百对坐标点，根据这些二维平面的坐标点，可以绘制出一个相当接近现实世界的现代地图。

尽管托勒密的著作创作于古罗马时期，但其重要意义直到文艺复兴初期才被欧洲人重新发现。1406 年，来自意大利斯卡尔佩里亚的学者兼人文主义者雅各布斯·安杰勒斯（Jacobus Angelus

of Scarperia）将《地理学指南》一书从阿拉伯文翻译成了拉丁文。这部著作的翻译给欧洲的人文主义者带来了新的启示。《地理学指南》不仅带领他们认识了世界，更重要的是还让他们得以深入解读当时的学者所推崇的古代文本。从这个层面上而言，早期的托勒密地图与《赫里福德世界地图》具有相似的意义。只不过，早期托勒密地图并不是精神世界的指南，而是通向古代世界的桥梁。

1492 年发生的一系列事件，使得制图学突然具有了崭新的、更直接的价值。托勒密制图模式的主要局限性在于，它仅仅描绘了古人所知的世界，即由欧洲、亚洲和非洲三部分所组成的世界。若这些早期的地图仅用作知识的普及并无不妥，但是，随着克里斯托弗·哥伦布（Cristoforo Colombo）登陆新大陆，以及随之涌现的财富与新发现，许多人开始重新凝视地图。这是自古罗马陨落之后，地图第一次真正成为一个帮助人们探索现实世界的工具，而不再仅仅是一个用以沟通古代世界与精神世界的媒介。

马丁·瓦尔德泽米勒（Martin Waldseemüller）是第一个尝试运用托勒密地理系统来描述哥伦布发现的新世界的制图师。作为一名制图师，他的制图理念传承于托勒密。尽管瓦尔德泽米勒的地图如此伟大，但它仍仅仅是对托勒密地图的一次扩展与诠释。传统的托勒密地图从加那利群岛或传说中的幸运岛（Fortunate Isles）延伸到了神秘的城市卡蒂加拉（Cattigara），据悉可能是在越南南部西海岸被称为喔㕭[1]（Óc Eo）的一处废墟。由于哥伦布和韦斯普奇（Vespucci）发现的新世界，瓦尔德泽米勒不得不将托勒密地图所描绘的世界范围扩大了一倍多。为此，他将托勒密地理系统转变为一个心状投影系统（Cordiform），以里海为中心，大大拓展了托勒密地图描绘的范围。瓦尔德泽米勒的新地图不仅展现了新发现的美洲大陆的海岸，而且还拓展出一片在美洲西部可能存在的未知海域。

在瓦尔德泽米勒的启发下，包括奥龙斯·菲内（Oronce Finé）在内的许多制图师迅速地接受了心状投影系统，甚至还将其扩展为一个双心状投影系统，以便在一幅地图中容纳两个半球。地理投影系统在整个 16 世纪持续地完善。随着更多新大陆的发现，越来越精密复杂的数学模型被制图师用于地理投影系统，从而制作出更加复杂而精确的地图。

当然，这个进步的过程始终伴随着阻力。当一些制图师开拓出新的制图模式时，另一些人则退回到了像《赫里福德世界地图》这样的中世纪制图风格中。其中一个例子是海因里希·宾廷的《三叶草世界图》（*Clover Leaf Map*）。保守的宗教世界害怕新的制图模式带来的作品与《圣经》中描绘的世界不相符，因而迟迟不能接纳。尽管如此，随着越来越多的船队满载探索、征服与贸易的愿望驶向新世界，现代地图以一种势不可当的姿态横空出世了。

1 喔㕭，是越南喔㕭文化（1—7世纪）的发源地。

《波伊廷格地图》

Tabula Peutingeriana

《波伊廷格地图》是已知最早的世界地图的代表作。我们如今看到的这个版本，是12世纪来自法国科尔马的一位僧侣所作的复制品。它的原作大约创作于从公元前1世纪的古罗马皇帝奥古斯都大帝统治时期，是在皇帝的心腹密友马库斯·维普撒尼乌斯·阿格里帕的监督下，雕刻在岩石上的。原石现已失传。

保存至今的这个版本绘制在一幅6.75米长、0.35米高的巨大卷轴上。尽管地图存在一些线性失真，但有效的地理信息仍然被完好地保留了下来。《波伊廷格地图》中凝固了那个时代所知的世界，通过庞大繁杂的罗马帝国交通路网，展现了一个从地中海的西班牙通向印度的世界。尽管那时还不存在现代地图制图学的基本标准，也没有清晰明确的数学投影系统可以被应用其中，《波伊廷格地图》依然准确标注了当时的主要城市和水体分布及其间距。因此，一个古罗马的旅人可以轻松地从这份地图上找到从罗马去印度的路。研究者认为，最早的《波伊廷格地图》一定还包含着一个现已遗失的部分，图中描绘了向西跨越直布罗陀海峡之外的世界。

今天，《波伊廷格地图》保存于维也纳霍夫堡宫的奥地利国家图书馆内。然而，因为这幅早古地图的脆弱性，无法向公众开放展示。

制图师

马库斯·维普撒尼乌斯·阿格里帕（Marcus Vipsanius Agrippa，公元前64年或前62—前12）是古罗马的执政官、政治家、将军与建筑师。阿格里帕与盖约·奥克塔维厄斯（屋大维）（Gaius Octavius）从小一起长大，是亲密的玩伴。当屋大维成为罗马的第一位皇帝奥古斯都时，阿格里帕就站在他的身边。在奥古斯都的领导下，阿格里帕监督完成了奥古斯都统治时期的许多伟大的工程壮举，包括首都罗马的整修。

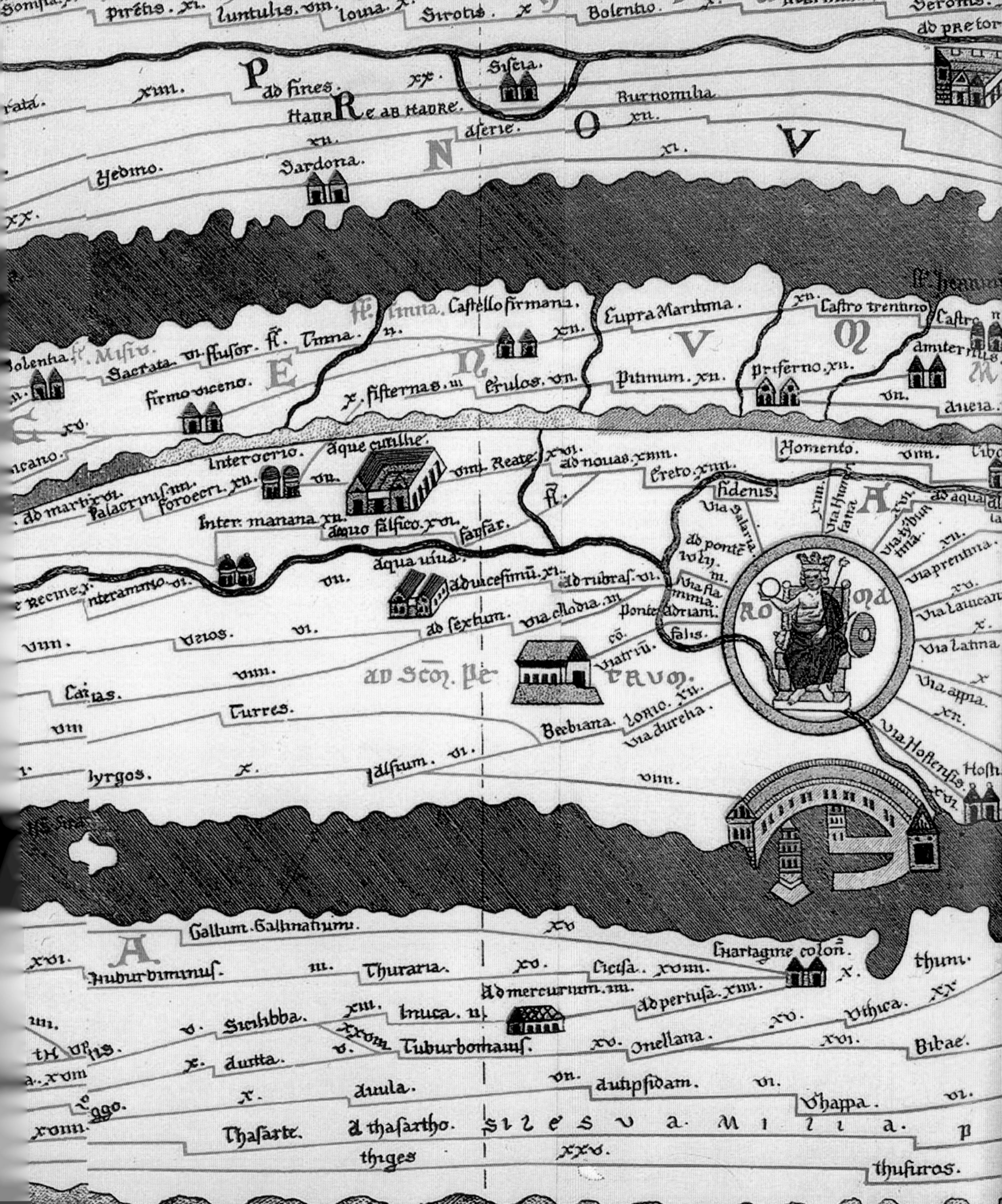

Sirotis
Bolentio
Seroms
ad pretor
Siscia
ad fines
Burnomilia
Hadre ab Hadre
aserie
Hedino
Sardona
P R O V N
Castello firmana
Cupra Maritima
Castro trentino
Castro
Sacrata
Tinna
firmo viceno
fisternas
Erulos
Pitinum
priferno
amiterno
E N V M
Interocrio
aque cutilhe
Reate
ad novas
Ereto
Nomento
Foroecri
Palacrinis
ad martirom
Inter manana
aquo falsico
fidenis
Via Salaria
Via Numentana
Via Tyburtina
A
ad ponte
ad aquas
aqua viva
ad vicesimu
ad rubras
Via flaminia
Ponte Adriani
Via prenina
Via Lavicana
Via Latina
Via appia
Via Hostensis
ROMA
ad sextum
via clodia
nteramnio
Vrios
Turres
Bebiana
Lorio
Via aurelia
AD SCM. PETRUM
lyrgos
Alsium
Gallum Gallinatium
Chartagine colon
A
Thuraria
Cicisa
Admercurium
ad pertusa
Sicilibba
Inuca
Tuburbomaius
Onellana
Vthica
Bibae
dutta
Aviula
autipsidam
Vhappa
Thasarte
ad thasartho
SIZESVAMIIIA P
thiges
thusuros

在《波伊廷格地图》的第10部分中，可以看到欧亚大陆、安纳托利亚（Anatolia）、黑海以及塞浦路斯岛。它突出描绘了安条克(Antioch)。这座城市因在军事战略上的重要性和富饶的程度，成为真正意义上的东方大都市。它的行政官东方大主教，曾与罗马和君士坦丁堡大主教拥有相同的级别。事实上，在《波伊廷格地图》中所有着重描绘的大城市里，也唯有罗马和君士坦丁堡可与安条克相提并论。

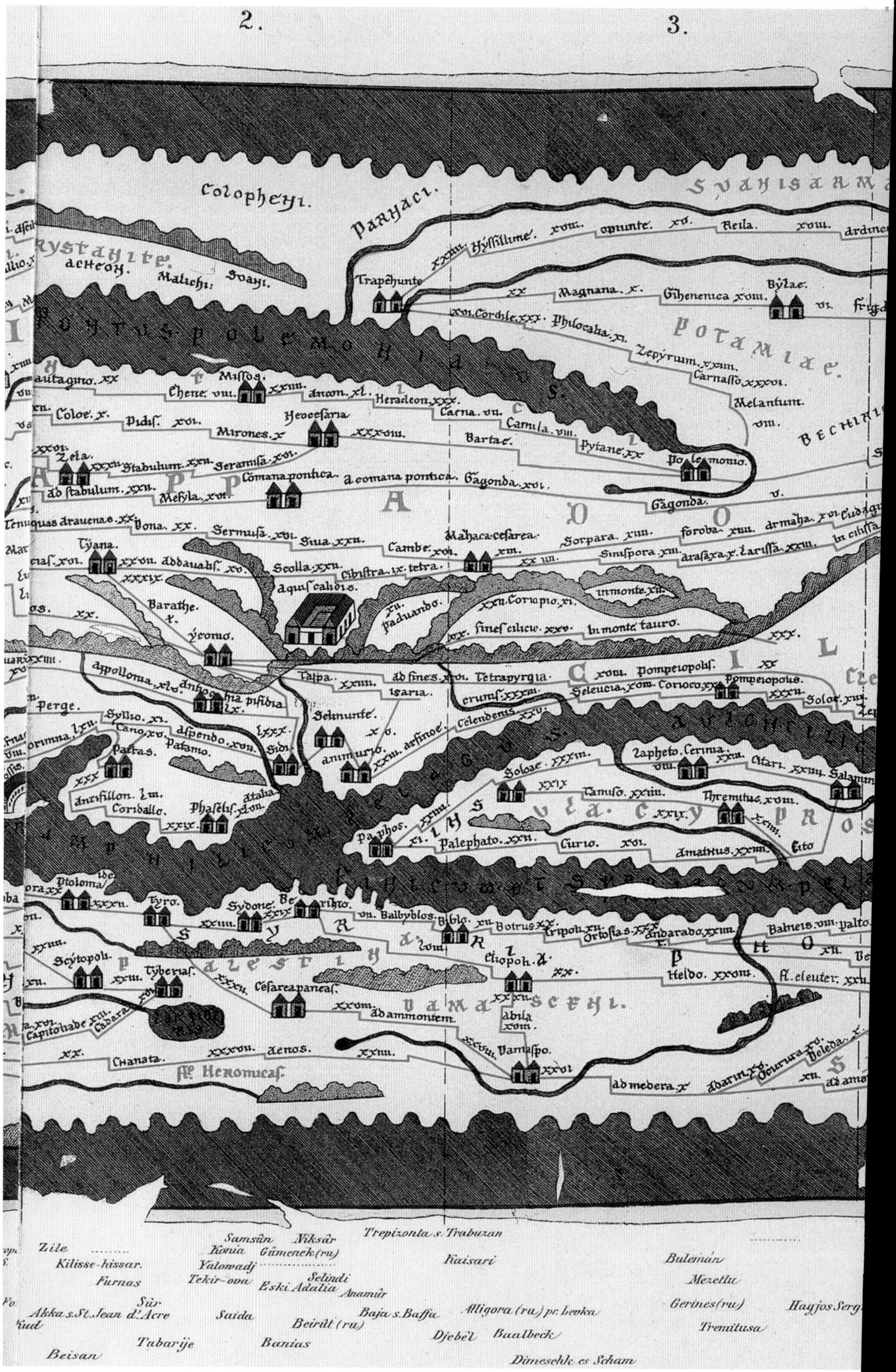

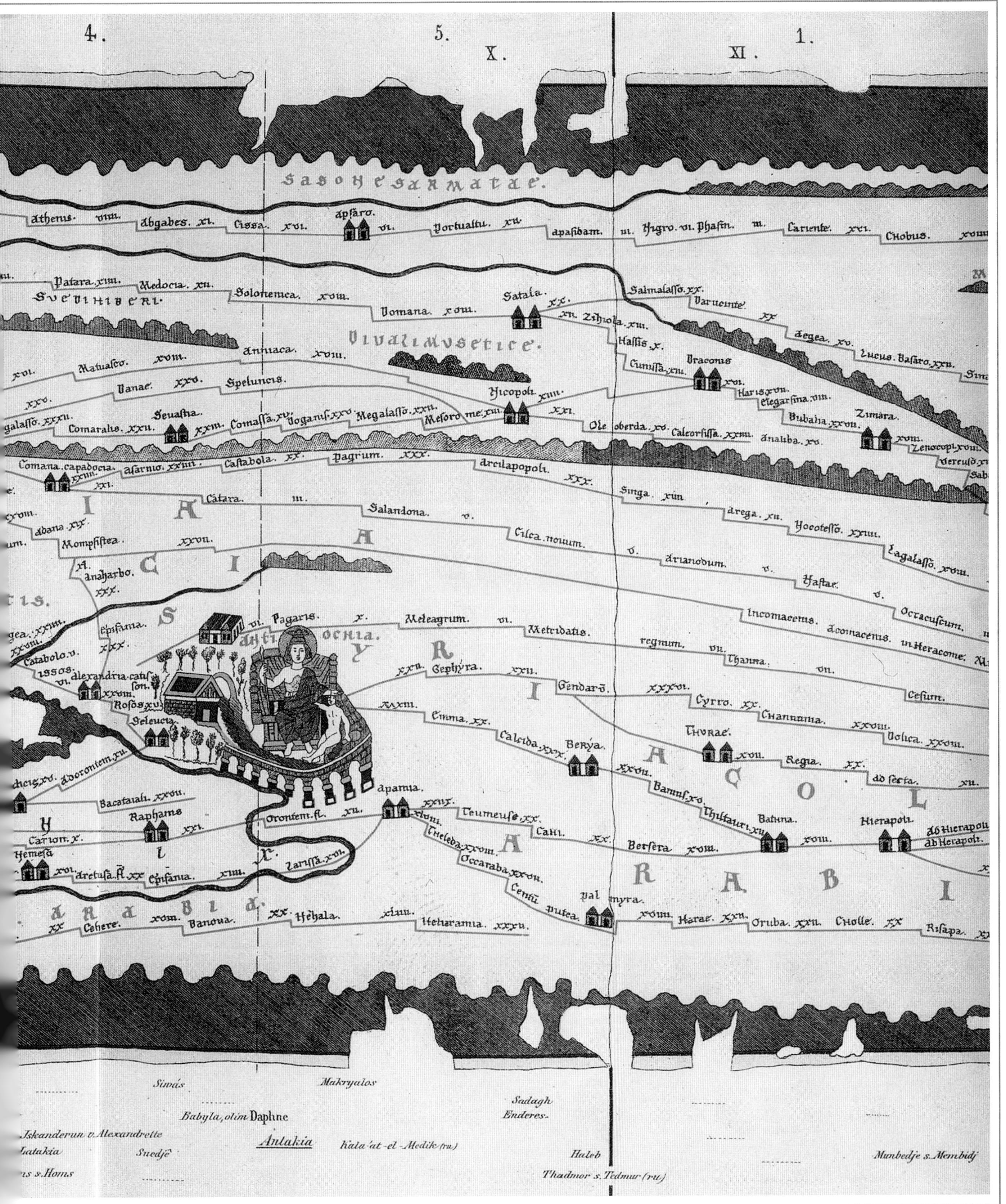

4.
5.
X.
XI.
1.
Athenis.
Abgabes. xi.
Cissa. xvi.
apsaro.
Portualtu.
apasidam.
Phasin.
Cariente.
Chobus.
Patara.
Medocia.
Solonenica.
Domana.
Satala.
Salmalasso. xx.
Varuente.
Degea.
Lucus. Basaro.
Matuasco.
Annaca.
Vanae.
Speluncis.
Nicopoli.
Haris.
Elegarsina.
Bubalia.
Zimara.
Comaralis.
Seuastia.
Comassa.
Megalasso.
Mesoro
Ole oberda.
Calcorsissa.
Zenocopi.
Comana. capadocia.
asarnio.
Castabola. xx.
Pagrum. xxx.
Arcilapopoli
Catara.
Salandona.
Singa.
Arega.
Cilca.
Arianodum.
Lagalasso.
Adana. xx.
Mompsistea.
Anaiarbo.
Epifania.
Pagaris.
Meleagrum.
Metridatis.
Incomacenis.
Thanna.
Cesum.
Catabolo.
Issos.
Alexandria catis son.
Rosos
Seleucia
Gephyra.
Gendaro.
Cyrro.
Channuma.
Emma. xx.
Calcida
Berya.
Thorae.
Regia.
Bacataiali.
Apamia.
Teumeuse
Cahi.
Bersera
Batuna.
Hierapoli.
Raphanis
Cario
Hemesa
Aretusa.
Epifania.
Occaraba
Centu putea.
Palmyra.
Harae.
Oruba.
Cholle.
Risapa.
Cehere.
Banoua.
Helerama
Sivás
Makryalos
Babyla, olim Daphne
Sadagh
Enderes-
Iskanderun v. Alexandrette
Antakia
Kala'at-el-Medik (ru.)
Latakia
Suedje
Haleb
Munbedje s. Membidj
Thadmor s. Tedmur (ru.)

《赫里福德世界地图》

Hereford Mappa Mundi

这幅来自英国赫里福德大教堂的惊世手稿，是已知最大的一幅中世纪世界地图。这幅地图是由一位署名为“理查德·哈丁汉姆－拉福德”的作者，于公元1300年左右绘制在现剥的小牛皮上的。也有历史学家相信这位作者就是历史上的理查德·德·贝洛，他曾是赫里福德教区的高级神职人员。

《赫里福德世界地图》是典型的传统中世纪T-O地图。T-O地图通常是根据《圣经》故事中的内容来绘制的地图。这张地图很难运用现代的制图标准来解读，因为它所呈现出的并不是现实世界，而是一个仅存在于想象中的精神世界。那么就让我们运用丰富的想象力，来试着游览这个幻想中的世界吧。在《赫里福德世界地图》的正中央，是宗教世界的中心：耶路撒冷。地图上方是东方，在那里的尽头坐落着伊甸园。在图上，伊甸园是一个封闭隔绝的岛屿，这样做准确描绘了从凡俗尘世向着人间天堂的无法抵达。位于地图下方中心的一片辽阔的水域，是地中海。而在西方的尽头，是直布罗陀海峡。非洲位居地图的正右方，川流其上的尼罗河清晰可见。而欧洲大陆，则被描绘在了地图的左下方。

大部分《赫里福德世界地图》中描绘的特定地点都不在其实际的地理位置上，而是以《圣经》中的记载为准。甚至连诺亚方舟也拥有一个具体的位置，并被确切地标示在地图上。此外，由于此地图出品于英国，英格兰、爱尔兰和苏格兰岛都被放在了左下方显著的位置上。

如今，《赫里福德世界地图》已经传承了数百年。它存放于英国的赫里福德大教堂，并向公众开放展示。

制图师

理查德·哈丁汉姆－拉福德（Richard of Haldingham and Lafford，1275—1313）是一位英国的神职人员和学者。也有人认为，他就是历史上的理查德·德·贝洛（Richard de Bello），曾是拉福德地区（Lafford）的林肯大教堂的一名高级神职官员，也许曾是一名会计，后成为了一名受俸牧师。随后，他于1305年被指派到了赫里福德教区任职。

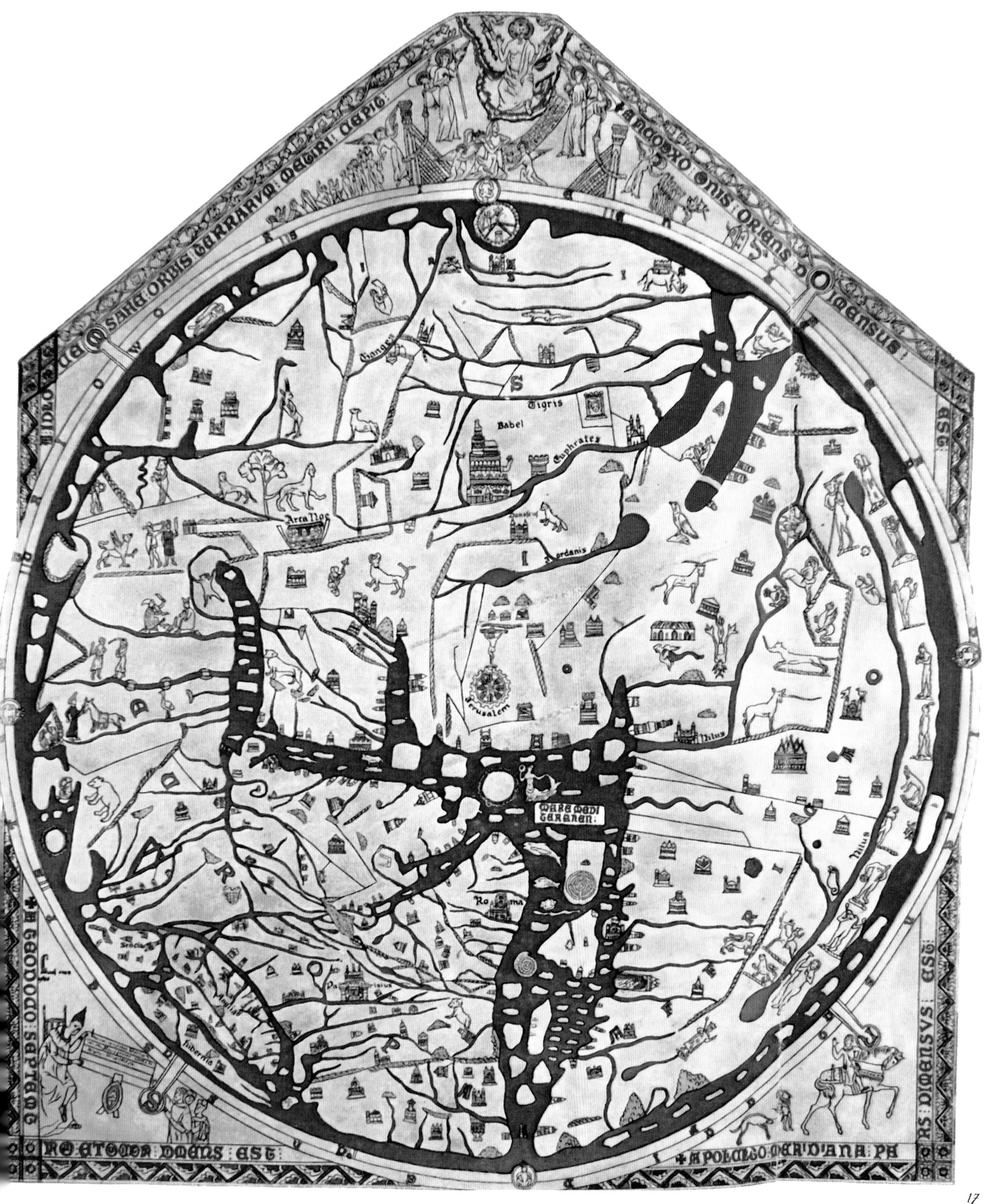

Ganges
Tigris
Babel
Euphrates
Arca Noe
Jerusalem
Nilus

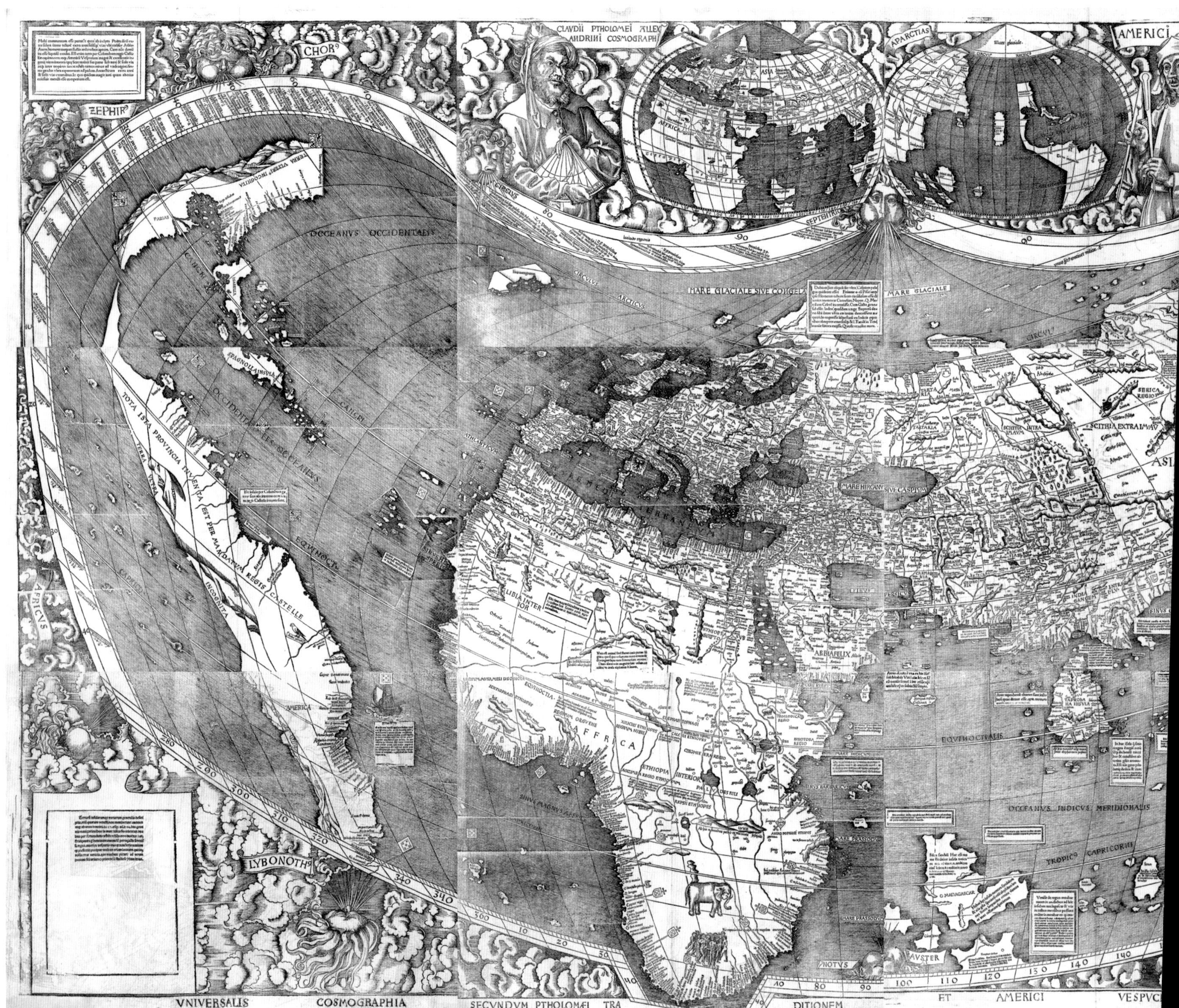

感谢美国国会图书馆提供的地图

《宇宙志》

Universalis Cosmographia

《宇宙志》又名《瓦尔德泽米勒地图》（*Waldseemüller Map*），是现存于世的最重要的地图之一。其重要的意义在于，它是世界上第一个将新发现的美洲大陆定名为“亚美利加”（America）的地图。很显然，马丁·瓦尔德泽米勒借鉴了哥伦布（Colombo）和阿梅里戈·韦斯普奇（Amerigo Vespucci）的名字来命名这个新大陆。又因为韦斯普奇的名望更高，于是优先使用韦斯普奇的名字，将美洲大陆命名为“亚美利加”。从此，这幅地图以“美洲大陆的诞生证明图”而闻名于世。然而，它的重要价值远不止于此。

瓦尔德泽米勒在制作这幅地图时面临的最大挑战，莫过于尝试将新发现的世界融入传统的托勒密地图。托勒密地图所承认的世界，是由欧洲、亚洲和非洲三部分组成的。而瓦尔德泽米勒想更进一步，加入组成世界的第四部分：美洲。这是一个地理学上里程碑式的飞跃，并从此奠定了其后的制图思想。早期托勒密地图并没有被当时的人们当作描绘世界的工具，因为它所体现的是古人对于世界的理解。它对于人文主义者和学者的价值要远远高于对于旅行家的意义。而瓦尔德泽米勒拓展了托勒密地图，将它与新发现的世界相结合，从而成功绘制出了第一幅描绘现代世界的地图。

有证据表明，《瓦尔德泽米勒地图》在 1507 年印制了 1000 份。尽管如此，仅有一幅地图流传至今，于 1901 年在德国符腾堡州，约翰内斯·祖·瓦尔德堡 - 沃尔夫埃格王子（Prince Johannes zu Waldburg-Wolfegg）的施洛斯·沃尔夫埃格图书馆（Schloss Wolfegg Library）内被发现。它一直被妥善保存在图书馆内，直到 2001 年被美国国会图书馆以 1000 万美元的价格购买。这在当时创造了史上单幅地图的最高成交价。

制图师

马丁·瓦尔德泽米勒（Martin Waldseemüller，1470—1520）是一位德国制图师与人文主义者。他曾在弗赖堡大学学习，后在洛林公国的圣迪耶教区的福萨根斯高级中学（Gymnasium Vosagense of the Collegiate of the Church of Saint-Dié in Lorraine）担任法政牧师。在马赛厄斯·林曼（Matthias Ringmann）的帮助下，他制作了数张重要地图，其中最重要的便是这幅创作于 1507 年的伟大的世界地图。

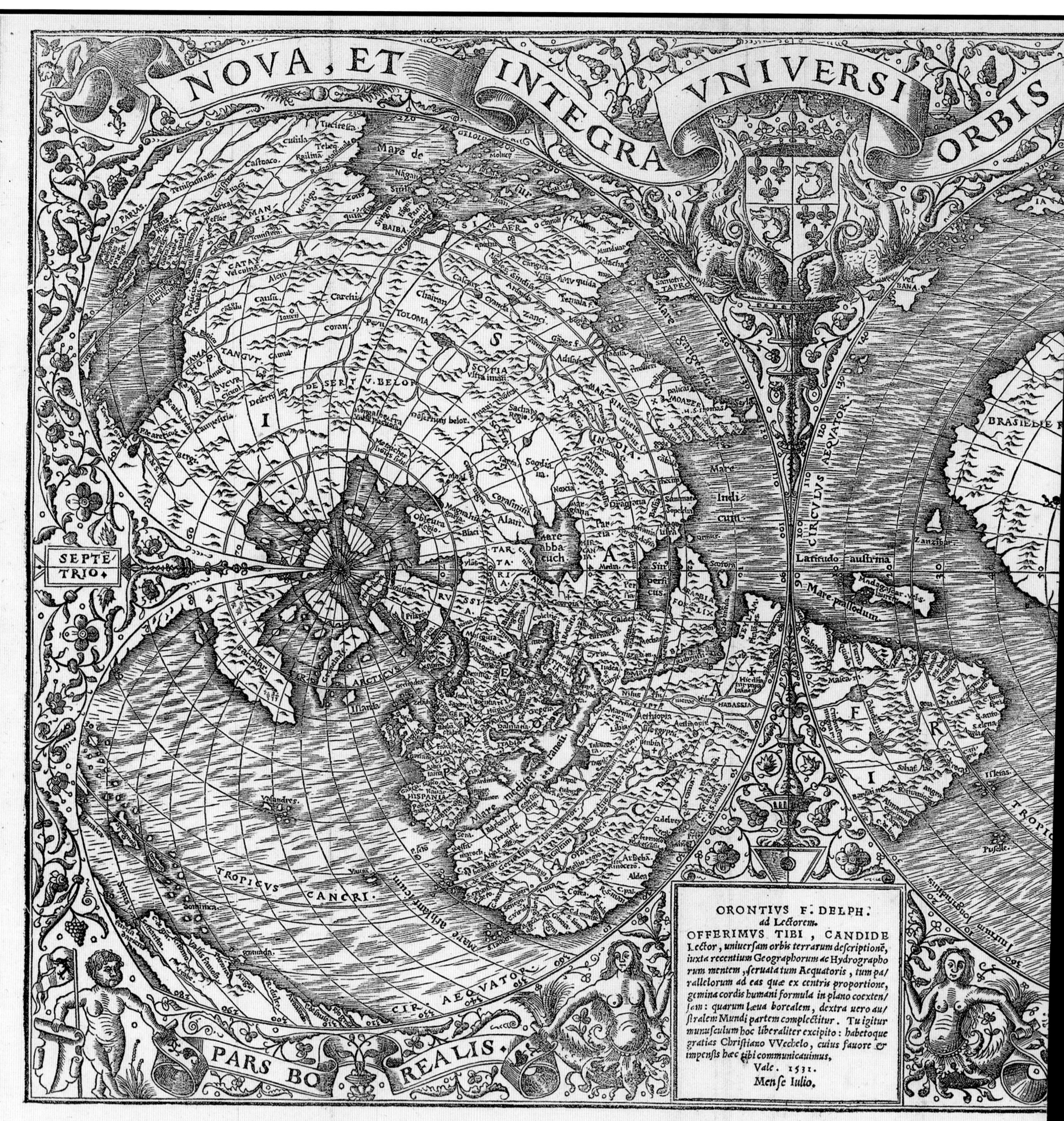

感谢巴里·劳伦斯·鲁德尔曼珍奇地图公司（Barry Lawrence Ruderman Rare Maps）提供的地图

《现代版完整世界地图》

Nova, et Integra Universi Orbis Descriptio

这幅杰出的地图，是由法国制图师奥龙斯·菲内于1531年制作的木刻地图。这幅地图呈现出一个独特的心状投影系统。在这幅作品中，菲内尝试运用数学原理来解决如何将地球的曲面描绘在一个二维平面上的问题。他是第一个运用投影系统来制作如此精准的地图的制图师。而菲内的心状投影系统（Finé Cordiform Model）被后来者，如格拉尔杜斯·墨卡托在内的制图大师所广泛应用。

从地图制图学的角度来看，这幅地图遵循的是克里斯托弗·哥伦布、阿梅里戈·韦斯普奇以及斐迪南·德·麦哲伦（Fernando de Magallanes）发现世界的轨迹。地图左半边的心形区域，描绘了欧洲、亚洲、北非，以及鲜为人知的北美洲。而右手边的心形区域内，仅描绘了部分的南非和南美，其余的大片空白则写着“最近发现但尚未探索”的“南方大陆”（Terra Australis），即大洋洲。这片土地，是在（这幅地图诞生的）10年前的1522年被麦哲伦和埃尔卡诺在环球航行中发现的。在地图上，在南美洲最南端的麦哲伦海峡以南，火地岛与“南方大陆”相连。这片新大陆尽管尚未被人证实，但人们却一直相信它的存在。直到1577—1580年，弗朗西斯·德雷克爵士（Sir Francis Drake）在他的环球航行中经过了合恩角和火地岛，才证实了火地岛与大洋洲之间并不相连。尽管如此，人们依然坚信“南方大陆”的存在。

制图师

奥龙斯·菲内（Oronce Finé，1494—1555），亦常被称作菲内斯（Finnaeus），是一位法国物理学家、数学家及地图学家。他出生于布里扬松，曾在巴黎的纳瓦尔大学（Collège de Navarre）学习医学与地图制图学。尽管曾因参与被当时的天主教会认定为异端邪术的“预测占星术”的研究，而被短暂拘禁了一段时间，菲内在1531年还是被任命为法国皇家学院的首任数学系主任，并创作了多部数学著作。今天，在月球上有一个火山口以及南极的一部分地区便是以他的名字命名的。

《明斯特尔的托勒密世界地图》

Altera Generalis Tab. Secundum Ptol.

塞巴斯蒂安·明斯特尔于 1550 年创作了这幅世界地图，并运用了在大航海时代到来之前最普及的托勒密制图法。尽管这幅地图的出版年份是 16 世纪，它所表达的世界观却要追溯到古老的公元 2 世纪。明斯特尔的绘图严格遵循了克劳迪乌斯·托勒密的著作《地理学指南》。尽管如今有许多保存下来的“托勒密地图”，其中大多数地图都是后人根据《地理学指南》中描绘的方法而制作的。究竟有没有托勒密的真迹流传下来，是个无解的谜题。

这个 “旧世界”在今天看来是如此狭小。它仅仅涵盖了从赤道到北极，从印度支那（Indochina）到大西洋的纵横世界。欧洲、阿拉伯国家以及波斯湾在图中清晰可辨。尼罗河与尼日尔河也奔腾川流在非洲大陆上。香料出口王国斯里兰卡在图中以旧称“塔坡巴纳”（Tapobrana）标注，并占有比印度更辽阔的领土。在地图的底部，非洲大陆的陆地不断延续向东，直到与东南亚的土地相连。由此，印度洋四周被陆地所包围。直到 1488 年，巴尔托洛梅乌·迪亚斯（Bartolomeu Dias）航行到了非洲的最南端，才确认了这一认知的谬误。

另外有趣的一点是，图中的非洲虽然向南延伸到了赤道线，但其边界却被绘制得参差不齐。在托勒密时代，人们深信在位于温热地带（Tepid Zone）的岛屿上，居住着各种各样的怪物。那里的气候过于炎热，使得人类无法生存。

制图师

塞巴斯蒂安·明斯特尔（Sebastian Münster，1488—1552）曾在瑞士的巴塞尔大学担任希伯来语教授。他曾出版《宇宙通志》，并以其空前的精度和广度震惊了整个德国制图界。这部书在当时广为流传，前后共重印了 24 版。各界艺术家前赴后继，在近 100 年的时间里，参与创作这一精美绝伦的木刻作品。大部分明斯特尔的著作都由他的儿子整理出版，而他本人则于 1552 年在瑞士去世。

克劳迪乌斯·托勒密（Claudius Ptolemaeus，100—170）是一位古罗马天文学家与数学家，亦被公认为是“地图制图学之父”。他最重要的著作《地理学指南》为现代制图思想与制图投影系统奠定了基础。托勒密的著作曾几近失传，直到文艺复兴时期才被摩洛哥学者穆罕默德·伊德里西（Muhammad al-Idrisi）重新发现并引入欧洲的知识界。

ERALIS TAB· SECVNDVM PTOL·

《世界通用地图》

Typus Orbis Universalis

这张闻名世界的地图描绘了从 12 个不同的方向将风吹向世界中心的风神，还有各种各样潜伏在汹涌波涛之中的海怪。16 世纪，明斯特尔汇编的《宇宙通志》在欧洲的知识分子中间广为流传、深受好评。这幅世界地图被收录在这本书中。明斯特尔的《宇宙通志》是第一部用德语来描绘世界的书籍，随后被陆续翻译为拉丁语、法语、捷克语、英语和意大利语。

明斯特尔的世界地图也许是第一个描绘出太平洋（Mare Pacificum）的地图。在这幅地图上，被称为佛罗里达之地（“Terra Florida”）的北美洲仍然是一片未知的土地。尼罗河在非洲大陆上的水道延续了托勒密的风格，被描绘为一个双湖并行的水系。日本被称为“吉庞古”(Zipangri),这是马可·波罗用来描述这个东方的神秘岛屿的旧称。亚洲大陆不断延伸，最后一部分出现在美洲大陆的北方。在南美洲，麦哲伦海峡和拉普拉塔河都清晰可辨。火地岛的尺寸被放大，因为它必须连接曾被柏拉图描绘过的神话般的南方大陆（Southern Continent）。而欧洲大陆经由北极路桥向西延伸，几乎与北美洲和格陵兰岛相连。

制图师

塞巴斯蒂安·明斯特尔。

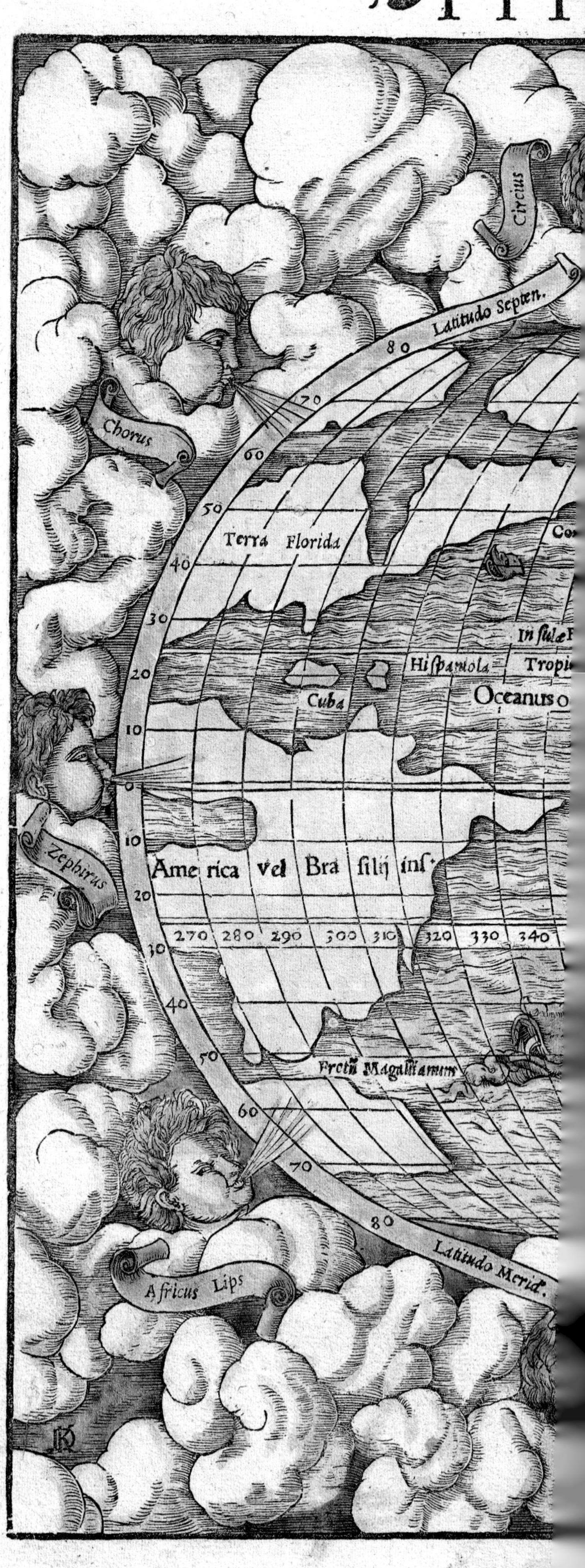

S ORBIS VNIVERSALIS

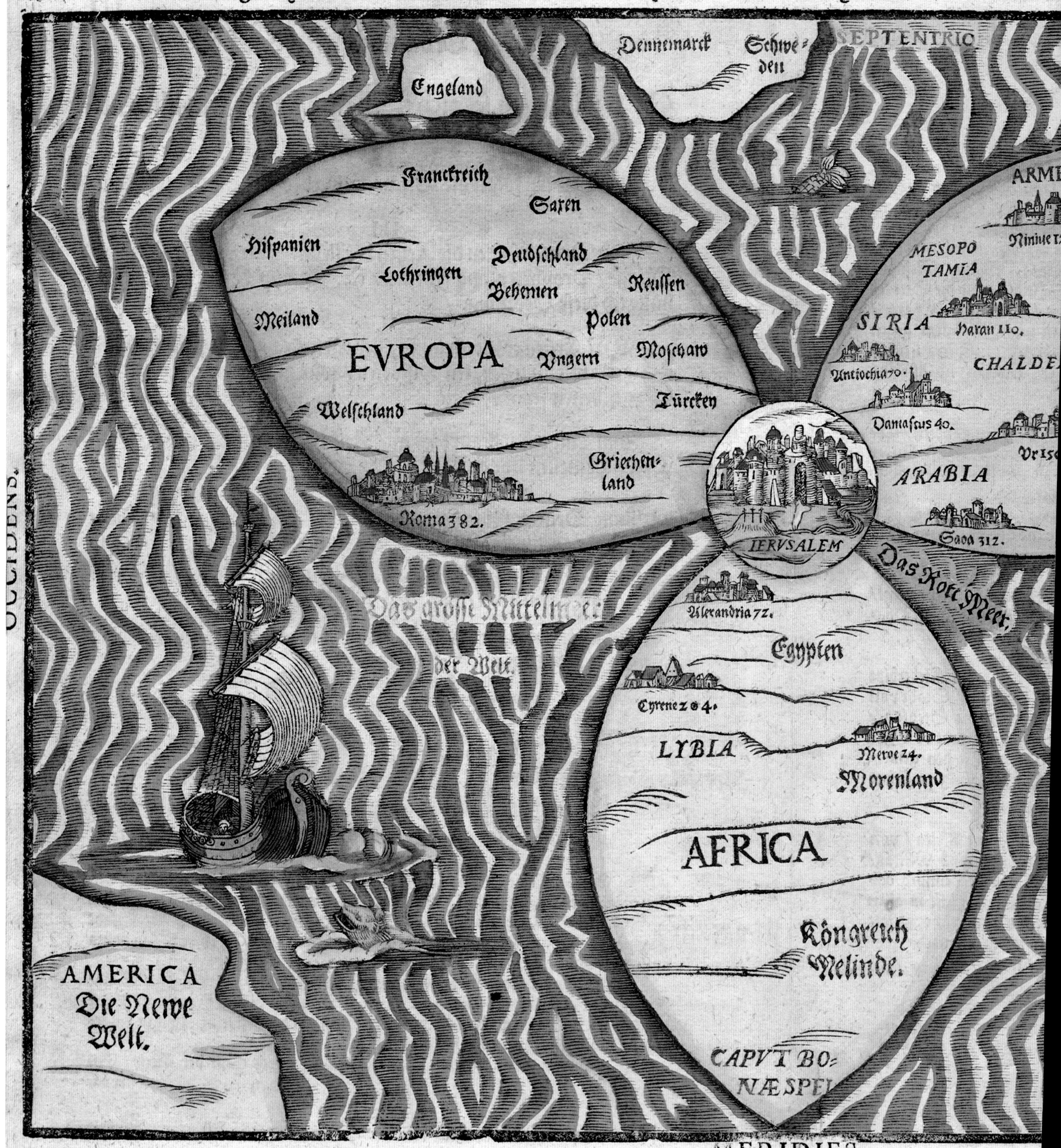
IIII Die gantze Welt in einem Kleberblat/Welches ist der Stadt Hannouer meines lie
SEPTENTRIO
Dennemarck
Schwe-
den
Engeland
Franckreich
Saxen
Hispanien
Deudschland
Lothringen
Behemen
Reussen
Meiland
Polen
EVROPA
Vngern
Moschaw
Welschland
Türcken
Griechen-
land
Roma 382.
IERVSALEM
ARME
Niniue
MESOPO
TAMIA
SIRIA
Haran 110.
CHALDE
Antiochia 70.
Damascus 40.
ARABIA
Gaza 312.
Das Rote Meer.
Das grosse Mittelmeer
der Welt.
Alexandria 72.
Egypten
Cyrene 204.
LYBIA
Merve 24.
Morenland
AFRICA
Köngreich
Melinde.
CAPVT BO
NÆ SPEI
AMERICA
Die Newe
Welt.
OCCIDENS.
MERIDIES.

《三叶草世界地图》

Die ganze Welt in einem Kleberblatt

海因里希·宾廷的三叶草形专题世界地图首次发行于1581年，是一幅典型的T-O风格地图。T-O地图是一种以《圣经》为依据绘制的地图，曾经风行于在托勒密地图被重新发现之前的12世纪。从这里，我们看到的是那时的人类发现世界的缓慢脚步，以及地图是如何经历了漫长的过程才发展成为我们今天所习惯看到的样式。在托勒密地图诞生几百年，以及瓦尔德泽米勒在托勒密地图的基础上进一步革新制图学70年后，依然有宾廷这样的制图师，执着地使用T-O风格地图描绘世界。

T-O地图本质上所诠释的是宗教世界定义的由三部分组成的世界。通常情况下，耶路撒冷作为世界的中心，出现在地图的正中心；欧洲、亚洲和非洲的版图则从这里向外延展。在欧洲，罗马被赋予了最重要的地位。在地图上，它也被描绘成除耶路撒冷之外最大的城市。在亚洲的范围内标注着很多城市，其中的大多数城市，如巴比伦、波斯波利斯（Persepolis）和大马士革（Damascus）都因为在《圣经》中出现而被欧洲人所熟知。在这里，印度被定义为东方最远端的点。而非洲仅仅有三个国家：苏丹（Meroe）、利比亚(Cyrene)和埃及（Alexandria）。有趣的是，英格兰、包括丹麦在内的斯堪的纳维亚半岛，以及刚刚被发现的新世界，都远离大陆的主体。这表明宾廷对于将革新后的制图理念融汇于他所熟悉的以宗教为中心的价值观，所进行的努力尝试。

制图师

海因里希·宾廷（Heinrich Bünting，1545—1606）出生于德国汉诺威。他曾在维滕贝尔格大学就读，主修神学。1569年大学毕业之后，成为一名新教牧师。1600年，由于他的某些教义引发了争议，宾廷退休并回到了汉诺威。他的著作《圣经行传录》（*Travel Through the Holy Scripture*）中，有几幅木刻的地图。这部著作在当时备受欢迎，并多次重版发行。

Die erst General Tafel/ die Beschreibung vnd den Circkel des gantzen Erdtrichs

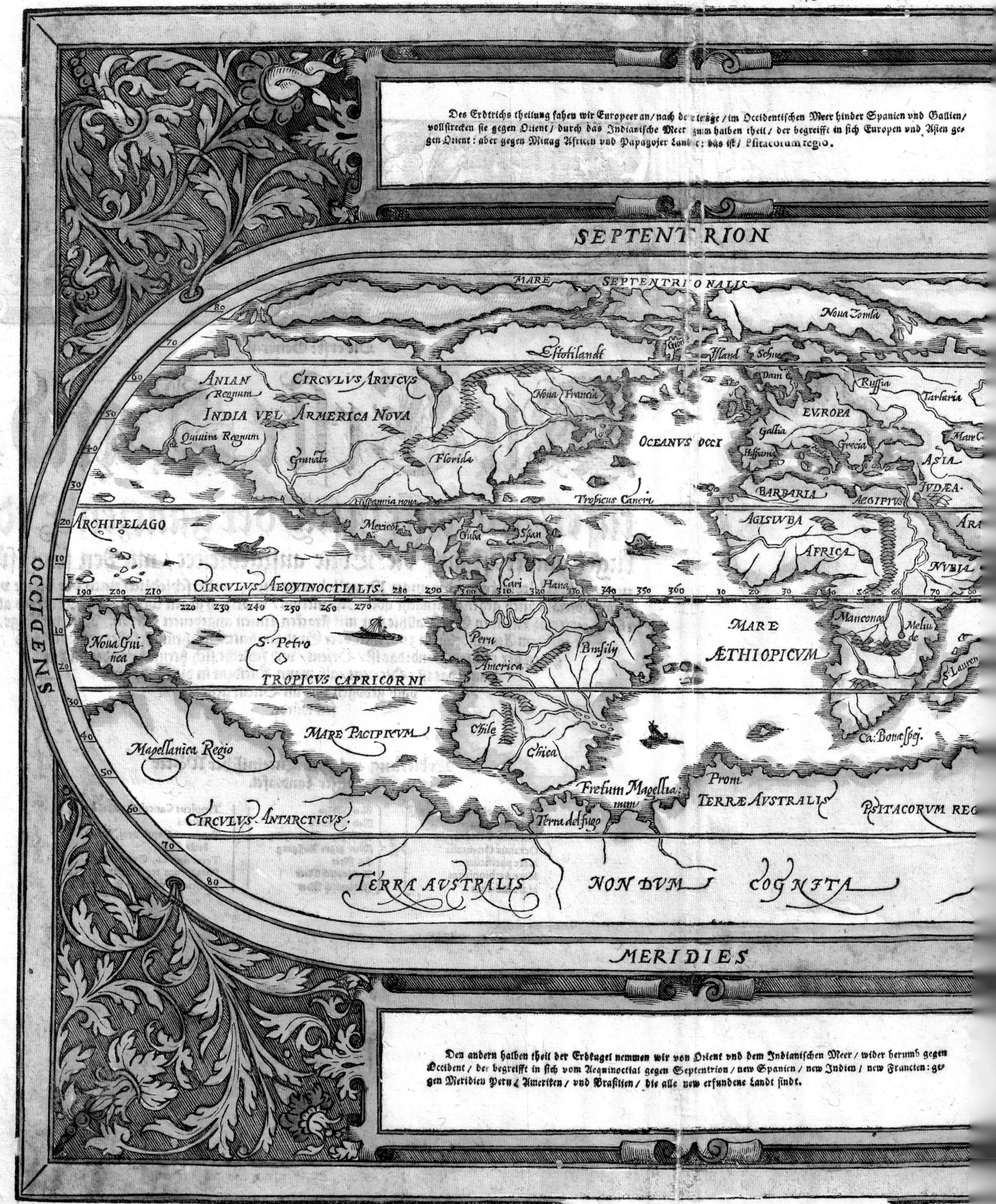

Deers innhaltende.

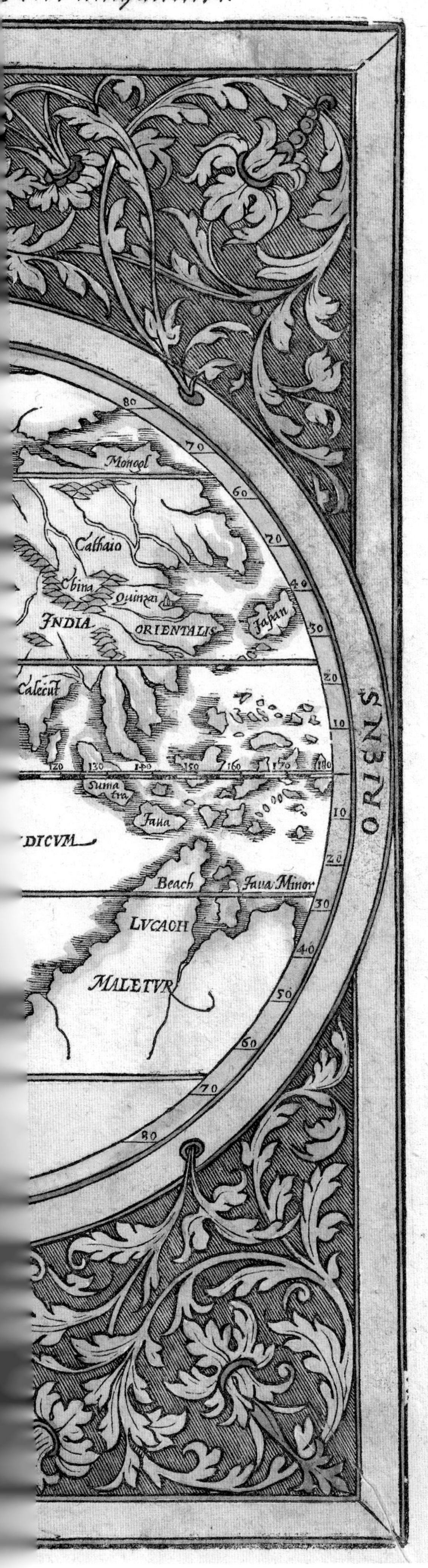

《第一部世界通用地图》

Die erst General Tafel

这张令人印象深刻的早期木刻地图是由塞巴斯蒂安·明斯特尔于 1588 年制作的。在这幅精美的作品中，我们所熟知的现代世界开始成型。尽管存在着误差，但北美洲、南美洲、非洲、欧洲和亚洲的大陆板块在地图中均清晰可辨。值得我们注意的是，那个神秘的“南方大陆”（Terra Australis）在图中与原澳大利亚（proto-Australia）和火地岛接壤。其他奇怪的地方还包括南美洲西南端的一小块奇怪的陆地，关于它的详细说明在该地图的后续版本中被删除了。在墨卡托制图模型中，北极被分为了四个孤立的区域，在它们中间不仅有可航行的航道，甚至还有一片可通航的开阔的北极海域。尽管这时候，各大洲的海岸线已经具备了雏形，但是除了那些孤立的殖民地，欧洲大陆之外的绝大多数内陆土地仍然是处于未知的状态。

明斯特尔地图的一大亮点是其中包含的大量关于海怪、海妖的描绘，而这样的设计不仅仅是装饰性的。尽管大多数明斯特尔的地图在今天看来样貌奇特，但它们却为当时研究和绘制地图的学者和探险家们提供了现实世界的依据，哪里有丰富的鳕鱼资源、鲸鱼渔场以及不容忽视的危险区域都被标记了出来。这幅地图是在明斯特尔故去之后，由他的继承人及女婿海因里希·彼得里（Heinrich Petri）出版的。

制图师

塞巴斯蒂安·明斯特尔。

海因里希·彼得里（Heinrich Petri，1508—1579）是著名制图大师塞巴斯蒂安·明斯特尔的女婿。他和他的儿子塞巴斯蒂安·彼得里（Sebastian Petri）都是瑞士的印刷商。他们的公司——海因里彼得里那工作坊（Officina Henricpetrina），因为在制图领域出版了许多影响深远的著作而闻名。

《新世界地图》

Noua Orbis Terrarum Delineatio

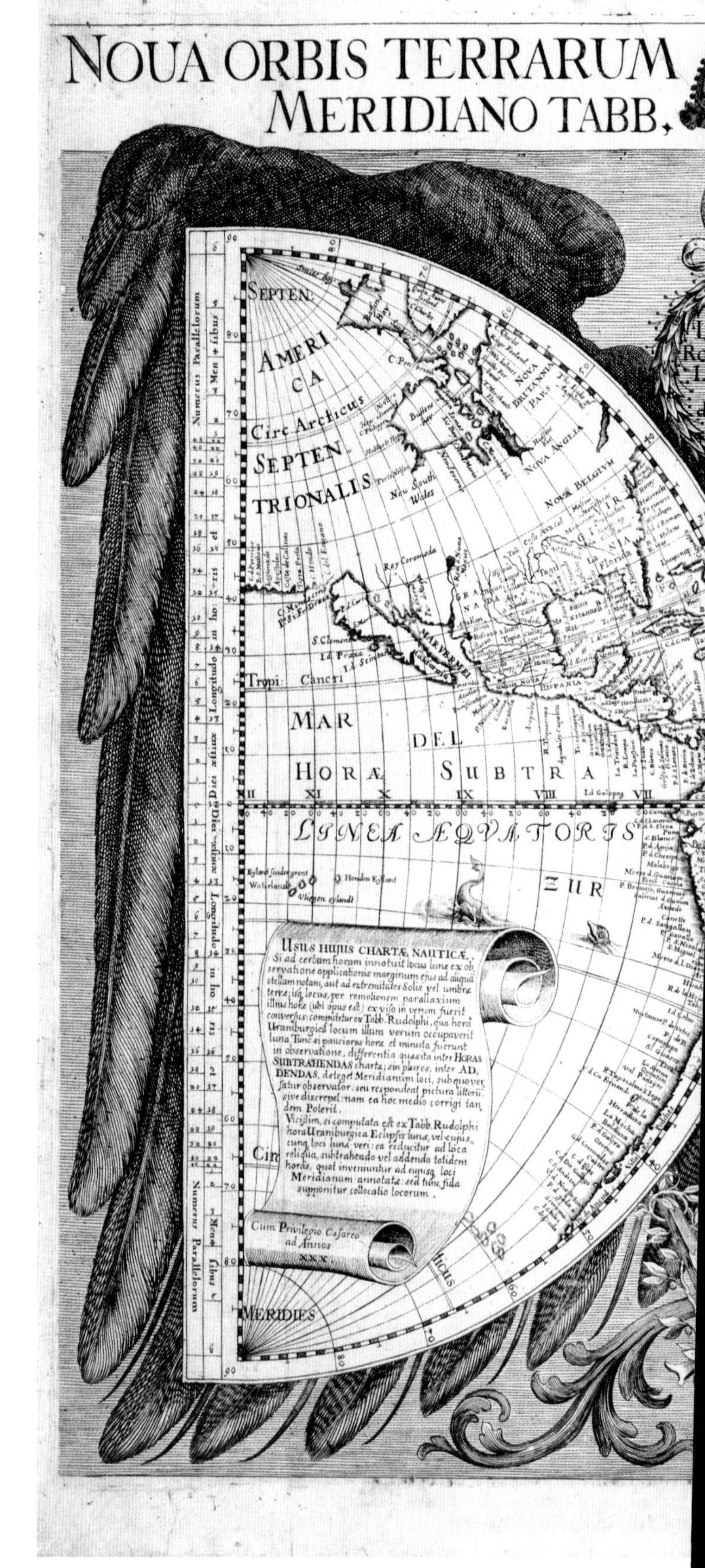

这幅图形丰富的地图完美诠释了地图从信息模糊的宗教地图向早期的科学地图转变的过程。这幅地图是制图大师菲利普·埃克布莱克特应他的朋友约翰内斯·开普勒（Johannes Kepler）的请求制成的铜版刻印地图。在开普勒的职业生涯中，他的绝大部分的精力都用于编撰和完善他的前辈、皇家数学家第谷·布拉赫（Tycho Brahe）制作的天文表。但在这个过程中，他发现了开普勒行星运动定律，并将其一同编入了他于 1627 年发表的《鲁道夫星历表》*Tabulae Rudolphinae*）中。这个星历表记录了太阳系的行星与恒星的位置，可以用来预测天文事件的发生。正是因为发现了行星的运行规律，开普勒的名字流传千古，直至今日依然为人所熟知。

《新世界地图》通常出现在各个版本的《鲁道夫星历表》的附录中。这个星历表不仅包含了与天文相关的内容，还罗列了许多城市的经纬度坐标表。为了强调这些新计算出的城市坐标的重要性，开普勒决定聘请埃克布莱克特来绘制一幅全新的世界地图。丰富翔实的细节，精美的雕版工艺，以及经过科学计算得出的经度和纬度线都令这幅新世界地图弥足珍贵。然而，由于开普勒在 1630 年逝世，这幅地图不幸蒙尘，并未被及时公开出版。直到 1658 年，《新世界地图》才被人们重新发现。

毫无疑问，这幅地图中最令人叹为观止的是画面上方刻画得精美绝伦的哈布斯堡双头鹰。这幅地图被献给了当时的国王、哈布斯堡王朝的神圣罗马帝国皇帝利奥波德一世（1640—1705）。而第谷和开普勒的星历表则献给了利奥波德一世的上一任皇帝——鲁道夫二世。有一种解释可以说明为什么星历表和地图先后献给了两位皇帝。由于开普勒逝世于 1630 年，这幅地图未完成的制版工作，直到 1658 年才在埃克布莱克特的工作坊里完工。而完工时，地图上也就有了献给利奥波德一世的题词。

制图师

菲利普·埃克布莱克特（Philip Eckebrecht）是一位来自德国纽伦堡的商人、业余天文学家。

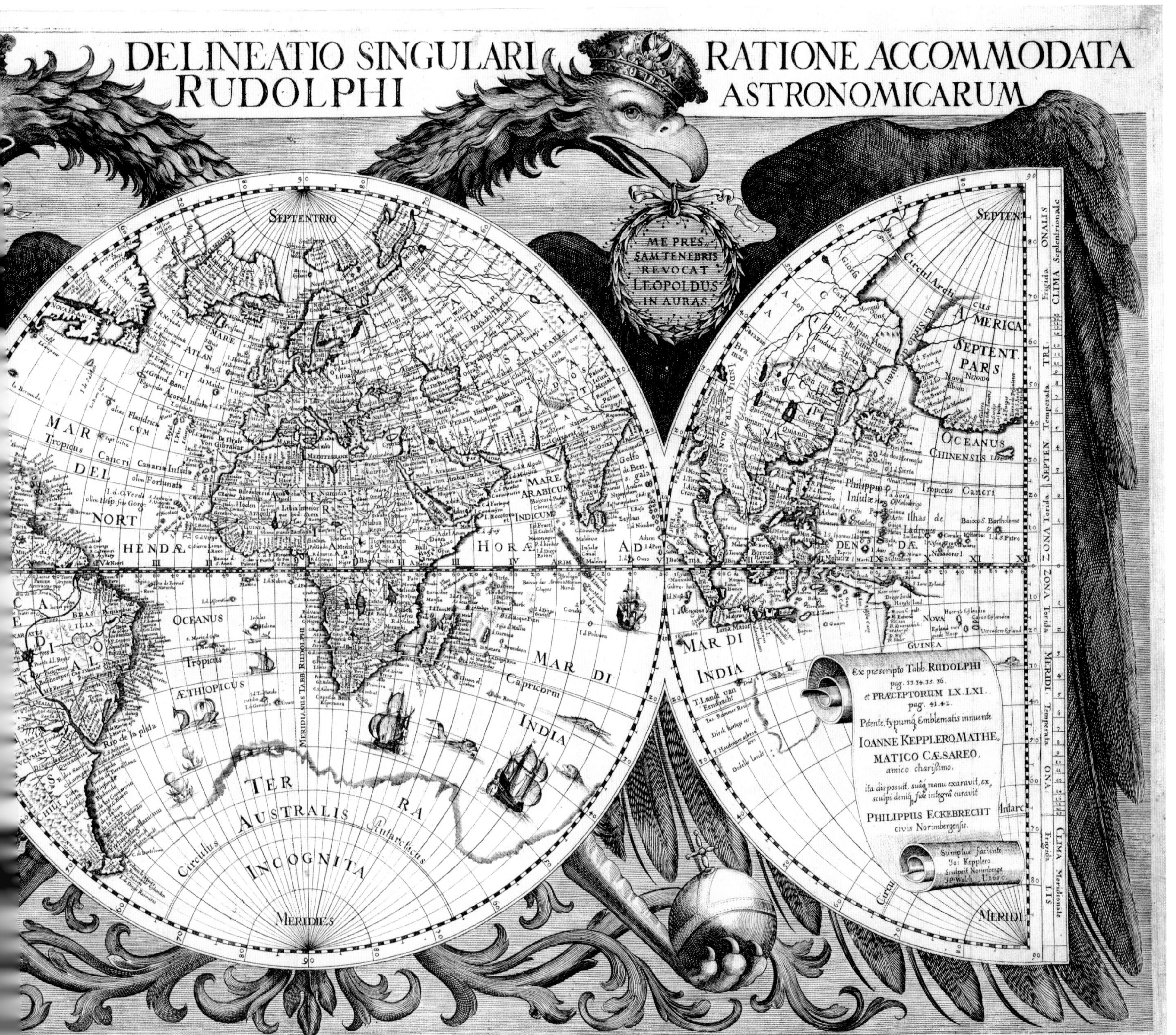

感谢美国国会图书馆提供的地图

第二章
荷兰黄金时代：现代制图学的起源

从 16 世纪末期到整个 17 世纪，荷兰共和国以其雄心勃勃的崛起与繁荣独树于欧洲大陆。在这个被称为荷兰黄金时代的时期，科学、艺术与工业得以蓬勃发展、欣欣向荣。追随着像克里斯托弗・哥伦布和巴尔托洛梅乌・迪亚斯（Bartolomeu Dias）这样的探险先驱，荷兰的航海家与商人以商业贸易为基础逐步开拓出了全球化的商业帝国。那些经商的富有王子需要借由地图来详细了解并掌握他们庞大的商业帝国，而那些船长则急需获得抵达印度群岛的航海图，在这样迫切的诉求之下，伴随着先进而又成熟的印刷产业与共和国港口上纷涌而来的新消息，制图师为商业地图制造业带来了彻底的变革。

在荷兰黄金时代的初期，亚伯拉罕・奥特柳斯（Abraham Ortelius）和格拉尔杜斯・墨卡托（Gerardus Mercator）是两位最具权威与影响力的制图大师。奥特柳斯与墨卡托是同辈、好友，亦是竞争对手。奥特柳斯因制作出第一本现代世界地图集《寰宇大观》（*Theatrum Orbis Terrarum*）而闻名遐迩；而“地图集”（Atlas）的概念则是由墨卡托率先提出的。墨卡托第一次在地理语境中创造了“地图集”这个新词，并将其定义为关于描绘世界的开创、历史以及发展的专题文献集，《寰宇大观》不仅仅是一本由多幅地图组成的图册。

奥特柳斯与墨卡托相识于 1554 年的法兰克福图书与印刷展览会（the Frankfurter Buchmesse）。受到当时在制图学界已远近闻名的年长的墨卡托的启发，奥特柳斯决心成为一名专业的地理科学家。今天的我们是如此幸运，能够在图书馆的档案库里欣赏到奥特柳斯在成为地理学家之后所写的 500 多封珍贵信件。从这些信件中，我们得以窥见早期的荷兰制图大师为编撰地图所需进行的海量的研究与学习。奥特柳斯的信件不仅数量庞大，其交流的对象还涉及了各界权威人士，包括学者、神父以及遍布欧洲各国的制图大师。其中不仅有如墨卡托和阿里亚斯・蒙塔纳斯这样的制图大师，还包括像约翰・迪伊[1]、弗朗西斯・德雷克与理查德・哈克卢伊特[2]这样来自其他领域的权威学者。

这些书信的内容，大致都在探讨地理学的问题。比如：“北极有什么？”“这里是一片岛屿还是一座半岛？”“人们是如何在这片土地或地区上生活的？”“这是些开放还是冻结的海域？”“我们怎样通过指南针的变化确定磁北极？”，等等。诸如此类的问题不断困扰着那时的地理学家，他们希望为充满未知的世界描绘出一个精确的图像。而这些问题的答案，往往来自科学的理论、有根据的猜测、对《圣经》或典籍的理解以及从一代又一代人的探险经验中得来的真实数据。

在这个巨大的信息交流网之外，荷兰黄金时代的制图师还受益于那些日夜不停地往来于安特卫普和阿姆斯特丹码头的商船。一艘艘商船满载着关于遥远世界的消息而归。尽管有来自荷兰东印度公司（Dutch East India Company）的信息保密管理和上层

1 约翰・迪伊（JohnDee，1527—1608）：英国数学家、天文学家、占星学家与地理学家。
2 理查德・哈克卢伊特（Richard Hakluyt，1553—1616）：英国作家。

阶级的顾虑，许多消息还是从水手们在酒馆中的窃窃私语，经过层层组织有序的消息贩子之手，来到了像奥特柳斯和墨卡托这样的制图大师手中。这些辗转得来的信息被用于编撰着他们日渐精确的地图。伴随着不断更新的信息和地理科学理论，大多数的地图都会经历很多次大规模的修改和编辑。

这种信息与地图的交换带来了双赢的结果。制图师可以用飞行员和航海家带来的信息制作更加精确的图表，反之，这些最精确的导航图又被放在飞行员和航海家的控制台上，让他们可以安全地去探索世界。在荷兰黄金时代的导航技术领域，最具有划时代意义的创新莫过于以设计者本人命名的格拉尔杜斯·墨卡托投影系统。

墨卡托投影解决了16世纪的航海科学所面临的最根本的挑战之一，即如何在海上航行时参考地球表面的曲率来确定航向。早先的地理投影系统尽管看上去很科学，但并不能将地图上的直线与现实世界中的直线建立准确的等价关系。恰恰相反，如果你使用一幅早古世界地图在大海上航行，在行驶了几百公里之后便会发现自己离原先设定的航向偏离得越来越远。墨卡托于1569年制成了一幅最新的壁挂式地图：《导航用最新完整世界地图》（*Nova et Aucta Orbis Terrae Descriptio ad Usum Navigantium*）。在地图中，他运用数学解决了航向定位的难题。墨卡托创造的全新的投影系统将极点附近的区域按比例扭曲变形，这样一来，现实世界中的直线与地图中的直线便可以一一对应了。在墨卡托的地图上，这些方位线逐渐演变为后来为人所熟知的等角航线[3]（rhumb line）或“斜航线”（loxodrome），后者又被墨卡托本人以及其他的制图师运用在他们的地图中。如今，等角航线是各类地图中都可以见到的最常用的元素，而在当时，它们最实际的作用是在航海中指明方向。直到今天，人们仍在使用墨卡托投影系统。

荷兰黄金时代的地图不仅以最先进、最精密的科学理论为依据，连外包装也设计得前所未有的雍容华贵。这一时期所对应的是欧洲巴洛克美学风格的全面革新。从16世纪晚期开始流行、在17世纪风靡全欧洲的巴洛克艺术，以其生机勃勃、壮丽宏伟的风格与古典艺术的表现形式相结合，产生出无数千古流芳的传世巨作。

巴洛克美学最常见于绘画、音乐与建筑之中。就连那个时期的地图设计，也包含了巴洛克风格的元素。地图的周围环绕着描绘神话故事与《圣经》经典教义的图像，饱含寓意与象征。这些精美图画的存在不仅是为了装点地图，也是为了向读者传达信息。这些信息在今天的我们看来既复杂又晦涩，但对于16、17世纪的欧洲知识分子而言，都是他们无比熟悉的比喻与象征。

3　等角航线（rhumb line）：又称斜航线，指地球表面以恒定角度同经线相交的曲线。经线和纬线以外的等角航线都是向极点渐近的螺旋曲线。等角航线经过墨卡托投影系统的变换，在地图中呈现为直线。

《寰宇地图》

Typus Av Orbis Terrarum

“谁人敢在整个宇宙的无尽与永恒面前，称道人类的伟大？”马库斯·图利乌斯·西塞罗（Marcus Tullius Cicero）的名言，被奥特柳斯引用在《寰宇地图》的底端。

寰宇标准地图，出自人类史上的第一部现代标准地图集《寰宇大观》，而它本身也在制图学发展的漫漫历史中具有无可撼动的奠基作用。在地图上，大洋洲西海岸已经出现。有人猜测这个地理信息是从某个不知名的葡萄牙地图中借鉴而来的，因为它比人类首次发现大洋洲要早了36年。在亚洲的版图上，韩国、中国与其绵延的长城、日本［地图中标注了日本当时的首都，京都（Miaco）］，婆罗洲（加里曼丹岛）与东印度群岛也都描绘在内。在奥特柳斯绘制这幅地图之时，美洲仍是一片未知地。因此，关于美洲版图的绘制带有很多的推测甚至是想象的成分。在许多虚构的内容中有几个“黄金国度”，包括位于大西洋海岸的“诺罗贝加”（Norobega）和靠近太平洋的“魁瓦拉”（Quivara）。

然而，越来越多的探险活动带来的消息，还是传到了奥特柳斯在荷兰的工作坊。由埃尔南多·德索托（Hernando de Soto）与弗朗西斯科·巴斯克斯·德·科罗纳多（Francisco Vazquez de Coronado）发现的美洲印第安人聚落、得克萨斯的东西边界，还有位于墨西哥的殖民地与西印度群岛，都展现在地图上。在南美洲，亚马孙森林与周围的地区都清晰可见，并标注了诸如加拉加斯（委内瑞拉首都）、基多（厄瓜多尔首都）、库斯科城（秘鲁古城）和利马（秘鲁首都）等城市。

制图师

亚伯拉罕·奥特柳斯（Abraham Ortelius，1527—1598）是一位荷兰制图大师，16世纪晚期活跃在安特卫普与阿姆斯特丹地区。他凭借巨著《寰宇大观》成为了人类历史上首位制作出世界地图集的制图学家。奥特柳斯逝世于1598年7月4日，被安葬于安特卫普的圣米迦勒修道院。在他的墓碑上，镌刻着墓志铭：“无争无忧，无妻无子，安然奉献，无欲无求。”（Quietis cultor sine lite, uxore, prole）

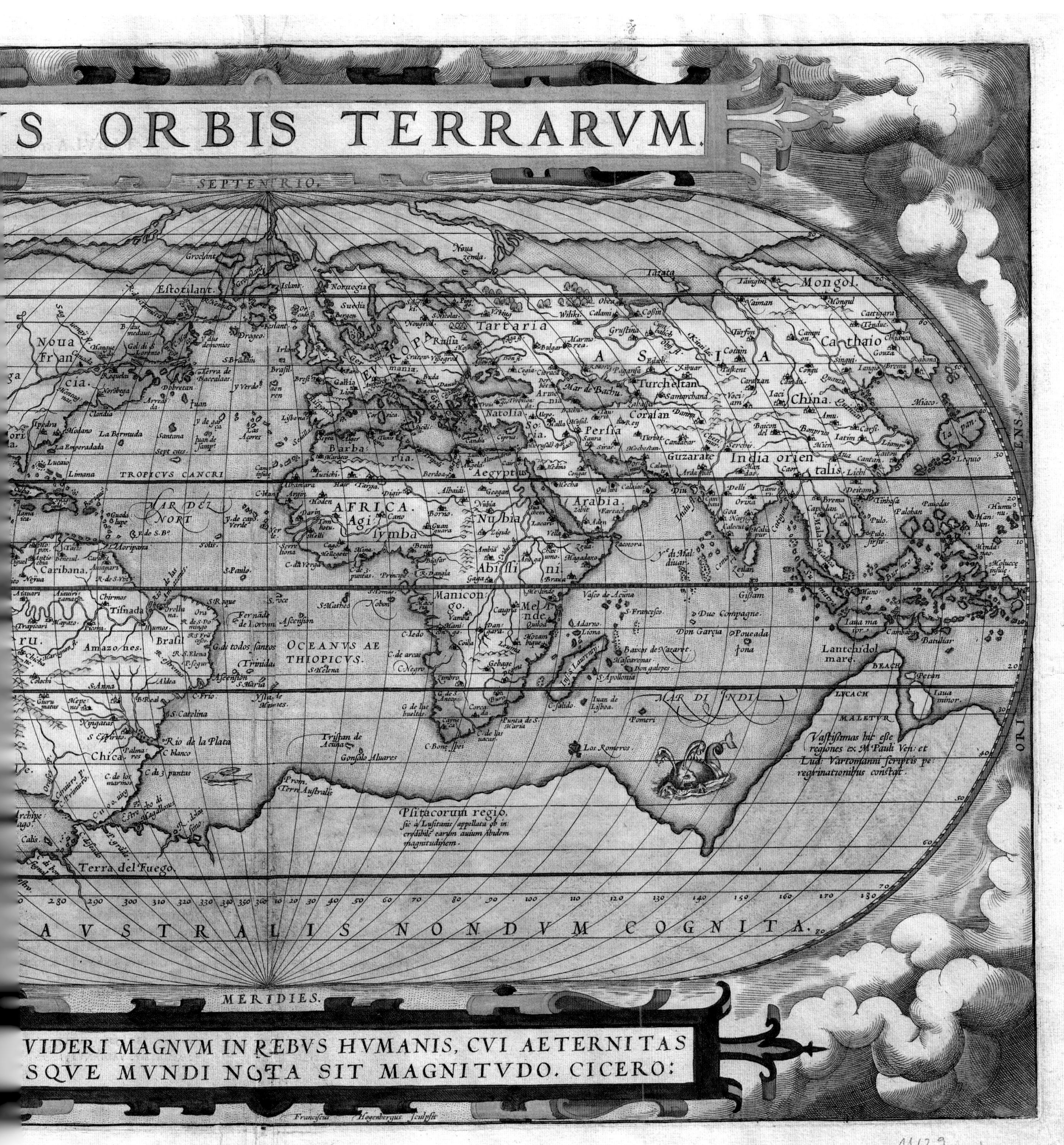
S ORBIS TERRARVM
SEPTENTRIO
MERIDIES
AVSTRALIS NONDVM COGNITA
VIDERI MAGNVM IN REBVS HVMANIS, CVI AETERNITAS
SQVE MVNDI NOTA SIT MAGNITVDO. CICERO:
Tartaria
EVROPA
ASIA
AFRICA
China
India orientalis
Persia
Arabia
Aegyptus
Barbaria
Mongol
Cathaio
OCEANVS AETHIOPICVS
MAR DEL NORT
MAR DI INDI
Terra del Fuego
Psitacorum regio
TROPICVS CANCRI
Francifcus Hogenbergus fculpfit

《世界之图》

Pars Orbis

这幅刻画精美的世界地图是第一幅描绘出澳大利亚的铜版印刷地图。大洋洲在地图上是一片浪涛之中若隐若现的未知名土地，位于爪哇岛的南方。而荷兰人真正发现大洋洲是在1606年，比这幅地图晚了30多年。在那之前，只有来自意大利传教士模糊不清的描述，称大洋洲在爪哇的南方，居住着“用星空指引方向”的人。这很可能是描述了澳大利亚的原住民向岛外进行的探险活动。著名的意大利探险家马可·波罗也曾描述过“一片广阔而富饶的土地”，他推测这片土地应是未开发的南方大陆的一部分。

在地图的周围，风神出现在东西南北四个方位，向大海上航行的船只与潜伏其中的海怪送去狂风暴雨。图上有一片有趣的区域，将亚洲的东北部与美洲的太平洋西北地区连接在一起，这可以看作是将探索世界的新发现与《圣经》传统相结合的一次尝试。

这幅地图也首次将火地岛描绘为南美洲南端的一个岛屿，摒弃了亚里士多德的地球大陆板块重量互补平衡理论。传说中一直与火地岛相连的一大片“南方大陆”（Terra Australis）在这幅地图上被首次移除了。

这幅地图是由本尼迪克·阿里亚斯·蒙塔纳斯设计，收录在印有希腊语、拉丁语及希伯来语的《安特卫普多语版圣经》（*Antwerp Polyglot Bible*）中。遗憾的是，这幅地图的绝大多数初版印制品都因为当时的运输船只的沉海而湮没于世。

制图师

本尼迪克·阿里亚斯·蒙塔纳斯（Benedict Arias Montanus，1527—1598），又名贝尼托·阿里亚斯·蒙塔尼奥（Benito Arias Montano），是一位在16世纪下半叶活跃于西班牙的东方学家与通识学者（ploymath）。蒙塔纳斯少年得志，成为西班牙皇帝菲利浦二世的皇家牧师，但却因为在《安特卫普圣经》中收录了过多的犹太教教义而被罗马与西班牙宗教裁判所责难。

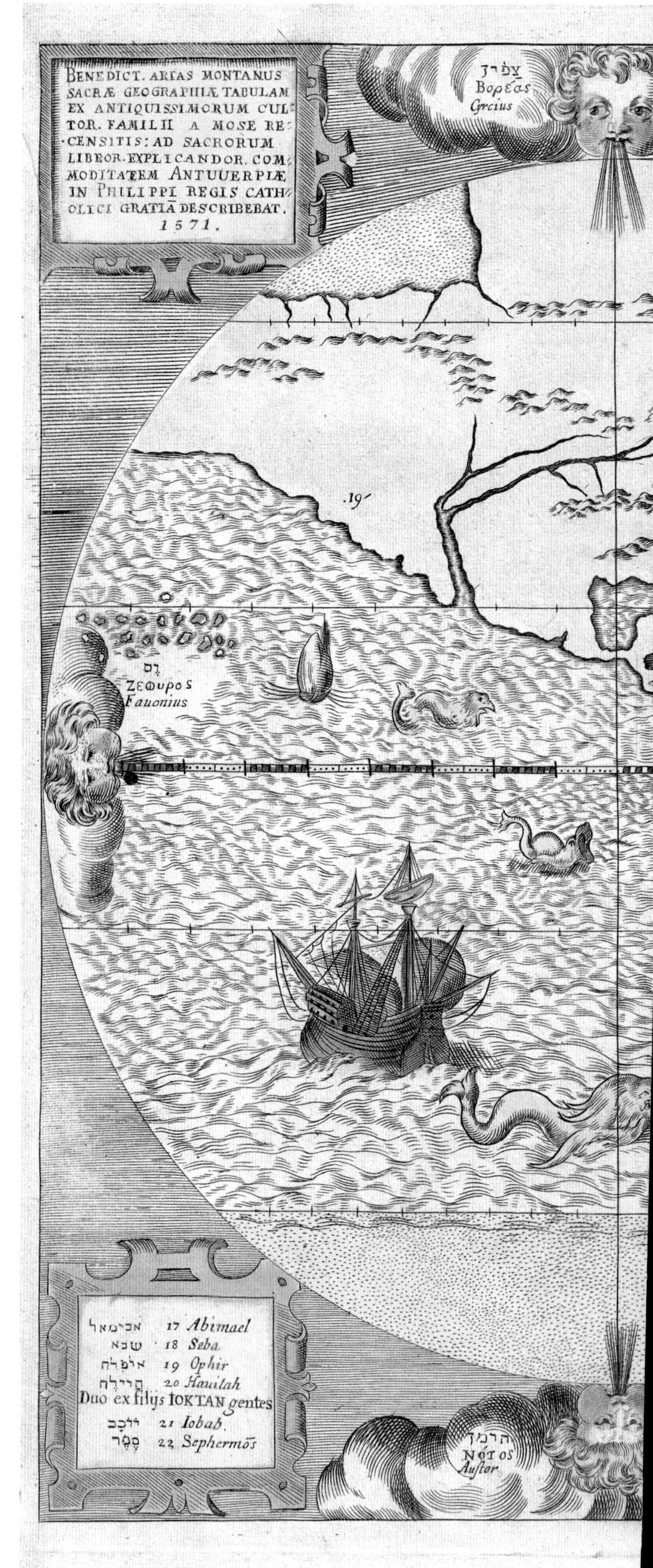

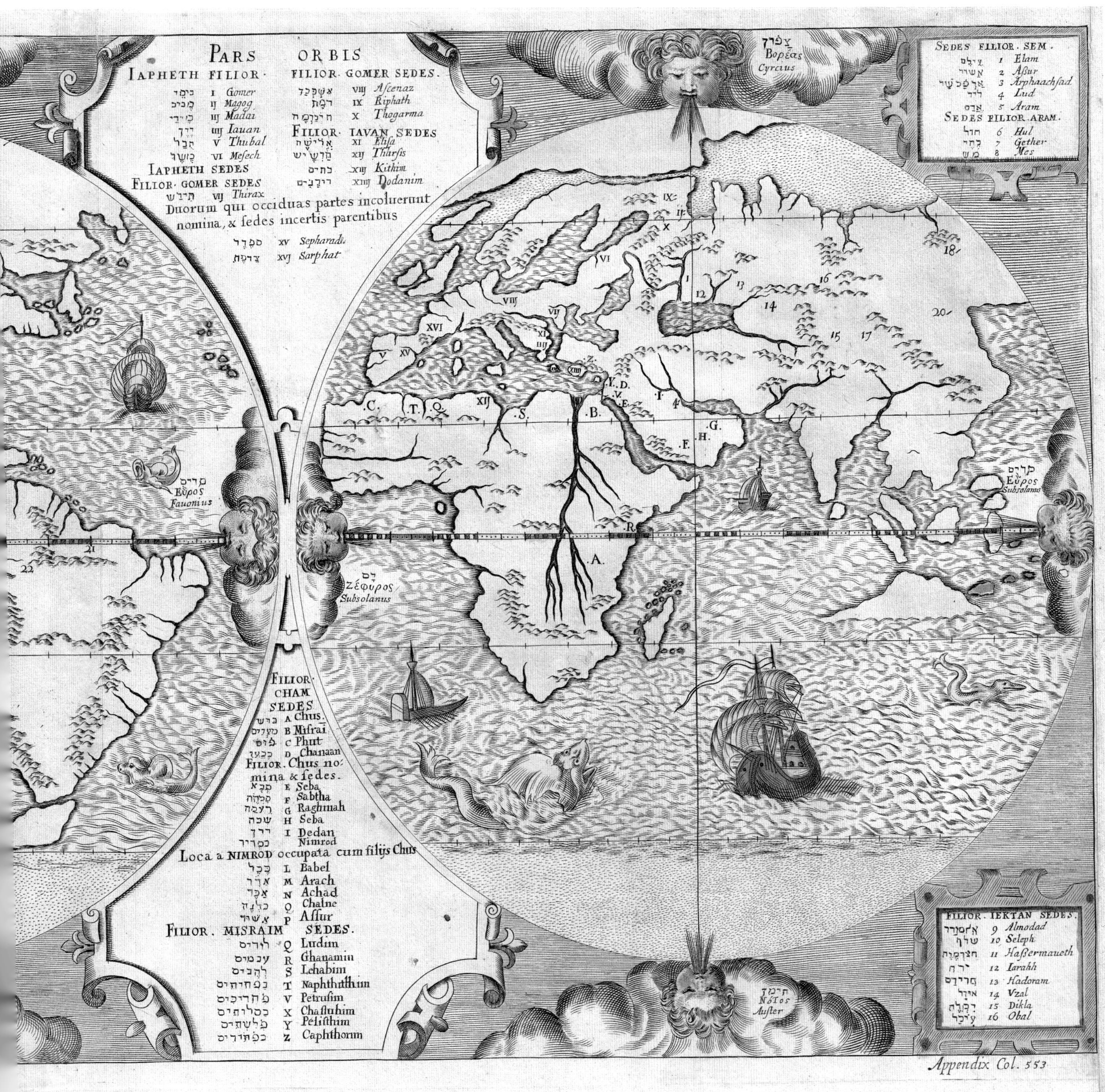
PARS ORBIS
IAPHETH FILIOR·
I Gomer
II Magog
III Madai
IIII Iauan
V Thubal
VI Mesech
IAPHETH SEDES
FILIOR· GOMER SEDES
VII Thirax
FILIOR· GOMER SEDES.
VIII Ascenaz
IX Riphath
X Thogarma
FILIOR· IAVAN SEDES
XI Elisa
XII Tharsis
XIII Kithim
XIIII Dodanim
Duorum qui occiduas partes incoluerunt nomina, & sedes incertis parentibus
XV Sepharadi
XVI Sarphat
Βορέας
Cyrcius
SEDES FILIOR· SEM·
1 Elam
2 Aßur
3 Arphaachsad
4 Lud
5 Aram
SEDES FILIOR·ARAM·
6 Hul
7 Gether
8 Mes
Εὖρος
Fauonius
Ζέφυρος
Subsolanus
Εὖρος
Subsolanus
FILIOR· CHAM SEDES
A Chus
B Misrai
C Phut
D Chanaan
FILIOR· Chus nomina & sedes.
E Seba
F Sabtha
G Raghmah
H Seba
I Dedan
Nimrod
Loca a NIMROD occupata cum filijs Chus
L Babel
M Arach
N Achad
O Chalne
P Aßur
FILIOR. MISRAIM SEDES.
Q Ludim
R Ghanamin
S Lehabim
T Naphthuthim
V Petrusim
X Chasluhim
Y Pelisthim
Z Caphthorim
Νότος
Auster
FILIOR· IERTAN SEDES·
9 Almodad
10 Seleph
11 Haßermaueth
12 Iarahh
13 Hadoram
14 Vzal
15 Dikla
16 Obal
Appendix Col. 553

SEPTENTRIONALIUM Terrarum descriptio.
Per Gerardum Mercatorem Cum Privilegio
POLUS ARCTICUS
Rupes nigra et altissima
OCEANUS SCYTHICUS qui et Mare Tabin
OCEANUS SEPTENTRIONALIS
Marc glaciale
AMERICAE PARS
ASIAE PARS
California regio sola fama Hispanis nota
Anian regnum
Bergi regio
Agama
El streto de Anian
Circulus Arcticus
Gradus latitudinis
NOVA ZEMBLA
PETZORKE MARE
MYRMANSKOI MARE
GROENLAND
ISLAND
SCOTIA
Frisland insula
Farre insule
Scetland insulæ
Grocland
t' Nieulant
Hic mare est dulcium aquarum, cuius terminum ignorari Canadenses ex relatu Saguenaiensium aiunt
Lago de Conibas
Fretum Davis
Desertum de Belgian are nosum
Bargu campestria
Ciorza
Canora
Sup.
Samogedi
Molgomzaia
Oceanus 19 ostijs inter has insulas irrumpens 4 euripos facit quibus indesinenter sub septentrionem fertur, atque ibi in viscera terræ absorbetur. Rupes quæ sub polo est ambitu circiter 33 leucarum habet.
Hæc insula optima est et saluberrima totius Septentrionis
Pygmei hic habitant 4 ad summum pedes longi, quemadmodum illi quos in Gronlandia Screlingers vocant.
Per hunc sinum mare Caspium erumpere crediderunt veteres diversi

《北极地图》

Septentrionalium Terrarum Descriptio

这幅由格拉尔杜斯·墨卡托创作，并于1606年再版的北极投影地图，是世界上的第一幅北极地图。它的制作源于墨卡托在1569年，根据他的投影系统创作的世界地图。墨卡托投影系统并不适用于地球极点附近的区域，假如想要精确描绘出极地区域，地图版面需要在纵向（即经线方向）上无限延长。为了解决这一问题，墨卡托制作了这幅北极地图。

墨卡托为什么要为一个不可到达又全然无知的地区绘制地图呢？当时的人们相当乐观，学者们普遍认为北极是一片没有冰，并且可以通航的海域。根据亚瑟王传奇的故事，以及像戈赫·贝斯特（Gorge Best）、马丁·弗罗比歇（Martin Frobisher）和詹姆斯·戴维斯（James Davis）这样少数几位向北航行过的探险家带回的探险报告，墨卡托描绘了一幅他心中的北极风貌：北极地区由四个大型岛屿所组成，它们彼此相隔着宽阔的河流，四周环绕着开放的极地海域。他还对这些北极的岛屿倾注了放飞的想象，比如在岛上居住的女性俾格米人，以及一些热带植物。

墨卡托还用这幅地图来印证他提出的数学以及科学理论。首先是地球磁北极的准确位置。为了解释地球的磁场现象，墨卡托认为真实的磁北极并不在北极点，而是一个带有磁性的辽阔岛屿。这个岛屿在图中是一块坐落于亚洲与美洲之间的巨石。

图中我们看到的是在1606年再版后的墨卡托《北极地图》。在1595年的初版地图中，墨卡托将北极描绘为四个极地岛屿。而由约道库斯·洪迪厄斯（Jodocus Hondius）于1606年编辑再版之后的地图中，已经加入了新的内容。位于欧洲北方的极地岛屿被抹去了一部分，以安置新发现的斯匹次卑尔根岛（Spitzbergen）。这一变动完美诠释了由于中世纪与文艺复兴时期的不同地理世界观而产生的冲突。就像大部分墨卡托的地图一样，这幅北极地图也是在他逝世之后由他的继承人约道库斯·洪迪厄斯出版的。

制图师

格拉尔杜斯·墨卡托（Gerardus Mercator，1512—1594）是地图制图学界的泰斗级人物。他为制图学贡献无数，其中最为宝贵的便是他所创立的墨卡托投影系统。墨卡托投影系统是一套根据地球球面曲率来修正航海地图的数学算法。在此之前，航海家很难完全依据手中地图的指示到达目的地，而墨卡托投影系统将这一不可能变为了可能。

《最新世界地图》

Orbis Terrae Novissima Descriptio

约道库斯·洪迪厄斯和让·勒·克莱尔共同制作的这幅珍奇的地图出版于1633年。这幅以双半球形式描绘的世界地图包含了许多当时的地理学家感兴趣的内容。其中一个例子便是位于图中北方，沿袭了墨卡托虚构的四岛理论的北极地区。为了与早期制图学的世界观保持一致，图中位于欧洲大陆北方的极地岛屿被明显拉长，以并入新发现的“新地岛”（Nova Zembla）。

在北美洲，一片广阔的内陆海出现在如今属于加拿大的北极圈内，这是“哥尼白斯湖”（Lago de Conibas）。这个例子体现了制图师将航海探险家带来的不够详尽的信息碎片梳理为具有价值的地理信息的过程。法国探险家雅克·卡蒂埃（Jacques Cartier，1491—1557）在1530年考察圣劳伦斯河（St.Lawrence River）流域时，发现当地原住民使用一种奇怪的通用货币：通过打磨制成的贝壳串。这种贝壳串也许就是北美洲东部林地印第安人所使用的货币“贝壳串珠”（Wampum）的早期形态。当地人把这种贝壳称为“哥尼白斯”（Conibaz），并宣称其产自一个巨大的内陆湖泊。想要获得这种贝壳，需要杀死一个人，然后将他的尸体沉湖并留在湖水中过夜。第二天早上，打捞上来的尸体表面就会铺满这种贝类。随后，贝壳被采集、打磨抛光并串成串。因为卡蒂埃在他的探险日志上详尽描写的这个充满传奇神秘色彩的故事，此后的制图师都纷纷将这个“哥尼白斯之湖”描绘在他们的地图上。也许美洲土著所描述的是某一个大湖，或者当地所有的湖泊都叫作大湖（the Great Lakes），然而真相如何已经不可考。我们也许能够通过这幅地图追踪约道库斯·洪迪厄斯和让·勒·克莱尔当年的刻制过程，但书中的这幅地图是在让·勒·克莱尔过世之后由他的继承人让·布瓦索（Jean Boisseau）出版的。

制图师

约道库斯·洪迪厄斯（Jodocus Hondius，1563—1612）是一位重要的荷兰制图大师。他继承了16世纪墨卡托地图的原版，并将它们在17世纪再版于世，重振了墨卡托地图的声望。他对于墨卡托地图的再版不仅限于简单的复制，而是对其进行了许多重要的更新与修正。尽管如此，由于洪迪厄斯在制图界强大的影响力，许多已经过时的理念还是被重新纳入了制图学规范当中。

让·勒·克莱尔（Jean Le Clerc，A1560—1621）是一位法国巴黎的书商、雕版师及出版商。他与荷兰制图大师约道库斯·洪迪厄斯共同制作了多幅重要的大陆与世界地图。在他逝世之后，他的主要工作都移交给了继承人让·布瓦索（Jean Boisseau）。

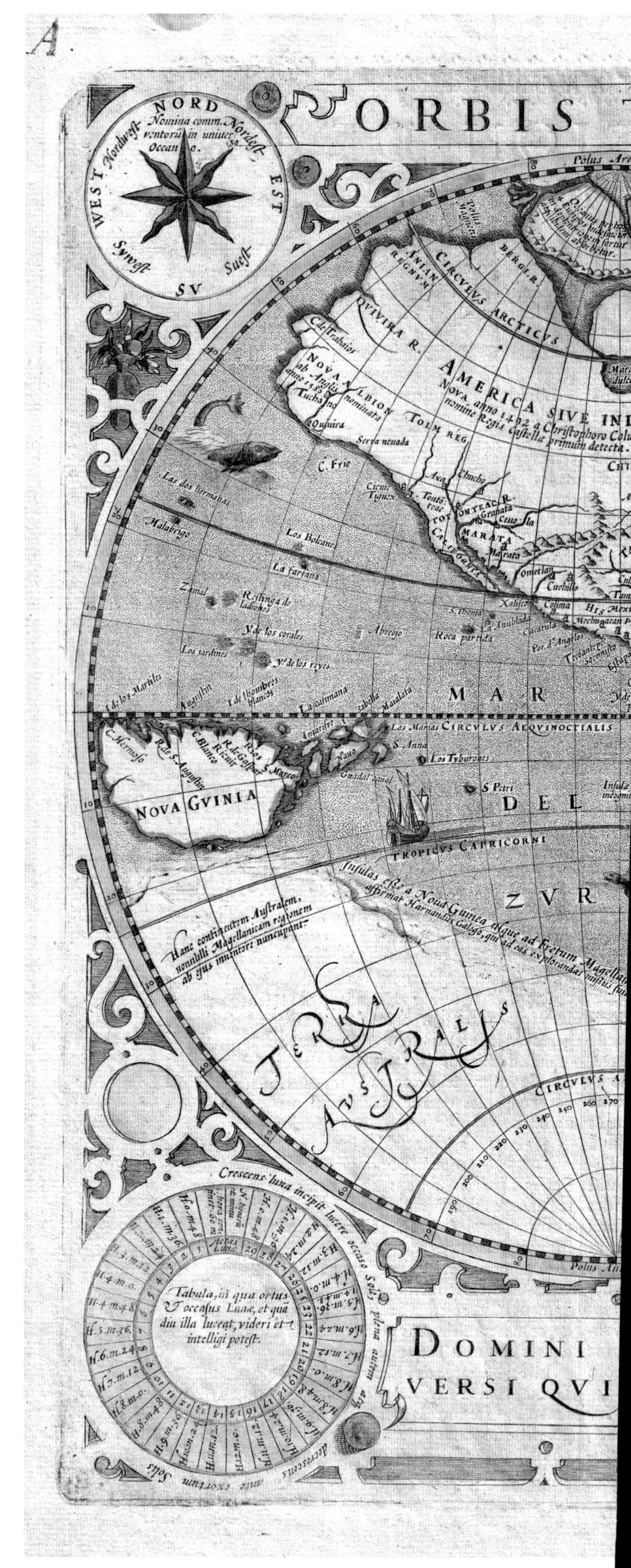

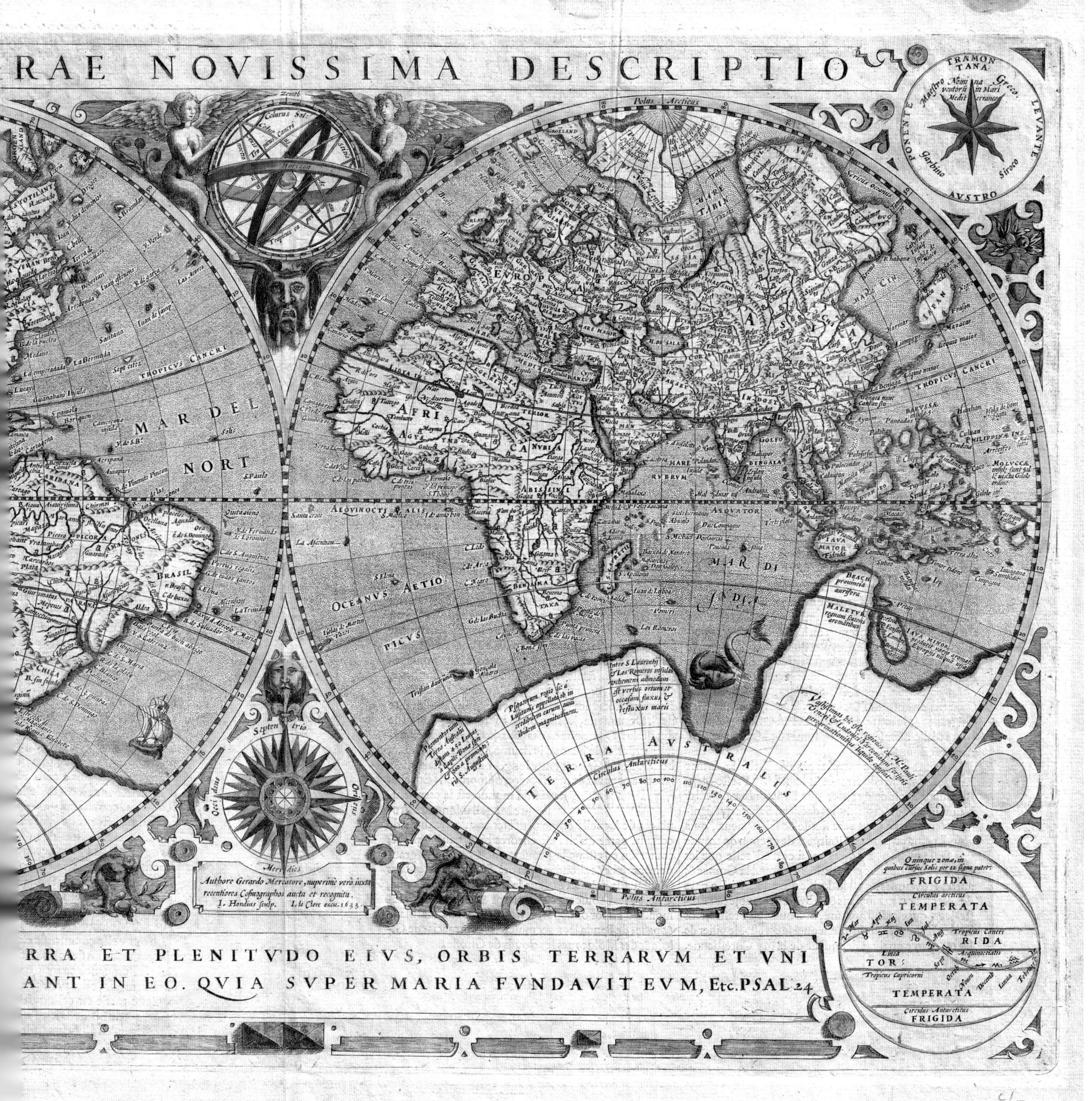
RAE NOVISSIMA DESCRIPTIO
RRA ET PLENITVDO EIVS, ORBIS TERRARVM ET VNI
ANT IN EO. QVIA SVPER MARIA FVNDAVIT EVM, Etc. PSAL 24
Authore Gerardo Mercatore, nuperime vero iuxta recentiores Cosmographos aucta et recognita.
I. Hondius sculp. I. le Clerc excu. 1633
MAR DEL NORT
OCEANUS AETIOPICUS
MAR DI INDI
TERRA AUSTRALIS
TROPICUS CANCRI
AEQUATOR
Circulus Antarcticus
Polus Arcticus
Polus Antarcticus
TRAMONTANA
LEVANTE
AUSTRO
PONENTE
FRIGIDA
TEMPERATA
TORRIDA
Quinque zonae, in quibus cursus Solis per 12 signa patet.

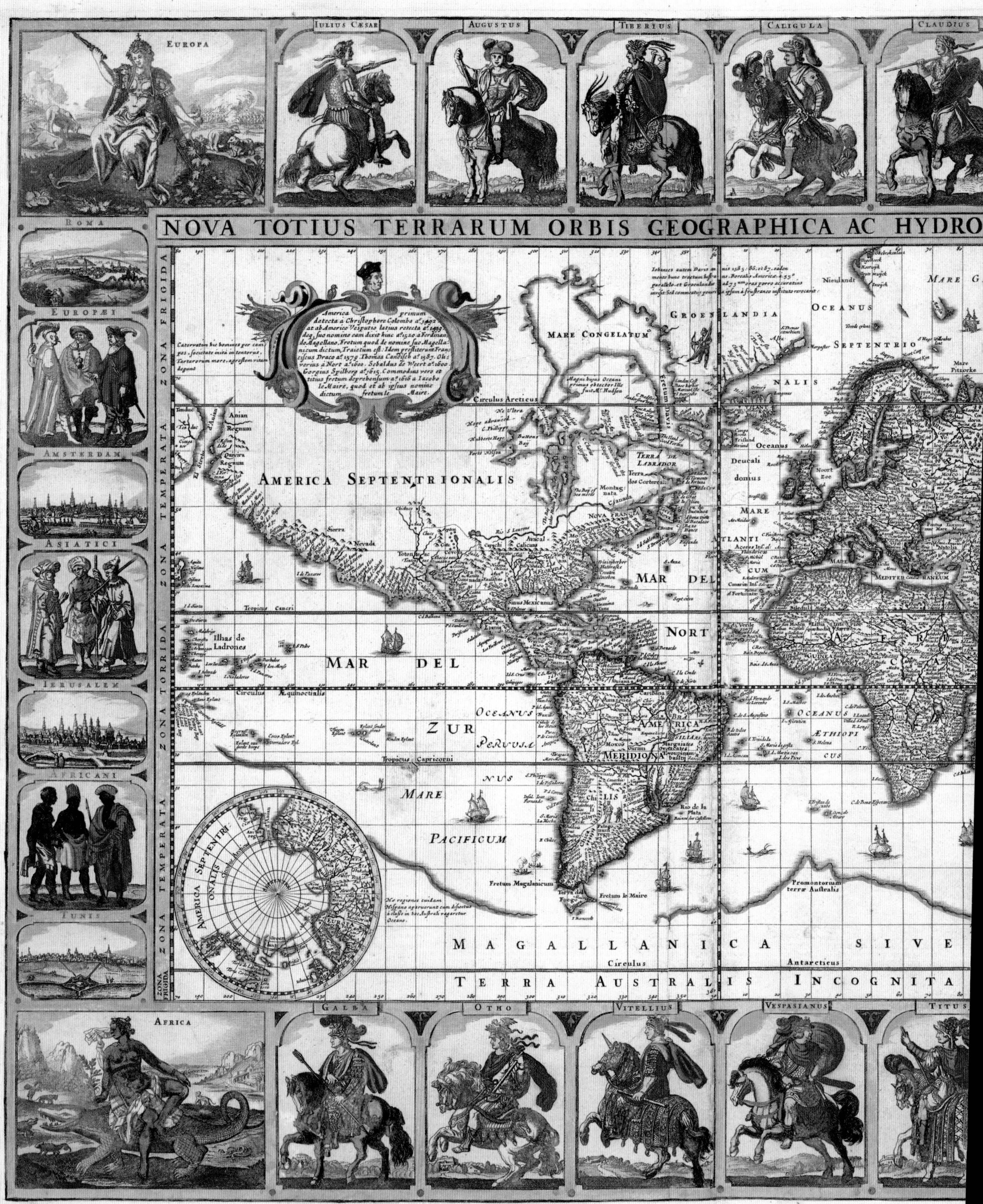

 感谢巴里·劳伦斯·鲁德尔珍奇地图公司提供的地图

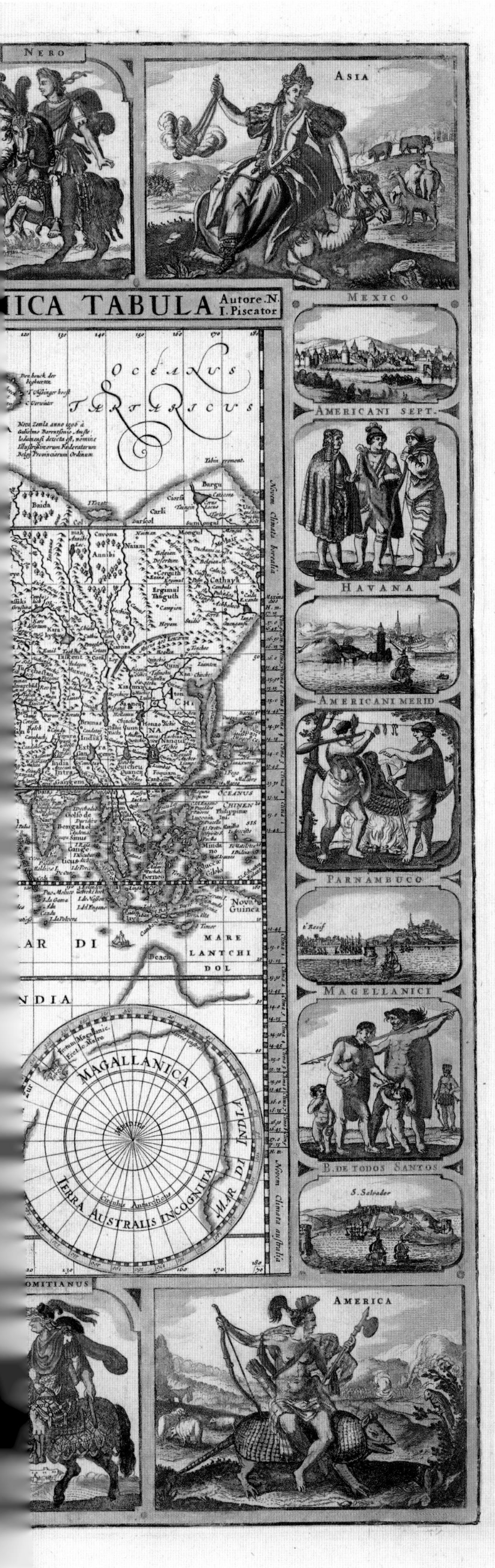

《新世界海陆全图》

Nova Totius Terrarum Orbis Geographica ac Hydrographica Tabula

这幅又被称为《十二位凯撒地图》的作品，是克莱斯·菲斯海尔出版于1552年的世界地图，其中应用了墨卡托投影系统。从形式上，这幅地图继承了在布劳（Blaeu）和洪迪厄斯（Hondius）引领下风靡起来的奢华装饰风格。这种富丽的装饰性风格在菲斯海尔的作品中并不常见，他在将近40年的制图生涯中，仅制作了4幅绘有插图边框的世界地图。在这幅地图的装饰性边框中，上下两侧绘有马上戎装的12位威风凛凛的罗马皇帝，左右两侧则是8座城市，其中包括阿姆斯特丹、罗马、哈瓦那、墨西哥城以及耶路撒冷。其间穿插着穿着欧洲、北美洲、南美洲、非洲以及亚洲传统服饰的人像。地图的4个角上各描绘了一位寓言般的女性驾驭着神话中的奇珍异兽。

在制图方面，那个传说中的“南方大陆”（Terra Australis）出现在了图中。不仅有关于“大湖”（Great Lakes）的描绘，而且在西海岸沿线已经出现了许多地名，其中不乏想象出的地区，甚至包括半神话性质的“阿尼安海峡”（Strait of Anian）。在世界的另一端——亚洲，韩国（Korea）以一座孤立岛屿的形式存在。一个大洋洲的雏形与神秘的南方大陆相连并根据马可·波罗的描述将其命名为“海滨”（Beach）。

制图师

克莱斯·扬茨·菲斯海尔（Claes Jansz Visscher，158—1652）是菲斯海尔家族的制图王国的奠基人。他将公司建立在阿姆斯特丹，比邻地图出版业的同行彼得·范·德·凯尔（Pieter van den Keer）和约道库斯·洪迪厄斯（Jodocus Hondius）的工作室。有传言称菲斯海尔可能曾是洪迪厄斯的学徒之一。菲斯海尔经常将他的地图署名为皮斯卡托（Piscator，“渔夫”之意，亦为“Visscher”的拉丁语写法），还将一位老渔夫的形象放进了他的地图中。

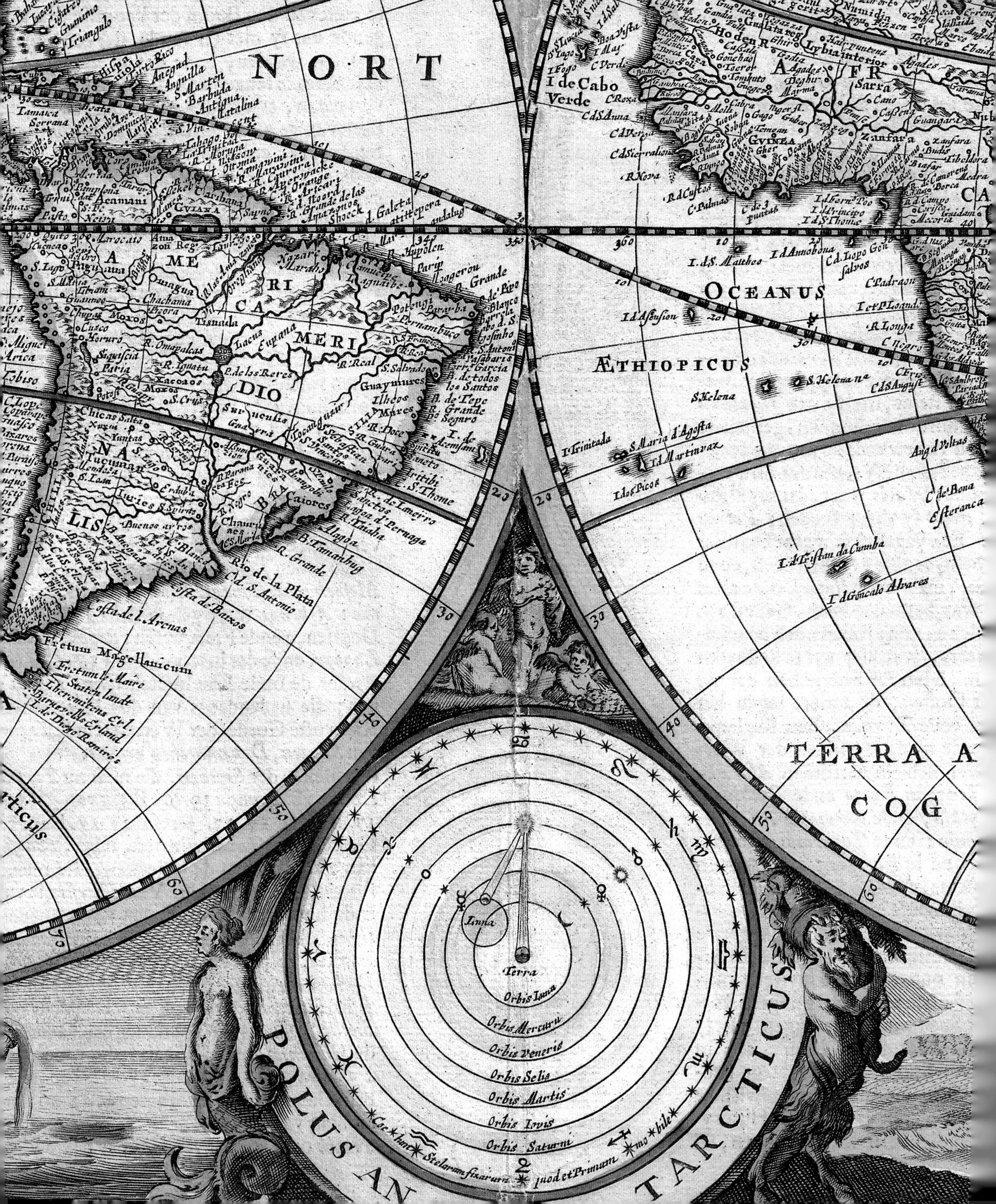

NORT
AMERICA MERIDIO
OCEANUS
ÆTHIOPICUS
I de Cabo Verde
GUINEA
S.Helena
I.d'Trinitada
I.d'Tristan da Cunha
I.d'Goncalo Alvares
Rio de la Plata
Fretum Magellanicum
Fretum le Maire
Staten landt
TERRA A
COG
Terra
Orbis Lunæ
Orbis Mercurii
Orbis Veneris
Orbis Solis
Orbis Martis
Orbis Iovis
Orbis Saturni
POLUS ANTARCTICUS

《世界之图》

Werreldt Kaert

这幅气势磅礴的世界地图淋漓尽致地展现了荷兰巴洛克风格地图的惊世之美。在地图的圆形边界外，生动描绘着华美精致的古希腊神话寓言图，其中包括宙斯与他的战车、波塞冬和他的侍从、得墨忒耳[1]接受供奉，以及珀耳塞福涅[2]（Persephone）被绑架的场景。该地图是为尼古拉斯・菲斯海尔在1682年出版的荷兰版精装《圣经》创作的配图。

菲斯海尔是"加利福尼亚孤岛"理论的坚定拥护者，这一点也体现在了他所绘制的地图上。关于世界上存在着一个名为"加利福尼亚"的岛屿的传说，要追溯到1510年由罗德里格斯・德蒙塔尔沃（Rodriguez de Montalvo）创作的小说。他在骑士浪漫小说《艾斯普兰迪安历险记》[3]（*Las Sergas de Esplandián*）中写道："要知道，在印度群岛的东边，离天堂之陆（Terrestrial Paradise）非常近的地方，有一个叫作加利福尼亚的岛屿。岛上居住的全部是黑人女性，不存在任何男性，她们以一种类似亚马孙人的方式生活着。"

跟随着西班牙探险家弗朗西斯科・德・乌略亚（Francisco de Ulloa）的脚步，埃尔南多・科尔特斯（Hernando Cortez）来到了刚刚被发现的下加利福尼亚半岛，并立即宣布了西班牙对于"加利福尼亚岛"的主权。可惜很快人们就发现加利福尼亚半岛并不是一个独立的岛屿。也许，历史记载总是难以和客观事实相吻合。弗朗西斯・德雷克的船队已经沿着美洲西海岸一路向北航行，并把温哥华附近的"新阿尔比恩"（New Albion）以及华盛顿州（Washington State）作为英国的属地。由于当时西班牙在海上的霸主地位，以及其对于保留对于加利福尼亚的所有权的渴望，导致了"加利福尼亚岛"这一说法在17世纪末与18世纪初再次流行。

在地图的其他部分，在广袤的亚洲大陆上，都清晰地注明了丝绸之路途经的城市，比如喀什（Kashgar）、塔什基尔吉特（Tashkirgit）、撒马尔罕（Samarkand）和布哈拉（Bukhara）。南美洲和非洲内陆的地理信息则几乎都是凭借充满了希望与幻想的猜测来绘制的。比如，许多欧洲人都相信所罗门王的金矿就隐藏在南非大陆上。莫诺莫塔帕王国[4]（The Kingdom of Monomotapa）经常出现在那些有关传奇宝藏的故事中。而实际上，它也确实因为丰富的金矿资源而与印度以及亚洲其他地区保持着活跃的贸易网络。

制图师

菲斯海尔家族（The Visscher family）是传承了近100年的荷兰地图制图世家，其先祖是克莱斯・扬茨・菲斯海尔。菲斯海尔家族几代人相继传承了他们的制图公司，直到最终被彼得・申克（Peter Schenk）收购。

---

1 得墨忒耳：古希腊神话中司掌农业、谷物丰收与万物生长的女神，是奥林匹斯十二主神之一。

2 珀耳塞福涅（Persephone）：得墨忒耳和宙斯的女儿，也是冥界的王后。她被冥王哈得斯（Hades）拐去冥界做了王后。因为母亲得墨忒耳思女心切，珀耳塞福涅得到冥王与宙斯的准许，可以每年有半年时间在冥府，另半年时间在人间。古希腊神话中一年四季的传说也由此而来。

3 《艾斯普兰迪安历险记》是著名的中世纪骑士浪漫小说《高卢的阿玛迪斯》（*Amadís de Gaula*）系列的第五部。

4 莫诺莫塔帕王国：14世纪到17世纪，在非洲赞比西河（Zambezi）和林波波河（Limpopo）之间由一系列国王所统治的非洲领土，现在是津巴布韦和莫桑比克。

Septentrio
AME
RICA
SEPTENTRIO
NALIS
MAR
DEL
NORT
Circul Artic
Tropicus Cancri
Circulus Æquinoctialis
MAR
DEL
OCEANVS
ZUR
PERVVI
ENSIS
Tropicus Capricorni
MARE PACIFICVM
AMERICA
MERIDIONALIS
TERRA
AVSTRA
LIS
INCOGNITA
Circulus Antarticus
Meridies
Fretum Magellanicum
Rio de la Plata
Nova Belgium
Virginia
Florida
SINUS MEXICANUS
La Bermuda
Buttons bay
POLUS

Septentrio.
GROENLANDIA
Spitsberge
MARE ATLANTICUM
MARE TARTARICUM
NOVA ZEMLA
Noort Zee
Oost Zee
TARTARIA
ASIA
Pont Euxinus
Mare de Sala
MARE MEDITERRANEUM
PERSIA
INDOSTAN
INDIA INTRA
OCEANVS CHINENSIS
Islas de las Velas
Philip: pinæ Insulæ
Archipelagus S. Lazari
MARE ARABICUM et INDICVM
Golfo de Bengale
Ceylan
Zeylan
AFRICA
Lybia interior
Arabia
Nubia
Abissinia
GUINEA
OCEANUS ÆTHIOPICUS
S. Helena
MAR DI INDIA
HOLLANDIA NOVA
Willem R.
I. S. Francois
I. S. Pieter
TERRA AVSTRALIS INCOGNITA
Circulus Antarticus
Meridies.
ARCTICUS

《新寰宇地图》

Nova Totius Terrarum Orbis Tabula

这幅珍贵的世界地图由约阿希姆·博米斯特于 1685 年出版。在图中，博米斯特将世界以 4 个半球的方式展现：两个主半球以及两个各自代表了北极与南极地区的小半球。装饰在地图周围的是 4 幅取材于古典神话寓言故事的精美图像：波塞冬向美人示爱、得墨忒耳接受供奉、珀耳塞福涅被绑架以及阿波罗乘坐他的战车。从博米斯特的地图上，我们可以发现一些有趣的创新之处。但更重要的是，它提出了地图上的未知区域应该留白的新制图方式。欧洲制图界逐渐脱离了一个试图将地图上所有的未知区域都依据神话传说来填补的制图时代。就像当年从阿姆斯特丹港口出发的商船一样，许多欧洲商船都带着探索世界的任务，夜以继日地离开繁忙的港口。根据日新月异的信息绘制更加精确的地图，逐渐成为了制图界的新风尚。而带来的结果则是，曾经出现在地图上未知的区域还原为了明显的大片空白：美洲的太平洋西北地区、大洋洲的东部与南部沿海、北极内陆、波利尼西亚群岛，以及南极地区。尤其值得注意的是，最早由亚里士多德提出的“南方大陆”在这幅地图上，终于消失不见了。

制图师

约阿希姆·博米斯特（Joachim Bormeester，1620—1702）是一位来自荷兰阿姆斯特丹的印刷商、出版商以及雕版师。

他的作品稀少，除了这幅地图外，还有一幅被评为 17 世纪最美地图之一的壁挂图。

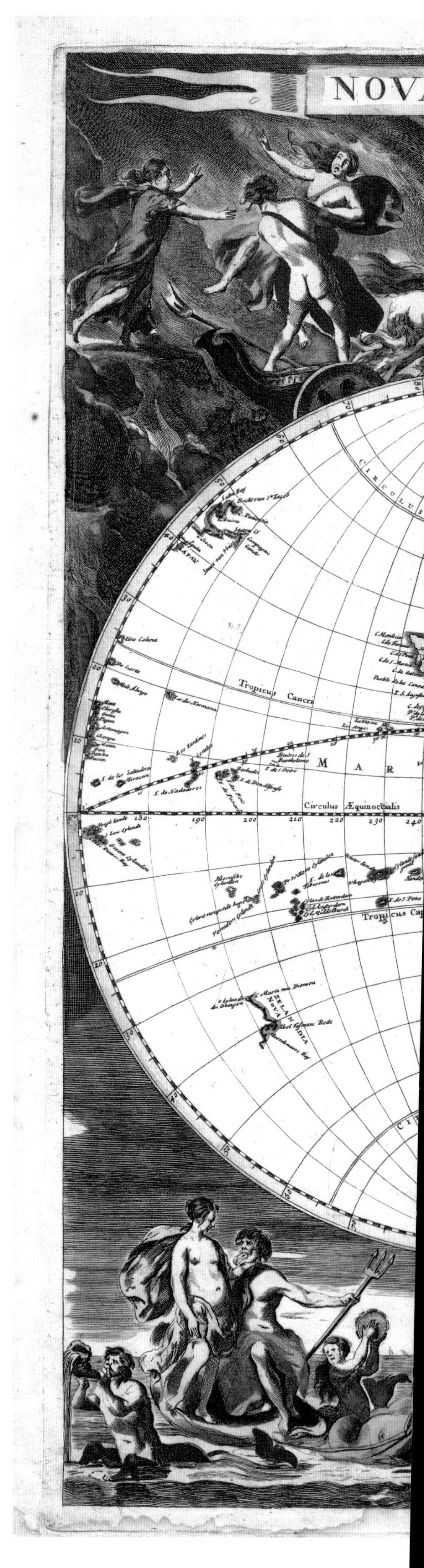

TIUS TERRARUM ORBIS TABULA. A. J. BORMEESTER
POLUS ARCTICUS
Circulus sub Circulo Arctico
Terra de Labrador
Nova Britannia
OCEANUS DEUCALEDONIUS
GROENLANDIA
ISLANDIA
Mare de Sala
IAPAN
Philippinæ Insulæ
Ilhas de La drones
MAR DEL
NORT
Carribana GVIANA
Paraquaria
OCEANUS
ÆTHIOPICUS
MAR DI
INDIA
HOLLANDIA
NOVA
CIRCULUS ANTARCTICUS
AUSTRALIA INCOGNITA
Circulus sub Circulo Antarctico
POLUS ANTARCTICUS

第三章
法国实证主义地图的构想

属于荷兰的黄金时代在17世纪下半叶日渐式微。随着权力和影响力中心的转移，学术、制图学以及许多其他学科的中心也转移到了巴黎。第一位能够与荷兰制图大师们一较高下的法国制图大师，是伟大的地理学家尼古拉·桑松（Nicolas Sanson）。不论在地图的雕版质量还是信息的准确性方面，他都毫不逊色于前人。

桑松出生于法国北部的阿布维尔（Abbeville），并在亚眠（Amiens）的耶稣会学习数学。他的制图技艺在年轻时便崭露头角，早年所绘制的一幅高卢地图更是引起了黎塞留（Richelieu）枢机主教和路易十三的注意。于是在1630年，他被任命为皇家地理学家（Géographe Ordinaire du Roi）。桑松将制图学与科学原理的结合提升到了前所未有的高度，他所制作的地图也比同类的荷兰地图更加精确和复杂，17世纪中后叶，人们开始争相模仿桑松的作品。桑松的作品为制图界确立了新的标准，由此开启了“法国制图的黄金时代”，而他也因此被认为是“法国制图学之父”。

在1666年，桑松的晚年，法国成立了皇家科学院（French Académie Royale des Sciences），其宗旨是鼓励法国的科学研究与学术探索。法国皇家科学院是欧洲最古老的科学院之一。尽管在科学院成立的头三十几年，一切都尚在雏形中，没有形成规范。但到了17世纪末，太阳王路易十四于1699年建立了一套条理分明的学术规范体系。在路易十四的支持下，法国皇家科学院于18世纪初崛起，吸引了来自欧洲各地的学者专家会聚于此。

跟随着桑松的脚步，克劳德·德利尔（Claude de L' Isle）和他的3个儿子：路易（Louis）、约瑟夫·尼古拉（Joseph Nicolas）以及纪尧姆（Guillaume）成了法国最重要的制图大师。简而言之，德利尔家族的作品是制图领域中前无古人的杰作。德利尔家族的三个兄弟都为制图领域做出了杰出的贡献，其中尤数纪尧姆是整个家族的荣耀。纪尧姆·德利尔在27岁时便凭借过人的天分与才能加入了皇家科学院。过去，大部分在阿姆斯特丹或欧洲其他地区的制图师，都需要通过连篇累牍的书信同相隔遥远的学者专家交流和研讨地理学的理论。到了纪尧姆时代，皇家科学院的科学家们会定期会面进行学术研讨。这些关于地理学理论的辩论，是为了展现持先验或保守态度的论文，充斥着真正的学术、大胆的推断、膨胀的野心以及玩弄权术的伎俩。其结果是，学术的辩论通常变得过激，从而升级成为激烈的竞争。除了学院内部各派系间的交锋，制图师们还背负着科学上、经济上以及政治上的巨大压力，每个人都绞尽脑汁希望能够制作出最为精确的地图，从而吸引国王的关注，并由此获得皇室的任命。这些皇室任命，比如纪尧姆·德利尔的头衔：皇家首席地理学家（Premier Géographe du Roi），所带来的不仅是威望，还经常包括一笔额外的健康津贴，可以帮助制图师贴补家用。

在渴望出人头地的欲望驱使下，科学院中的法国制图师们摩拳擦掌，包括德利尔家族、让-巴蒂斯特·诺兰（Jean-Baptiste Nolin）、菲利普·布歇（Philippe Buache）、吉勒·罗贝尔·德瓦高迪（Gilles Robert de Vaugondy）、让·巴蒂斯特·布吉尼

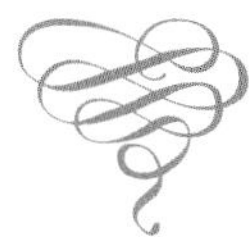

翁·当维尔（Jean Baptiste Bourguignon d' Anville）以及其他人纷纷推出了一系列地理学理论。这些理论有的毫无根据，有的却相当具有先见性。

他们在地图上填补了世界上未知的领域，如太平洋西北地区、北极地区、非洲内陆、太平洋地区以及远东地区。此外，地图上还充斥着各种信息，包括有科学根据的推测，探险家的日志，或能够吸引国王注意的理论。这就是实证制图学或者是推断制图学的诞生。在这种制图机制下，地图的制作经常以数量有限的小规模制作为主，以便用于在学院内的学术辩论中阐述观点。

许多皇家科学院的实证制图师所确立的制图传统，在他们逝世之后依然影响深远，或被他们的竞争流派所吸收采纳。在法国实证主义科学院诞生的制图思想有："西方之海"（the Sea of the West）是一片传说中位于北美洲西部的内海；布歇假设出的位于极地的公海；数不尽的关于西北航道的假设；一条应该是通向太平洋的"西部之河"（River of the West）；一片应该是亚马孙门户的天堂般的湖泊，"萨拉耶斯湖"（Lago de Xarayes）；以及"扶桑"（Fusang），是中国古代传说中一片位于美国西海岸的灵地，等等。

属于法国的制图黄金时代由桑松开启，在由詹姆斯·库克上尉、让·弗朗索瓦·拉彼鲁兹伯爵和乔治·温哥华（George Vancouver）引领的大航海时代到来时终结。这些伟大的探险考察均在1768年至1795年间完成。更重要的是，探险考察带回来的成果轻松解答了大多数在皇家科学院里争论了近一个世纪的地理学问题。

随着法国制图学院的衰落，以及随后的法国大革命，地图制图学的研发中心从巴黎转移到了伦敦，而这也标志着法国的制图黄金时代的终结。

《海陆世界地图》

Mappe-monde Geo-Hydrograpphique

这幅海陆世界地图由尼古拉·桑松发表于 1691 年，并献给了国王路易十三。在图中，海豚代表着法国王室，放置在地图上精美的装饰性圆框内。在地图的下方，象征统管海陆的强健的人鱼，为国王展开这一幅双半球投影系统中的世界地图。这幅地图的装饰精美绝伦，大量的金箔用于强调两个半球中的重要元素以及标志性的城市。如此奢华精美的地图，恐怕也只能在皇室或其他高级贵族委托的作品中才能看到。

从制图学的角度来看，这幅地图也同样包含许多有趣的特征。桑松被认为是最早的“科学”制图大师之一，因为他的地图来源于科学原理以及探险家们探索真实世界得出的结论，而非神话传说或既定惯例。不仅如此，这幅地图最引人注目的特点还有在位于南极地区出现的一片广阔的陆地。

然而，这片大陆并不是今天我们所熟知的南极洲。因为在那时，南极洲还仍未被发现。在图中出现的，依然是传说中的“南极大陆”。亚里士多德相信，这块“南极大陆”可以在重量上完美地平衡亚洲大陆。而他对于制图学的影响如此深远，以至于这个学说在他死后依旧被欧洲学者们坚定不疑地传承了数百年。这幅地图在桑松逝世后由他的继承人亚历克西斯－于贝尔·亚伊洛特（Alexis-Hubert Jaillot，1632—1712）出版。

制图师

尼古拉·桑松（Nicolas Sanson，1600—1667 年）被认为是“法国制图学之父”。在他的带领下，科学观察的价值在制图学中战胜了传统的历史制图法。这一进步使得 16 世纪荷兰黄金时代的地图中常见的装饰性地理图像越来越少，取而代之的是标准化的制图范本。桑松创作的 300 多幅地图所组成的作品集，影响了欧洲大陆的地图制图学一个多世纪之久。

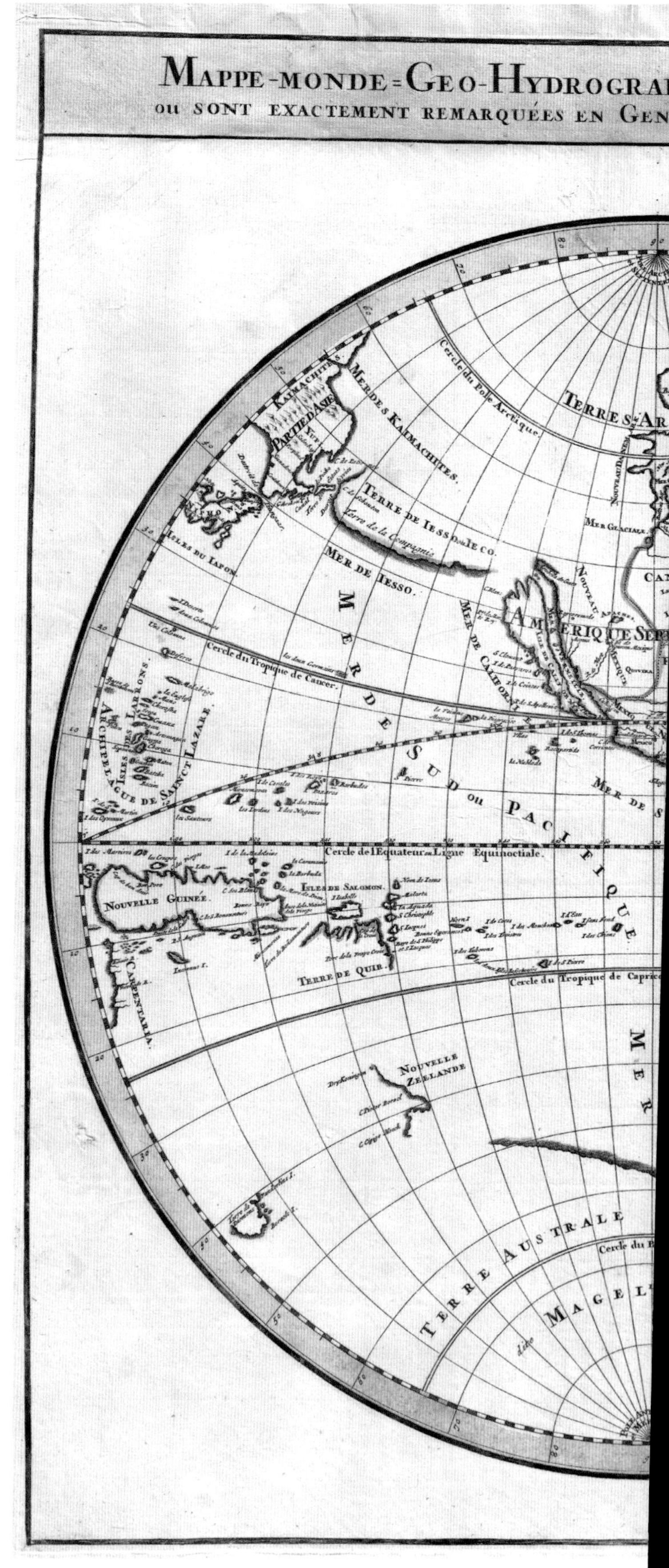

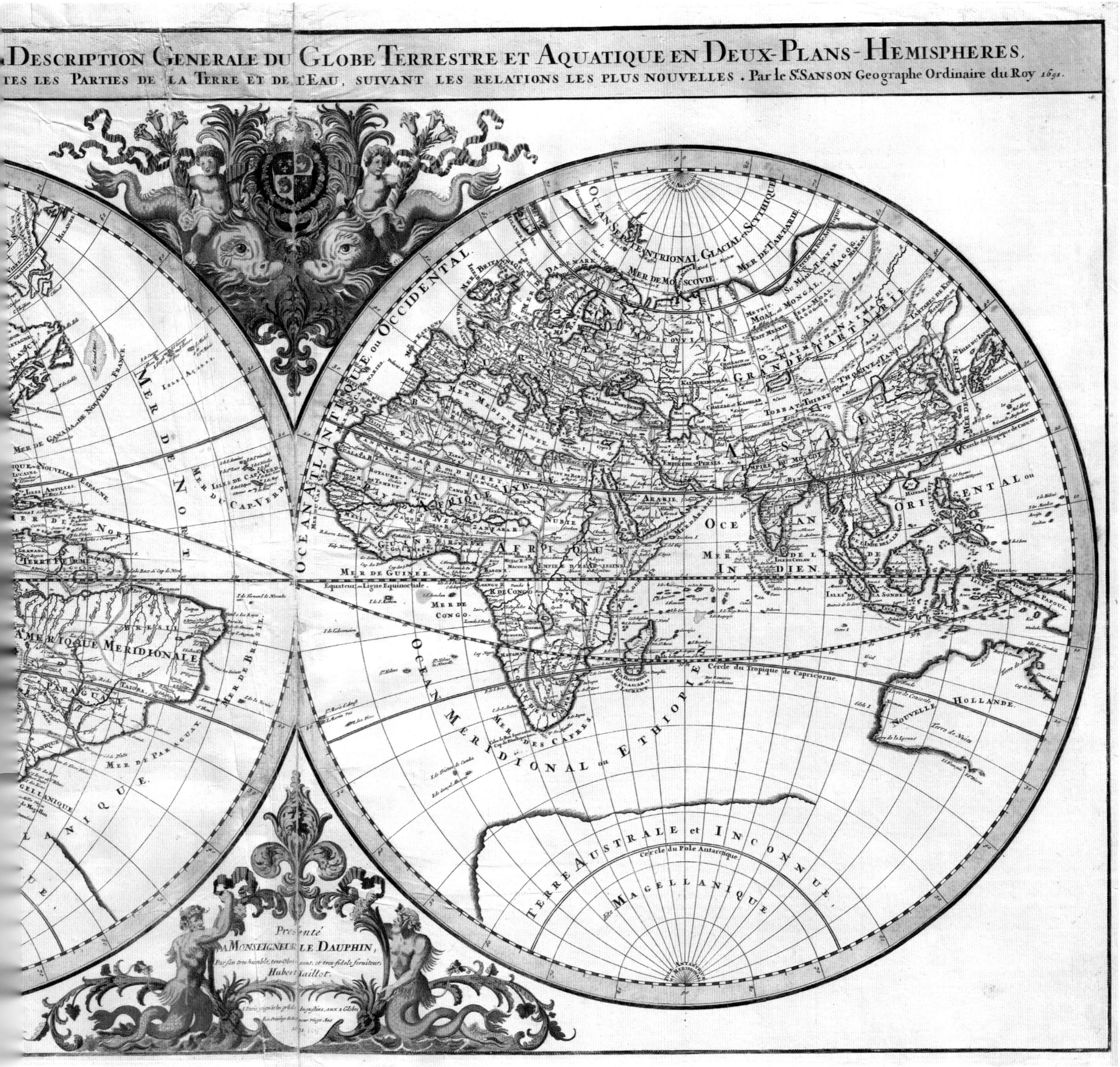

…Description Generale du Globe Terrestre et Aquatique en Deux-Plans-Hemispheres,
…tes les Parties de la Terre et de l'Eau, suivant les relations les plus nouvelles. Par le S.r Sanson Geographe Ordinaire du Roy 1691.

Océan Septentrional Glacial ou Scythique
Mer de Moscovie
Mer de Tartarie
Grande Tartarie
Europe
Mer Mediterranée
Océan Atlantique ou Occidental
Afrique
Mer de Guinée
Equateur ou Ligne Equinoctiale
Congo
Arabie
Asie
Océan Indien
Mer des Indes
Océan Oriental
Cercle du Tropique de Cancer
Cercle du Tropique de Capricorne
Océan Meridional ou Ethiopique
Mer des Cafres
Nouvelle Hollande
Terre Australe et Inconnue
Cercle du Pole Antarctique
dite Magellanique
Mer de Nort
Mer du Cap-Verd
Isles du Cap-Verd
Mer de Canada ou de Nouvelle France
Amerique Meridionale
Mer de Bresil
Mer de Paraguay
Paraguay

Présenté
A Monseigneur le Dauphin,
Par son tres-humble, tres-Obeissant, et tres-fidele serviteur,
Hubert Jaillot.
A Paris joignant les grands Augustins, aux 2 Globes
Avec Privilege du Roy pour Vingt Ans
1691

Schoutten Baye
Rotterdam I.
Marias Baye
Amsterdam I.
Middelbourg I.
I. de S. Pierre
Mariages des Canadiens
Leurs festins qu'ils nomment Vin ou ils se font servir par leurs Femmes.
Dance du Calumet
Moulins pour Separer les Metaux de la Terre.
Aguacate
Decentes des Mines
Les Environs de l'Embouchure de la Riv.e du MISSISIPI Decouverte par M.r de la Salle en 1683. et Reconnües par M.r le Chevalier d'Iberville en 1698. et 1699.
Riviere Rouge
les Machitoche
les Tohome
la Mobile R.
Desert ou Anciennes Habitations des Mobiliens
les Mobiliens
Pascagoula R.
Fort de la Mobile
Pascagoula
NATION DES CHICACHA
Riviere aux Ours
Anciennes Habitations
Lac de Maurepas
Village ou sont aujourd'huy les Tainsas
Portage du Sueur
Lac de Pontchartrain
Baye St. Louis
Baye Espagnole
Pinsacola
Portage des Biloxi
I. de la Chandelleur
Echelle de 20. Lieües
GOLFE DE MEXIQUE
le Detour de l'Anglois
Ancien Fort Mississipi R.
Pointe de Mardigras
I. au Breton
Entrée ou Embouchure du Mississipi
Chasse de Nuit
Moulin a Sucre
Melons d'Eau
Santa Fee
Tacubaya
S. Angel
Churubusco
Istapalapa
Cuyoacan
Aigle
le Flamand
Perroquet
Grand Gozier
Poule d'Eau
Poule Pintada
Cocos
S.t Lazare
Acajou
la Madelaine
Prairies
Citadelle de Caillau
Port de Caillau
Isle de Caillau ou de Lima
El Bouqueron
Naturels du Perou
Acapoulco
los Ycacos
Port des Marques
BALDIVE
Isle de Constantin
Moro de Bonifase
MER DU SUD
205 210 215 220 225 230 235 240 245 250

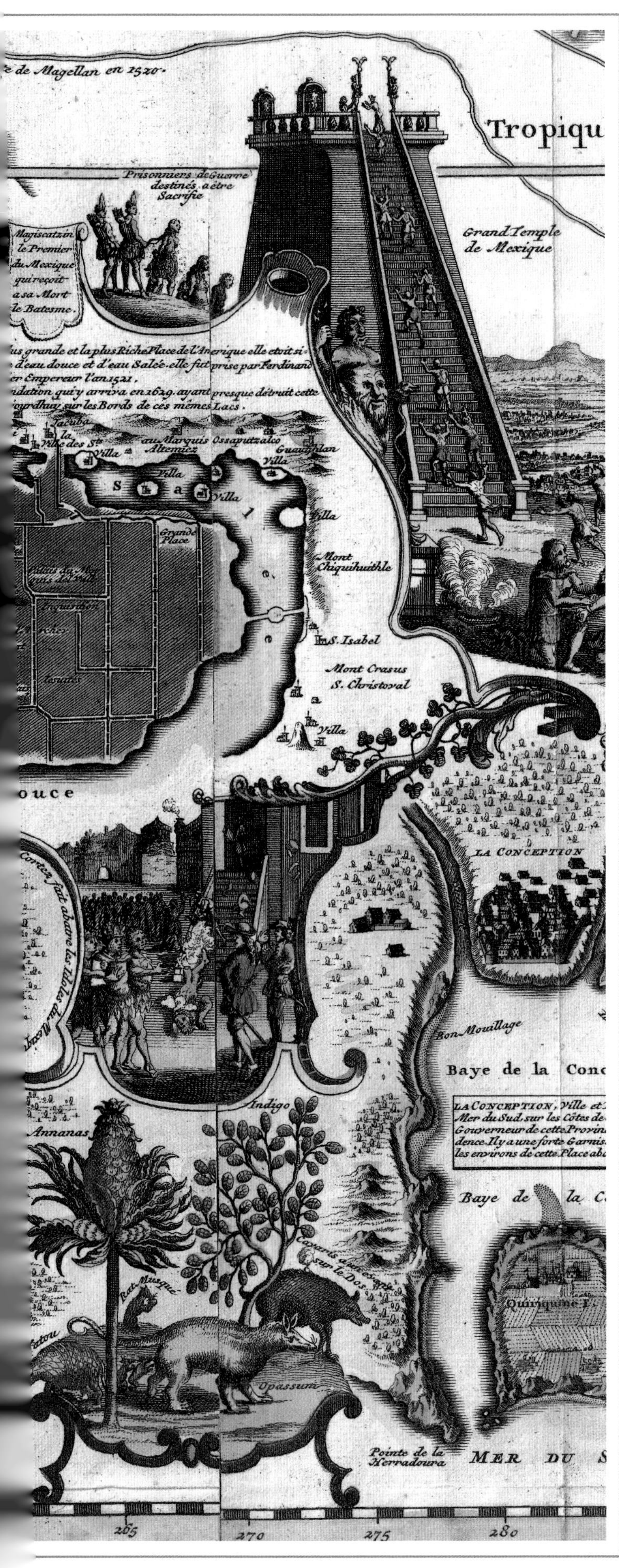

《奇妙南海地图》

Carte Tres Curieuse De La Mer Du Sud

我们眼前的这幅伟大作品，是18世纪最为富丽堂皇的装饰性地图之一。它拥有奢华繁复的雕版工艺，并以美洲大陆作为描绘的重点。超前于它的时代，夏特兰的作品是精妙的艺术创作与严谨的地理学、历史学、民族学、纹章学以及宇宙科学的结晶。这幅地图包含着丰富的地理信息和无数精美的嵌入小地图以及繁复的插图。它被发表在夏特兰的《历史地图集》（*Atlas Historique*）一书中，也是夏特兰所有的作品中最为精妙绝伦的一幅。地图中包含了关于各地的传统文化、动植物生态、政权结构以及贸易往来的简介。

以尼亚加拉瀑布作为背景，夏特兰笔下的美洲拥有着令人叹为观止的皮草贸易以及在纽芬兰大浅滩（Grand Banks）旁一望无际的鳕鱼渔场。其他插图则描绘了当地的部落生活、遍地的狩猎场、当地的工业、富饶的矿藏以及鲸鱼渔业的图景。当地生活中的危险也同样被描绘在内：凶猛的野兽、充满敌意的土著居民以及一幅灰色的图像描绘了在一座典型的阿兹特克金字塔（Aztec pyramid）前的人体献祭。重要的是，这幅地图是率先向"加利福尼亚岛屿说"这一传统观念提出质疑的作品之一。

这幅作品发表时，正值全球化贸易的开端。在图中，大西洋和太平洋都被显著地缩短了，暗示着在被大洋阻隔的大陆之间建立起快捷商道的可能性。在这幅地图中，许多探险先驱，如哥伦布、韦斯普奇（Vespucci）、麦哲伦、德雷克、斯豪滕（Schouten）、拉萨尔（La Salle）和丹皮尔（Dampier）等人的船只都出现在他们探索世界的航线上。丰富的图像还精细描绘了香料群岛（the Spice Islands，Moluques）、巴拿马地峡（Isthmus of Panama），以及诸多繁华的港口如阿卡普尔科[1]（Acapulco）、巴尔迪维亚（Baldivia）、韦拉克鲁斯（Veracruz）、康塞普申（Conceptión）、布宜诺斯艾利斯（Buenos Aires）、哈瓦那（Havana）以及圣塞巴斯蒂安（San Sebastián）。

制图师

尼古拉·桑尼古拉·夏特兰（Henri Abraham Chatelain，1684—174）是一位出生于法国巴黎的胡格诺派牧师。他被后世当作一位荷兰制图师，并创作了影响深远的著作：长达七卷的《历史地图集》。

1 阿卡普尔科是位于墨西哥南部的一个天然海港。

CARTE TRES CURIEUSE DE LA MER DU SUD, CONTENANT DES REMARQUES NOUV

Mais aussy sur les principaux Pays de l'Amerique tant Septentrionale que Meridionale, Avec les Noms & la R

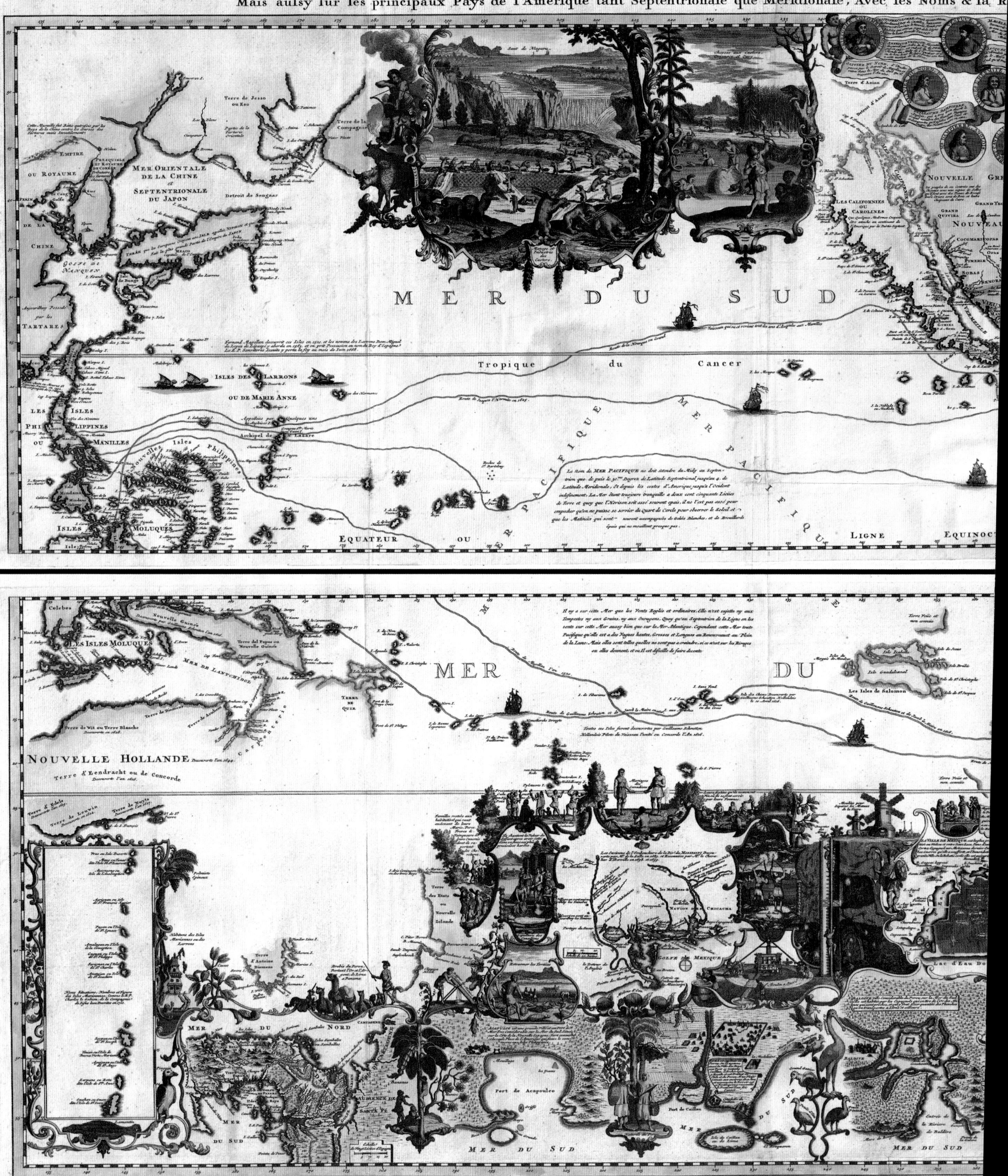

MER DU SUD

Tropique du Cancer

ISLES DES LARRONS OU DE MARIE ANNE

MER ORIENTALE DE LA CHINE et SEPTENTRIONALE DU JAPON

Terre de Jesso ou Eso

Detroit de Sengaar

Golfe de Nanquin

TARTARES

LES ISLES PHILIPPINES OU MANILLES

ISLES MOLUQUES

Archipel de S. Lazare

MER PACIFIQUE

Le Nom de MER PACIFIQUE ne doit setendre du Midy au Septentrion que de puis le 30.me Degrez de Latitude Septentrional jusqu'au 4. de Latitude Meridionale, Et depuis les costes d'Amerique jusqu'a l'Occident indefinement, La Mer étant tousjours tranquille a deux cent cinquante Lieües de Terre et quoy que l'Horison soit assé souvent epais, il ne l'est pas assé pour empecher qu'on ne puisse se servier du Quart de Cercle pour observer le Soleil et que les Matinées qui sont souvent accompagnées de Gelées Blanches, et de Brouillards épais qui ne mouillent presque pas.

EQUATEUR OU LIGNE EQUINOCT

LES CALIFORNIES OU CAROLINES

NOUVELLE

Il ny a sur cette Mer que les Vents Reglés et ordinaires. Elle n'est sujette ny aux Tempestes ny aux Grains, ny aux Ourugans. Quoy qu'au Septentrion de la Ligne en les sente sur cette Mer aussy bien que sur la Mer Atlantique. Cependant cette Mer toute Pacifique qu'elle est a des Vagues hautes, Grosses et Longues au Renouvaauet au Plein de la Lune: Mais elles sont telles quelles ne sont pas a craindre, si ce n'est sur les Rivages ou elles donnent, et ou Il est dificille de faire decente

MER DU

LES ISLES MOLUQUES

Nouvelle Guinée

MER DE LANTCHIDOL

Terre de Quir

Les Isles de Salomon

NOUVELLE HOLLANDE Decouverte l'an 1644

Terre d'Eendracht ou de Concorde

Terre des Etats ou Nouvelle Zelande

Terre d'Antoine Diemens

GOLFE MEXIQUE

MER DU NORD

Port de Acapoulco

Port de Callao

MER DU SUD

Lac d'Eau Do

S ET TRES UTILES NON SEULEMENT SUR LES PORTS ET ILES DE CETTE MER,

Voyageurs par qui la decouverte en a été faite. Le tout pour *l'intelligence Des Dissertations suivantes*

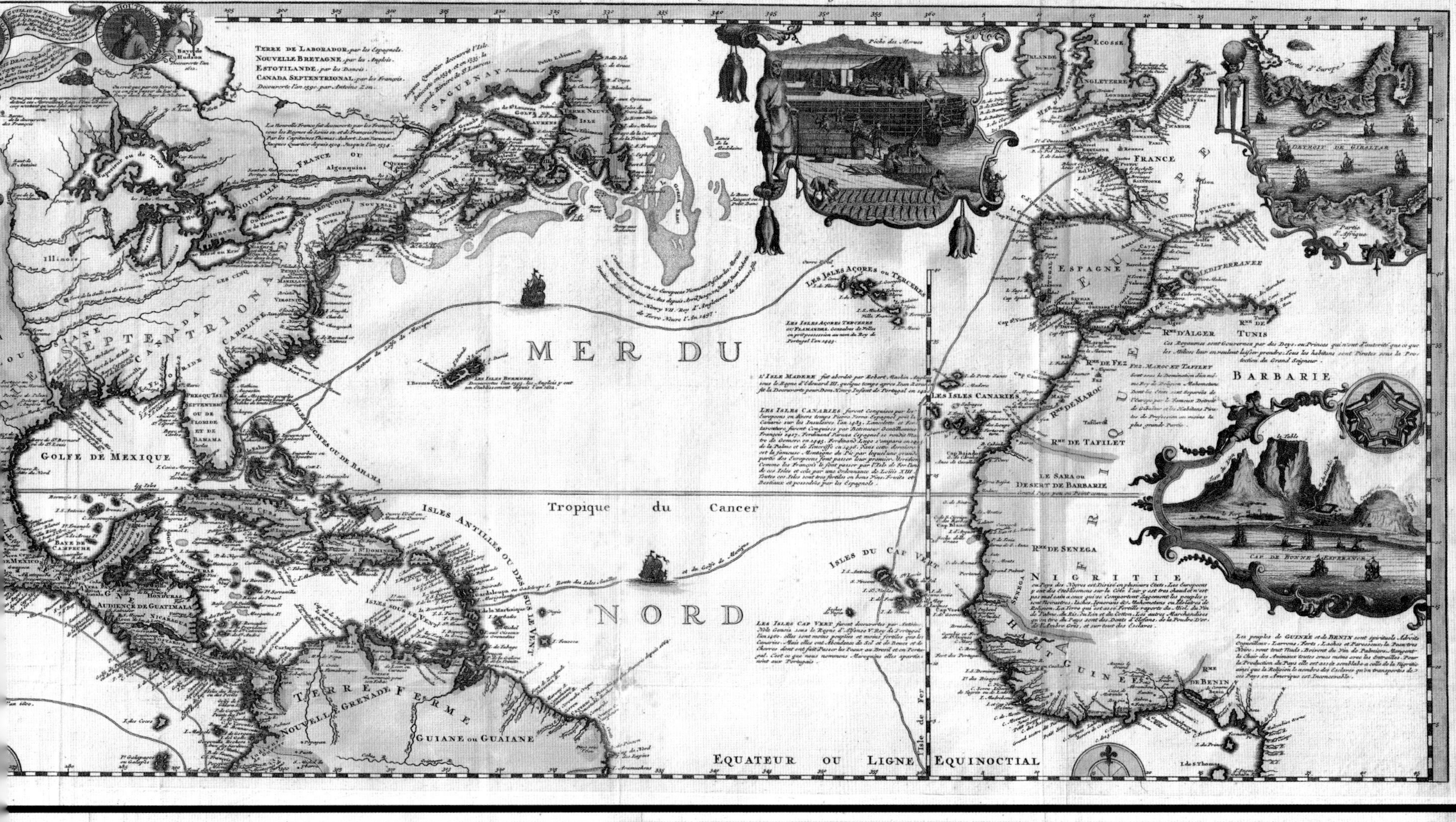

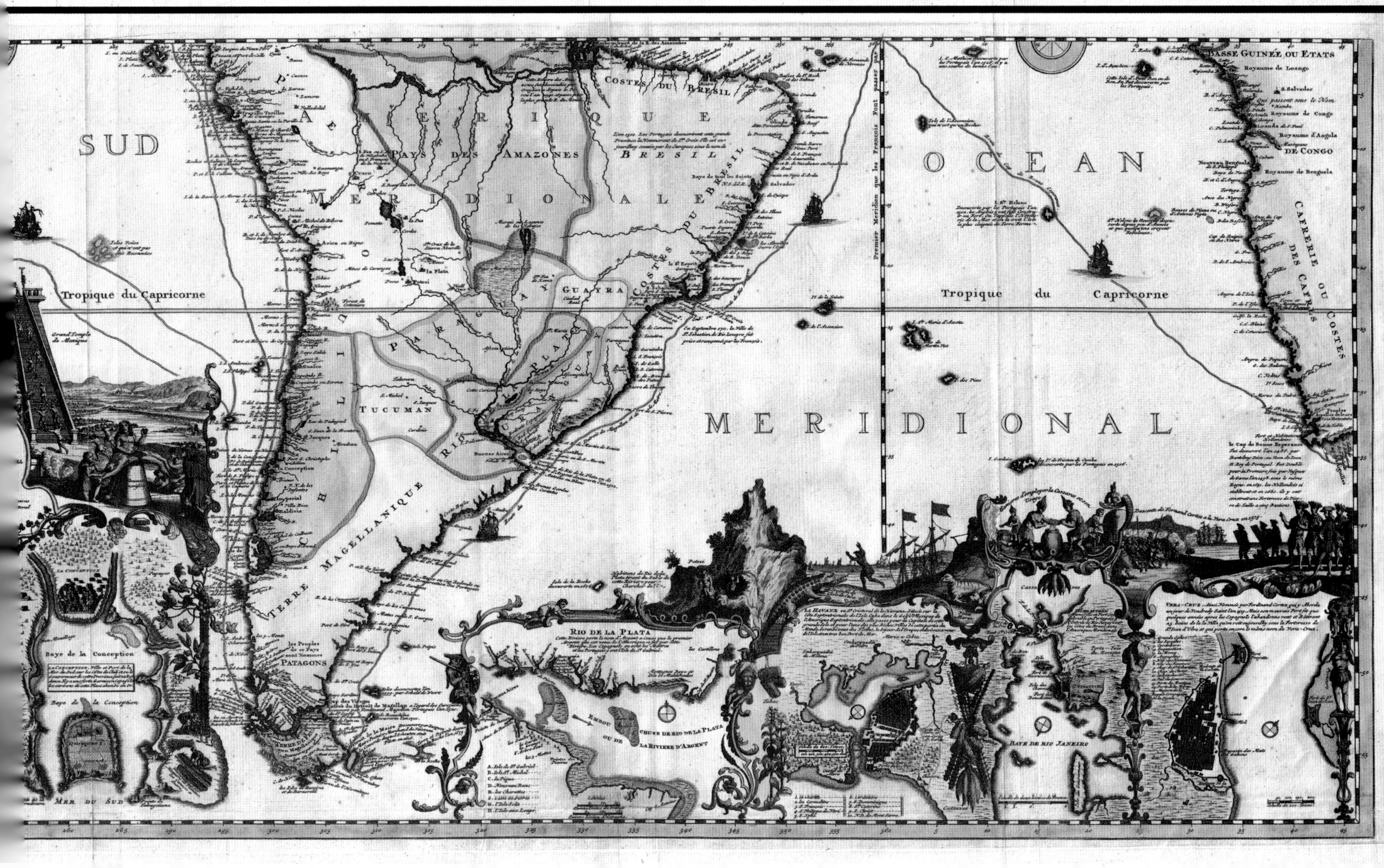

TERRE DE LABORADOR, par les Espagnols.
NOUVELLE BRETAGNE, par les Anglois.
ESTOTILANDE, par les Danois.
CANADA SEPTENTRIONAL, par les François.

SAGUENAY

ISLE DE TERRE NEUVE

FRANCE ou

Algonquins

Illinois

CAROLINE

CANADA SEPTENTRIONAL

GOLFE DE MEXIQUE

ISLES LUCAYES OU DE BAHAMA

AUDIENCE DE GUATIMALA

ISLES ANTILLES OU DES ISLES DU VENT

TERRE FERME

NOUVELLE GRENADE

GUIANE ou GUAIANE

MER DU

NORD

Tropique du Cancer

EQUATEUR OU LIGNE EQUINOCTIAL

LES ISLES AÇORES OU TERCERES

L'ISLE MADERE

LES ISLES CANARIES

ISLES DU CAP VERD

ISLANDE

ECOSSE

ANGLETERRE

FRANCE

ESPAGNE

EUROPE

MER MEDITERRANEE

DETROIT DE GIBRALTAR

R^me D'ALGER

TUNIS

R^me DE FEZ

R^me DE MAROC

R^me DE TAFILET

BARBARIE

LE SARA ou DESERT DE BARBARIE

R^me DE SENEGA

NIGRITIE

HAUTE GUINEE

R^me DE BENIN

CAP DE BONNE ESPERANCE

SUD

AMERIQUE MERIDIONALE

PAYS DES AMAZONES

BRESIL

COSTES DU BRESIL

PEROU

CHILI

PARAGUAY

GUAYRA

TUCUMAN

RIO DE LA PLATA

TERRE MAGELLANIQUE

Les Peuples et Pays nommés PATAGONS

Tropique du Capricorne

Grand Temple de Mexique

Baye de la Conception

MER DU SUD

OCEAN

MERIDIONAL

BASSE GUINEE OU ETATS

Royaume de Loango

DE CONGO

Royaume d'Angola

Royaume de Benguela

CAFRERIE OU COSTES DES CAFRES

Tropique du Capricorne

EMBOUCHURES DE RIO DE LA PLATA OU DE LA RIVIERE D'ARGENT

BAYE DE RIO JANEIRO

Premier Meridien que les François font passer par l'Isle de Fer

《双半球世界地图》

Le Globe Terrestre Represente en Deux Plans-Hemispheres

这幅由让－巴蒂斯特·诺兰于1742年出版的双半球世界地图的罕见之处，莫过于分散在主图周围的数十张附图。诺兰大胆地尝试将世界制图史精简在一幅对开的图纸上。在主地图周围环绕分布的附图中，描绘了人们在哥伦布发现新大陆之前与之后认知的世界，以及那些以北极与南极为中心绘制的心状投影半球地图。

不同于大多数早期地图，这幅地图所代表的是一个充分运用丰富的地理信息来绘制地图的新传统。地图上丰富翔实的信息透露出这个时代的人们对于科学探索的极大热情。在接下来的一个世纪中，这样的地图逐渐成为制图界的主流类型，并且越发精密、严谨。尽管如此，诺兰所制作的这幅地图仍然充满了许多模糊不清与投机的元素。例如，这是最后一幅将加利福尼亚描绘为一座孤岛的地图。图中对于大洋洲与南太平洋也充满了假设与猜想。尽管如此，诺兰对于未知的海岸区域还是选择了留白处理，并在旁边补充描述了该区域的探索状态及其进展情况。

制图师

让－巴蒂斯特·诺兰（Jean-Baptiste Nolin，1686—1762）是一位法国出版商与制图师。他继承了其父（让－巴蒂斯特·诺兰，1657—1725）创立的公司。与大多数制图师不同的是，诺兰不仅继承了父亲的公司，还继承了他的商业头脑。最终，小诺兰凭借过人的商业才能，在制图行业赚得盆满钵满。

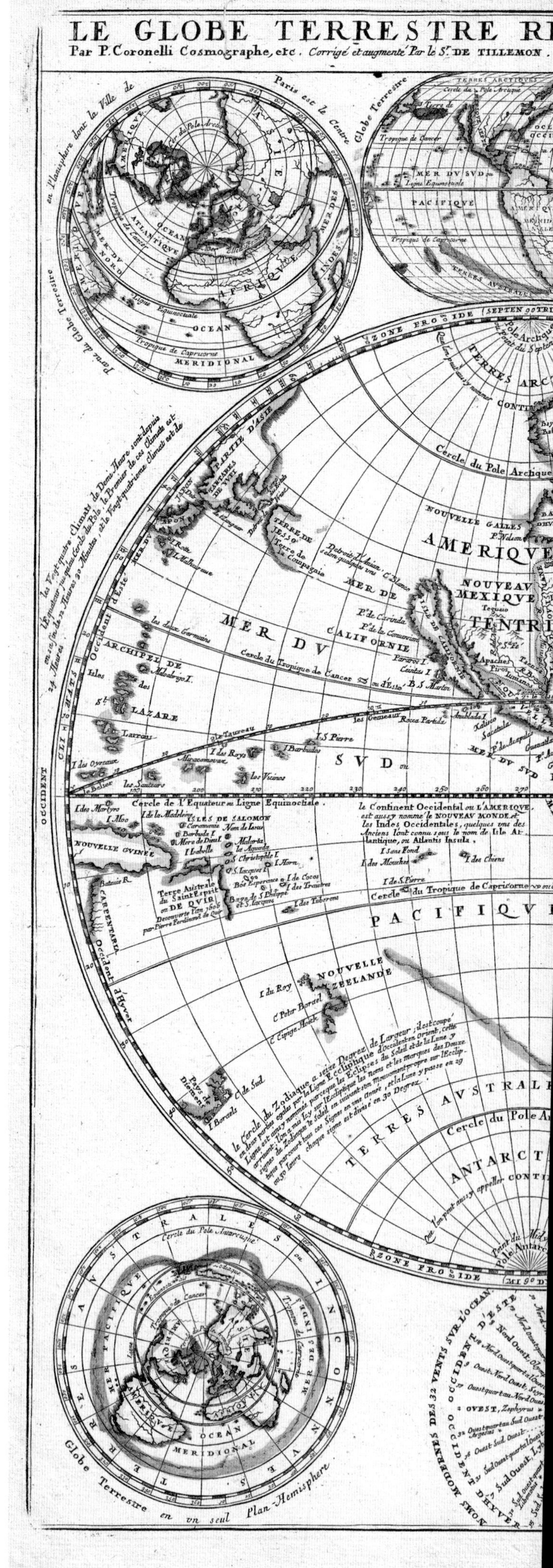

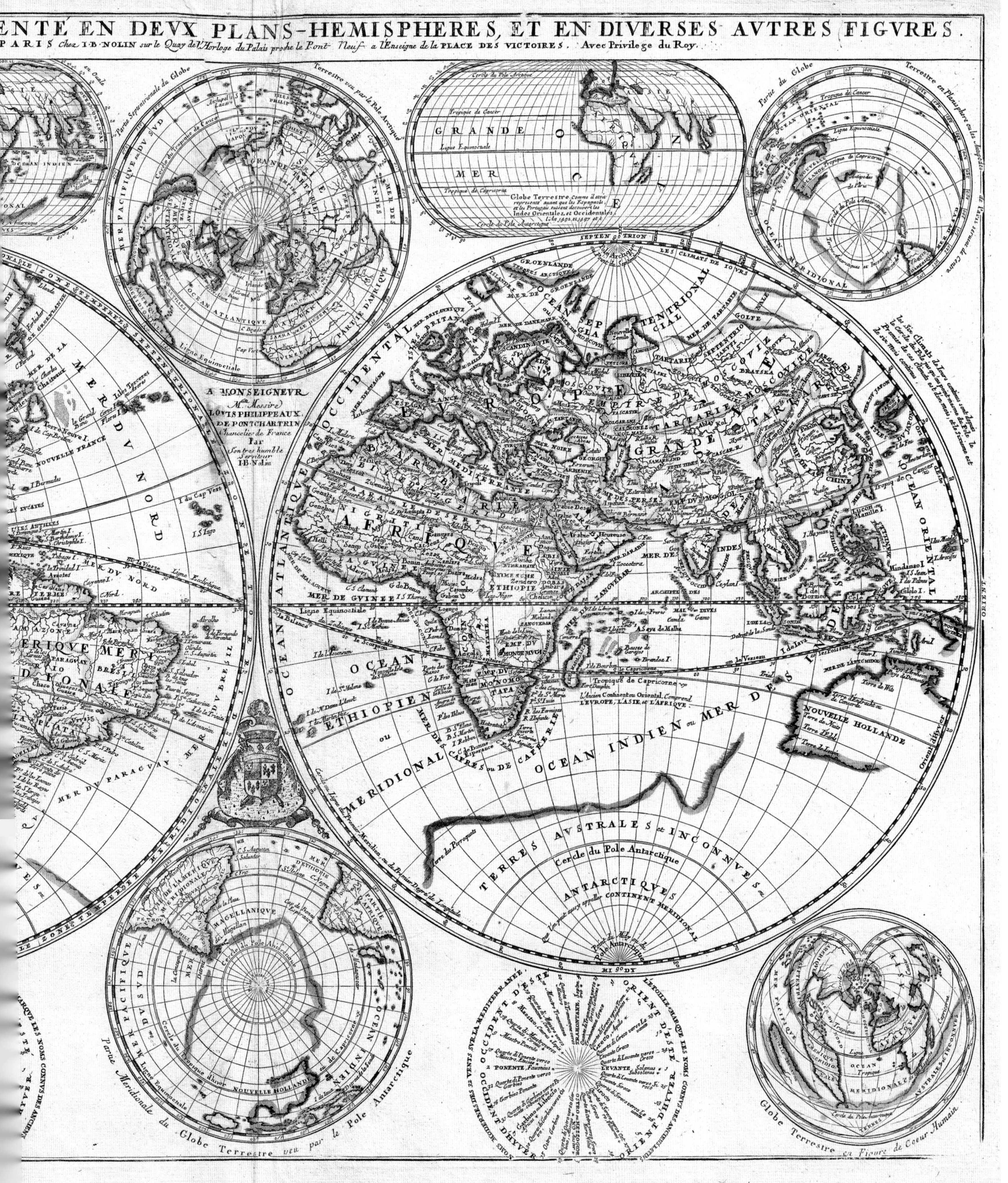
ENTÉ EN DEVX PLANS-HEMISPHERES, ET EN DIVERSES AVTRES FIGVRES.
PARIS Chez I.B. NOLIN sur le Quay de l'Horloge du Palais proche le Pont Neuf a l'Enseigne de la PLACE DES VICTOIRES. Avec Privilege du Roy.
A MONSEIGNEVR
Mre Messire
LOVIS PHILIPPEAUX
DE PONTCHARTRIN
Chancelier de France
Par
Son tres humble Serviteur
I.B. Nolin
Globe Terrestre, comme il etoit representé avant que les Espagnols et les Portugais eussent decouvert les Indes Orientales, et Occidentales
GRANDE
MER
OCEAN
EVROPE
AFRIQVE
ASIE
MER DV NORD
ETHIOPIEN
OCEAN INDIEN
MER DES INDES
MERIDIONAL
TERRES AVSTRALES et INCONNVES
ANTARCTIQVES
Cercle du Pole Antarctique
MER MEDITERRANÉE
MER DE GVINEE
NOVVELLE HOLLANDE
OCEAN ORIENTAL
Ligne Equinoctiale
Tropique de Capricorne
MAGELLANIQVE
Globe Terrestre en Figure de Coeur Humain
Partie Meridionale du Globe Terrestre veu par le Pole Antarctique

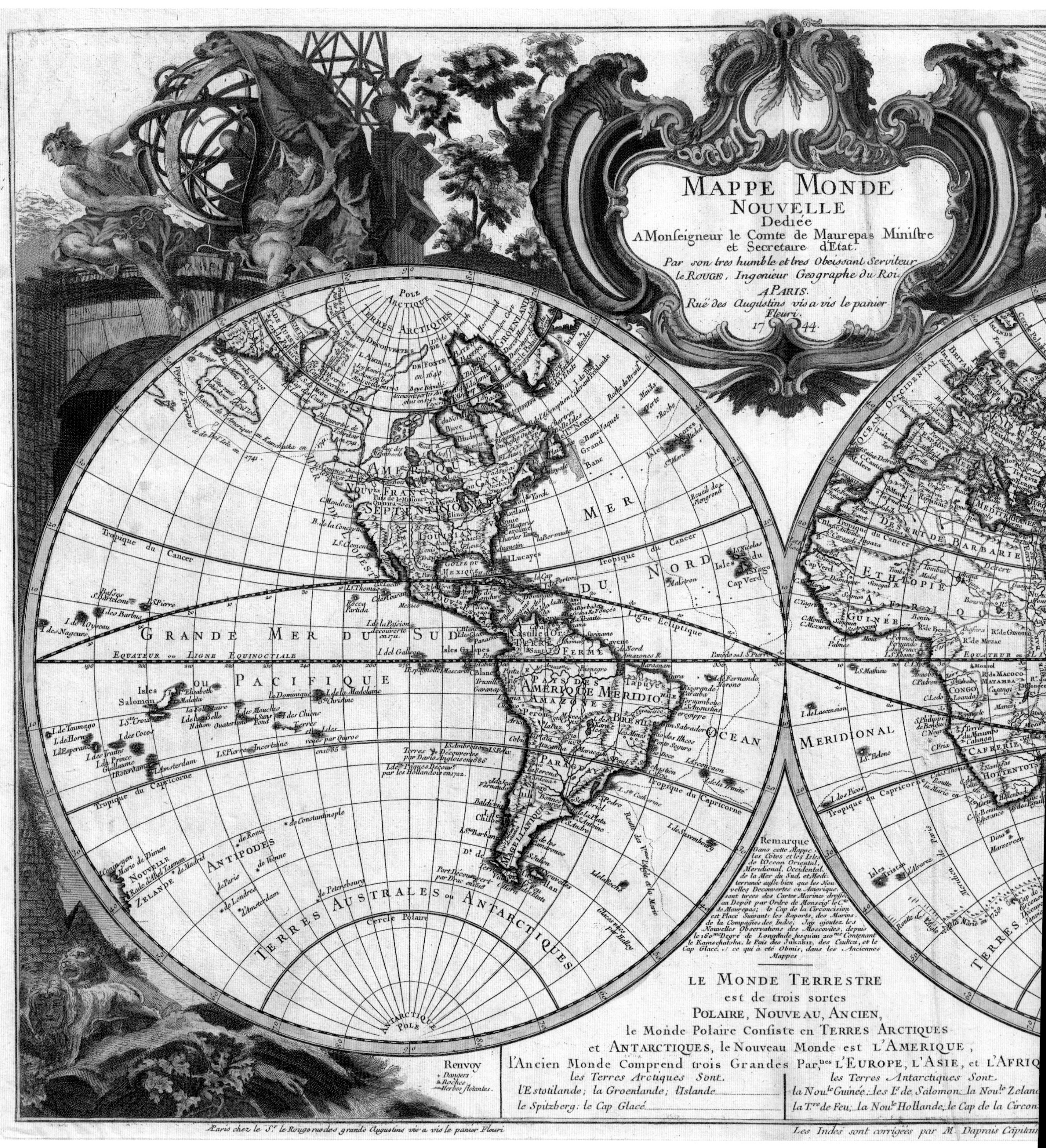
MAPPE MONDE
NOUVELLE
Dediée
A Monseigneur le Comte de Maurepas Ministre
et Secretaire d'Etat.
Par son tres humble et tres Obeissant Serviteur
le ROUGE, Ingenieur Geographe du Roi.
A PARIS.
Rue des Augustins vis a vis le panier Fleuri.
1744.
POLE ARCTIQUE
TERRES ARCTIQUES
AMERIQUE SEPTENTRIONALE
MER DU NORD
GRANDE MER DU SUD
ou PACIFIQUE
AMERIQUE MERIDIONALE
OCEAN
MERIDIONAL
ANTIPODES
NOUVELLE ZELANDE
TERRES AUSTRALES ou ANTARCTIQUES
Cercle Polaire
ANTARCTIQUE POLE
Tropique du Cancer
Tropique du Capricorne
EQUATEUR ou LIGNE EQUINOCTIALE
Ligne Ecliptique
Remarque
Dans cette Mappe, les Côtes et les Isles de l'Ocean Oriental, Meridional, Occidental, de la Mer du Sud, et Mediterranée außi-bien que les Nouvelles Decouvertes en Amerique, sont tirees des Cartes Marines dressé au Depôt par Ordre de Monseig.r le C.te de Maurepas; le Cap de la Circoncision est Placé Suivant les Raports, des Marins de la Compagñies des Indes; Jay ajoutez les Nouvelles Observations des Moscovites, depuis le 160.me Degré de Longitude jusqu'au 210.me Contenant le Kamschatska, le Pais des Jukakir, des Czukczi, et le Cap Glacé, et ce qui à eté Obmis, dans les Anciennes Mappes
LE MONDE TERRESTRE
est de trois sortes
POLAIRE, NOUVEAU, ANCIEN,
le Monde Polaire Consiste en TERRES ARCTIQUES
et ANTARCTIQUES, le Nouveau Monde est L'AMERIQUE,
l'Ancien Monde Comprend trois Grandes Par.ties L'EUROPE, L'ASIE, et L'AFRIQ
les Terres Arctiques Sont.
l'Estotilande; la Groenlande; l'Islande
le Spitzberg; le Cap Glacé
les Terres Antarctiques Sont.
la Nou.le Guinée; les I.s de Salomon, la Nou.le Zeland
la T.re de Feu; la Nou.le Hollande; le Cap de la Circon
Renvoy
Dangers
Roches
Herbes flotantes.
Paris chez le S.r le Rouge rue des grands Augustins vis a vis le panier Fleuri
Les Indes sont corrigées par M. Daprais Capitai

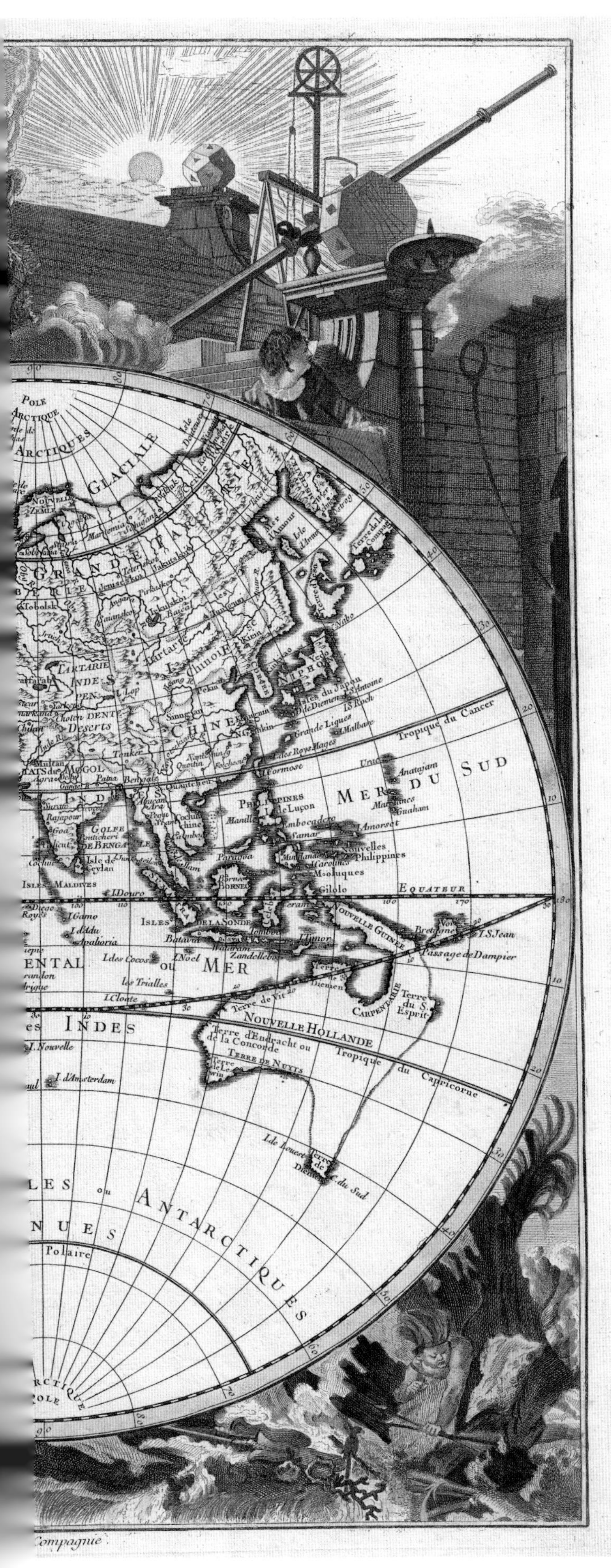

《新世界地图》

Mappe Monde nouvelle

这幅精美的、内容丰富的世界地图是乔治·路易·勒鲁热于1722年出版的。在地图的右上方，代表着科学成就的数学与天文仪器沐浴在灿烂的朝阳下。科学之光从这一角开启，点亮了整幅地图。与之相对应的，则是在左下方描绘的令人生畏的自然之力，包括咆哮的狮子和汹涌的湍流。

这幅地图出版于破晓前最后的晦暗时刻，它与库克、拉彼鲁兹和温哥华在18世纪末的伟大发现擦肩而过。由于当时仍有许多地方尚未被探索发现，制图师们只能用有根据的猜想与假设来理解未知的世界，比如北极地区、太平洋西北地区、南海[1]（South Seas）、大洋洲以及南极地区，还有非洲、东亚、美洲以及大洋洲的内陆。对于制图师来说，在所知信息残缺不全的情况下分清现实与虚构出的世界是一场考验。

这幅地图中有许多有趣的特点，其中有一处尤为不同寻常。那就是位于大西洋中间，在赤道与北回归线之间的一处旋涡。也有其他权威和严谨的制图大师，比如直接根据水手提供的一手信息来制图的纪尧姆·德利尔也在他的地图中描绘了一处类似的涡流。直到近代通过卫星图像，当代科学家才发现两处位于南太平洋的巨大的季节性涡流。这些持续数月的巨大涡流在科学的角度上证明了早期制图师对它的了解与熟知。

制图师

乔治·路易·勒鲁热（George Louis Le Rouge，1712—1780）是一位来自法国巴黎的地图出版商。他的本名是格奥尔格·路德维格（Georg Ludwig），出生于德国，在移居到法国之后更换了一个法国名字。勒鲁热出版了上千张地图，其中有许多作品复刻了英国的原版地图。最终，勒鲁热被授予皇家地理学家的荣誉称号。他还与本杰明·富兰克林共同制作了影响深远的《1769富兰克林与福尔杰——墨西哥湾暖流海图》（*1769 Franklin/Folger Map of the Gulf Stream*）。

1　此处的南海可能指南太平洋。

《丰泰上将的发现地图》

Carte General Des Decouvertes De L'Amiral de Fonte

这是有史以来最有趣的地图之一，也是法国猜想或实证主义制图的黄金时代（1710—1783）中最具影响力的一幅地图。在这幅地图中，约瑟夫・尼古拉・德・利尔（Joseph Nicolas de L' Isle）试图运用大量的猜测来描绘亚洲的西伯利亚海岸与美洲的太平洋西北地区之间的领域。值得我们注意的是：从北极向南延伸出的一大片领土、堪察加河（Kamchatka）东部的巨大岛屿、遍布北美洲的形状奇特的内海与河流网络，以及最令人惊叹的、位于美洲西部的巨大的内海——“西部之海”（Mer de l' Ouest）。

这并不是第一幅描绘出“西部之海”的地图，但却是影响最深远的一幅。这个猜想是由纪尧姆・德利尔首先提出的。这一猜想如今仅存于纪尧姆的手稿中。显然，纪尧姆本人并没有对这个猜想抱有很大的信心。在1726年纪尧姆逝世之后，他的手稿被弟弟约瑟夫・尼古拉・德利尔发现，后者对于“西部之海”的理论给予了充分的热情与信心。这个理论在法国人和英国人中备受欢迎，因为他们期待着在这片海域建造出一条输出路线，好将他们在新世界殖民地获取的财富运送到亚洲的交易市场。这幅地图以及它所蕴含的理念，由约瑟夫・尼古拉・德利尔和菲利普・布歇整理在一份名为“研讨事项”（Considerations）的文件中，于1753年提交到法国皇家科学院。

制图师

德・利尔家族（The de L' Isle family，或Delisle）为18世纪的欧洲制图界带来了脱胎换骨般的革新与壮举。实证－猜想式制图是制图界的一个流派，他们认为对于未知世界的描绘可以基于合理的科学理论、已知信息的推断甚至纯粹的猜想来构建，而德利尔家族是实证派制图的坚定拥护者。在德利尔家族的12个兄弟中，纪尧姆（Guillaume，1675—1726）、西蒙・克劳德（Simon Claude，1676—1726）、约瑟夫・尼古拉（Joseph Nicolas，1688—1768）以及路易（Louis，1690—1741），都为制图学的发展做出了巨大贡献。

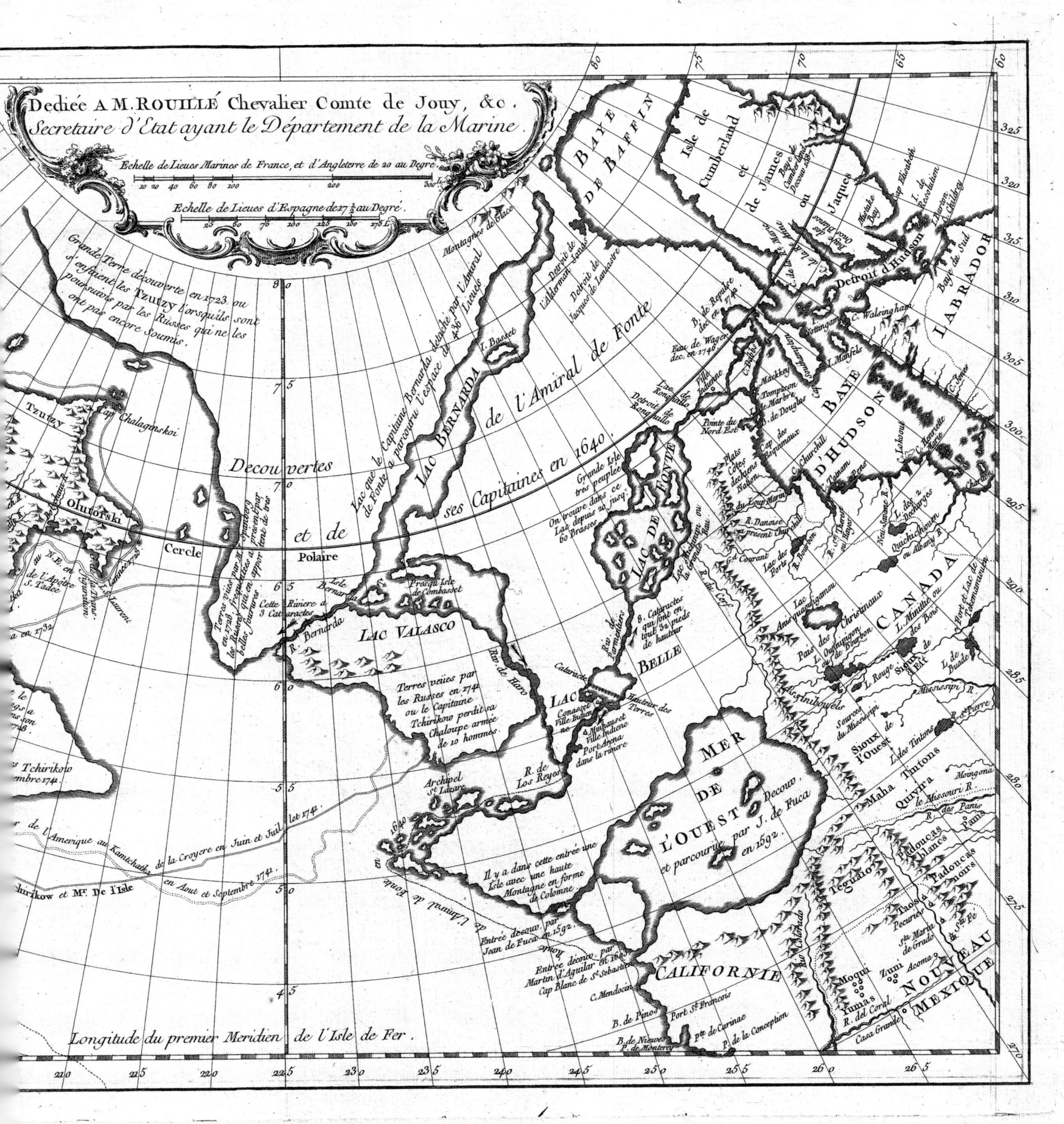

Dediée A M. ROUILLÉ Chevalier Comte de Jouy, &c.
Secretaire d'Etat ayant le Département de la Marine.
Echelle de Lieues Marines de France, et d'Angleterre de 20 au Degré.
Echelle de Lieues d'Espagne de 17½ au Degré.
Grande Terre découverte en 1723. ou s'enfuient les Tzuzy lorsquils sont poursuivis par les Russes qui ne les ont pas encore soumis.
BAYE DE BAFFIN
Isle de Cumberland
et de James
ou Jaques
Detroit d'Hudson
LABRADOR
BAYE D'HUDSON
CANADA
Lac que le Capitaine Bernarda detaché par l'Amiral de Fonte a parcouru l'espace de 436 Lieues
LAC BERNARDA
de l'Amiral de Fonte
Decouvertes et de ses Capitaines en 1640.
Cercle Polaire
LAC DE FONTE
LAC VALASCO
LAC BELLE
Terres veües par les Russes en 1741 ou le Capitaine Tchirikow perdit sa Chaloupe armée de 10 hommes.
MER DE L'OUEST Decouv. et parcourue par J. de Fuca en 1592.
Il y a dans cette entrée une Isle avec une haute Montagne en forme de Colomne
Entrée decouv. par Jean de Fuca en 1592.
Entrée decouv. par Martin d'Aguilar en 1603
CALIFORNIE
NOUVEAU MEXIQUE
Tzuzy
Cap Chalaginskoi
Olutorski
Archipel St Lazare
R. de Los Reyes
Cap Blanc de St Sebastien
C. Mendocin
B. de Pinos
Port St Francois
B. de Nieves
P. de Monterey
Pte de Carinae
P. de la Conception
Longitude du premier Meridien de l'Isle de Fer.

《世界地理全图》

Mappe-Monde ou Description du Globe Terrestre

这幅冠有华美富丽的巴洛克风格边框的精美地图是让·让维耶为拉特于 1762 年为《现代地图集》绘制的作品。这幅地图有诸多特别之处：它是历史上第一幅描绘出夏威夷岛的欧洲地图，对美洲的太平洋西北地区进行了一次尝试探索性的描绘，并对大洋洲有不同寻常的描述。

在图中的太平洋西北地区有一片“穆勒半岛”，源自德国地理学家格哈德·穆勒（Gerhard Muller）的理论，这个半岛可能对应着今天的阿拉斯加。但在地图出版的时代，探险家还未曾光顾这片土地。因此图中的半岛还只是一个概念上的猜想。再往南边去，有一片壮丽的内陆海，被称为“西方之海”（Mer de l' Ouest），填满了今天美国西北部地区的领土。基于美国印第安人的传说与来自胡安·德富卡（Juan de Fuca）的可疑报告，当时的法国人与英国人普遍相信“西方之海”的存在，并希望借此打通一条内陆河道，从北美洲一路通向太平洋。

在南美洲，“萨拉耶斯湖”（Lago de Xarayes）是另一片猜想出的内陆水域，被认为是巴拉圭河向北延伸出的部分。今天，这个地区被称为潘塔纳尔（Pantanal），是一片辽阔的河漫滩平原[1]。早期的探险家可能是在洪水泛滥的季节来到这里，因此错认为这里是一片辽阔的内陆海，由此这个猜想也并不是毫无道理的。满怀希望的探险家则根据一个当地土著部落的信仰，相信潘塔纳尔（或萨拉耶斯）是通往亚马孙，甚至人间天堂的入口。

制图师

让·让维耶或罗贝尔·让维耶（Jean or Robert Janvier，约 1746—1776）是活跃在18世纪中后叶的巴黎制图师。让维耶的真名如今已无法确认，因为“让”或“罗贝尔”都时常出现（在他的签名中）。更常见的情况是，让维耶只在他的地图上署名为“让维耶阁下”（Signor Janvier）。到了 18 世纪后期，让维耶似乎被授予了“国王特聘地理学家”（Geographe Avec Privilege du Roi）的称号。从此，这一称号也出现在了许多让维耶晚期的作品中。

让·拉特（Jean Lattre，约 1743—1793）是活跃在 18 世纪中后叶的巴黎的书商、雕版师以及地图出版商。拉特十分爱惜自己的名望与特权，这个说法来自于他曾经对几名同时期的制图员提起过剽窃指控。

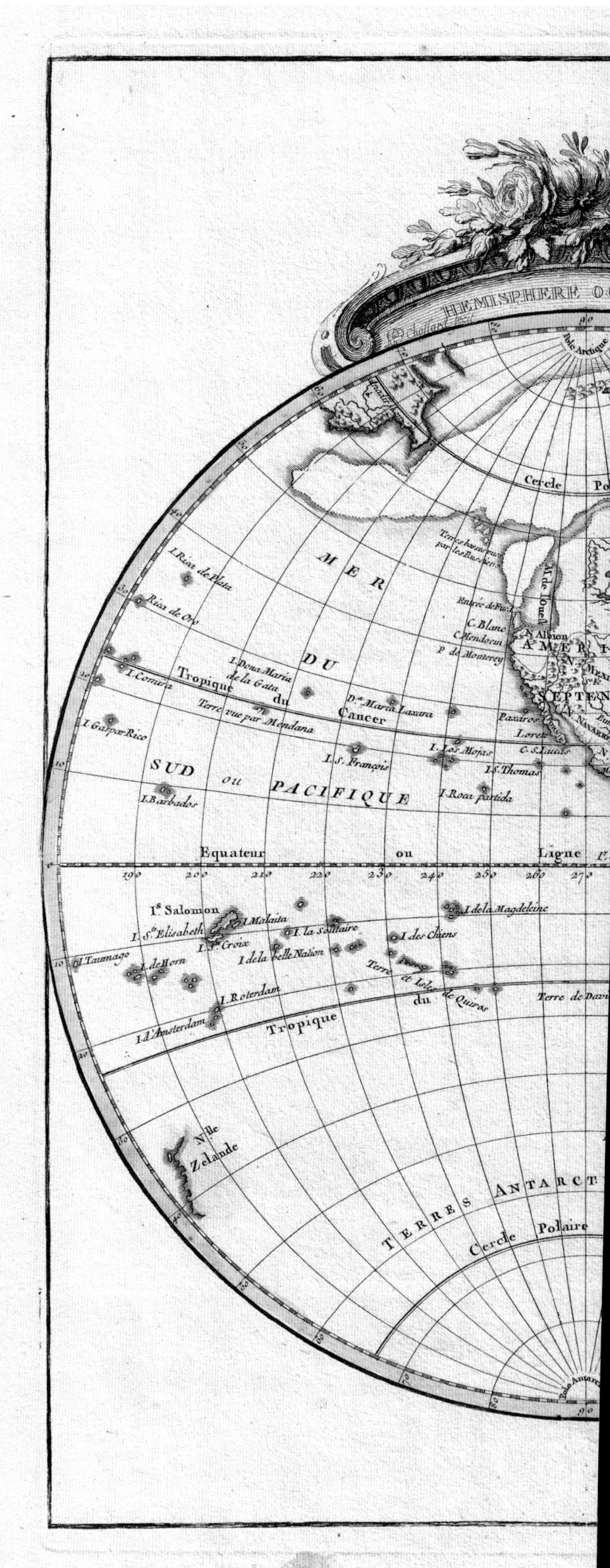

---

1 河漫滩是由于河床的不断侧向移动与河水周期性泛滥造成的一种地理形态。在河流作用下，河床的一侧常常受到侵蚀，而另一侧发生堆积。由此，河流不断侧移，而受到堆积的一岸则慢慢形成边滩。河漫滩一般形成于地势平缓的平原地区，宽阔的河漫滩亦称河漫滩平原或泛滥平原（Flood plain）。河漫滩平原在平水期会露出地面，洪水期则可能被淹没。

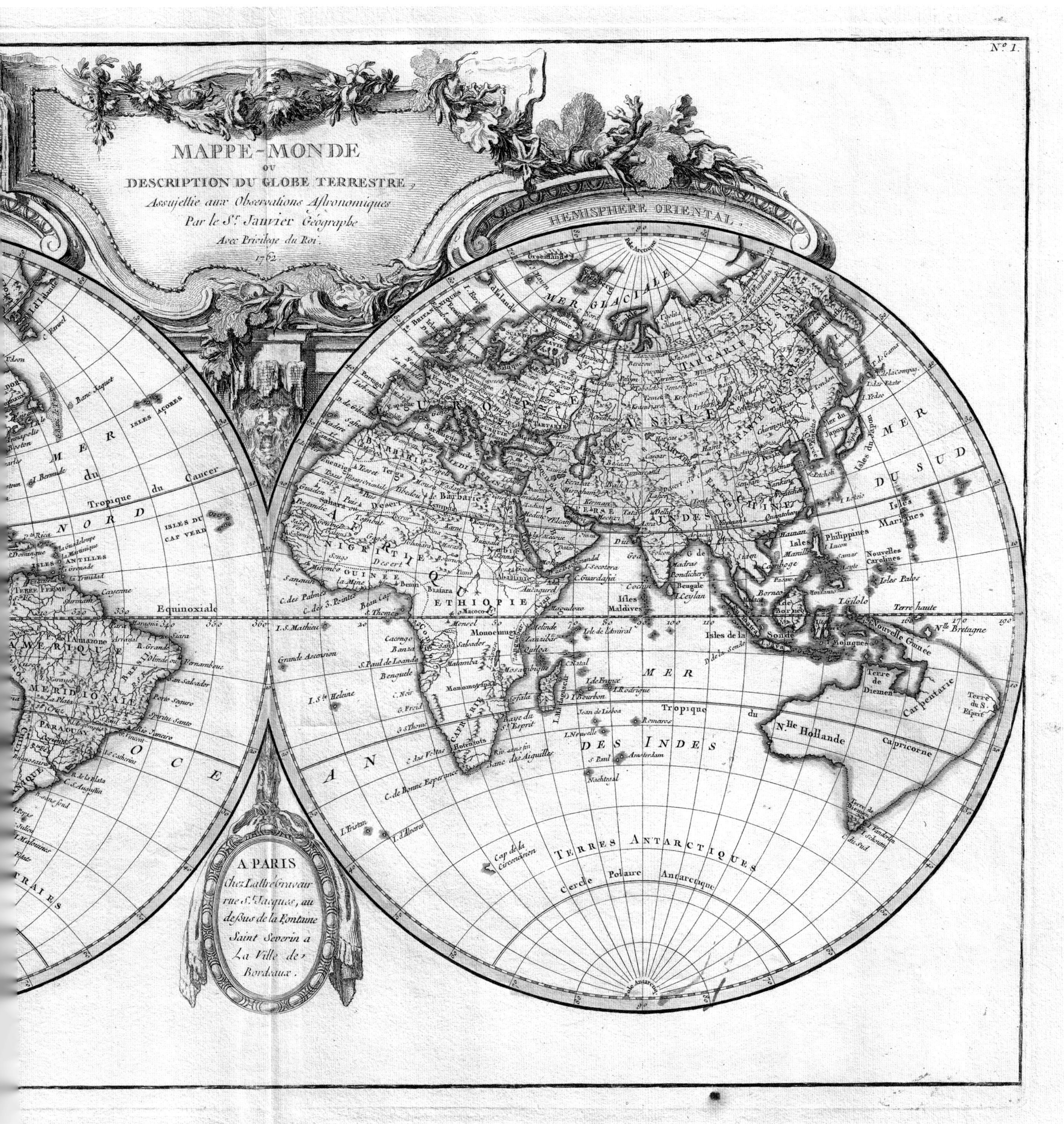
N.° 1.
MAPPE-MONDE
OU
DESCRIPTION DU GLOBE TERRESTRE,
Assujettie aux Observations Astronomiques
Par le S.r Janvier Géographe
Avec Privilege du Roi.
1762.
HEMISPHERE ORIENTAL.
A PARIS
Chez Lattré Graveur
rue S.t Jacques, au
dessus de la Fontaine
Saint Severin a
La Ville de
Bordeaux.

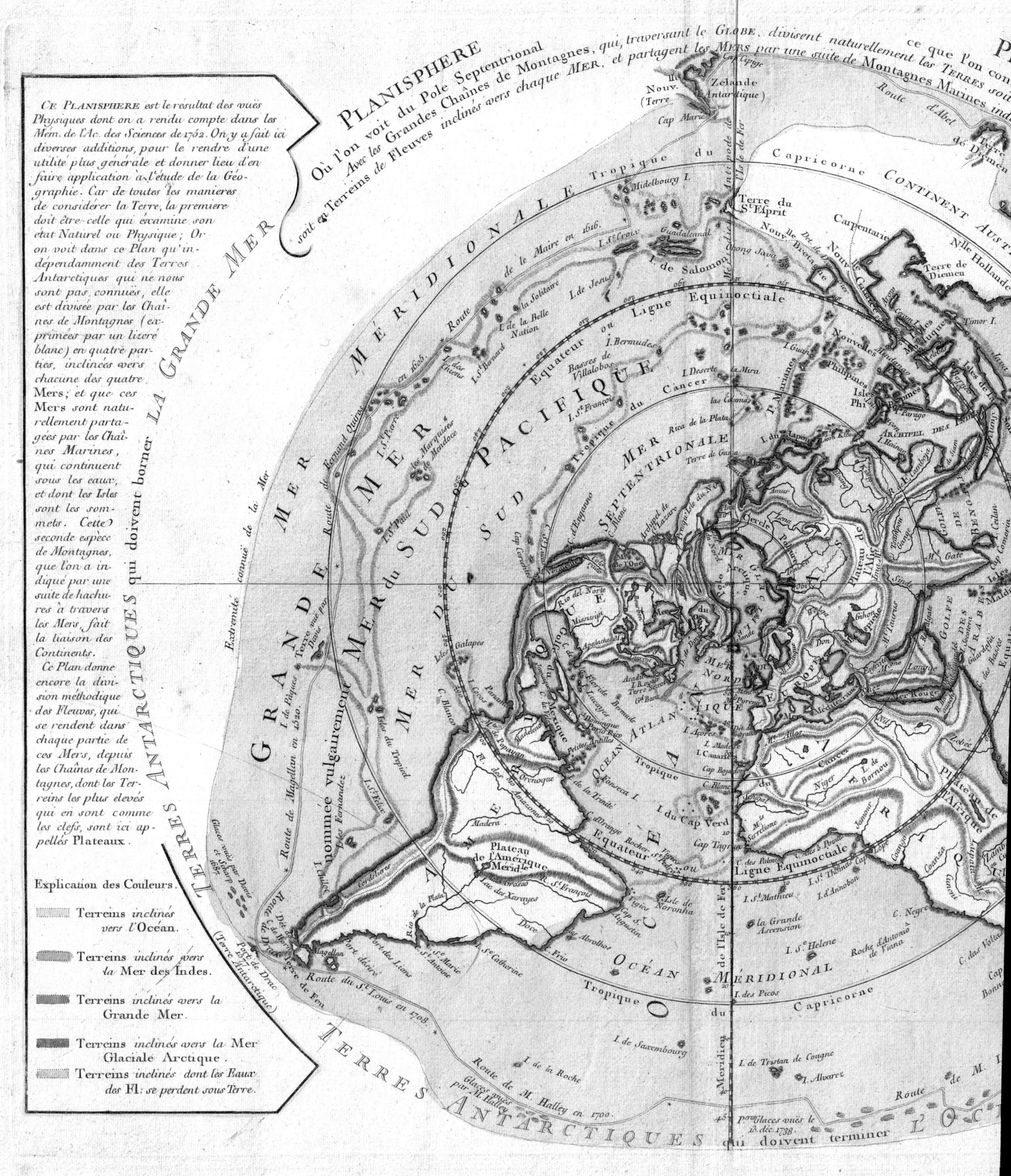

Planisphere
Où l'on voit du Pole Septentrional
Avec les Grandes Chaînes de Montagnes, qui, traversant le Globe, divisent naturellement les Terres
soit en Terreins de Fleuves inclinés vers chaque Mer, et partagent les Mers par une suite de Montagnes Marines
Ce Planisphere est le résultat des vûes Physiques dont on a rendu compte dans les Mém. de l'Ac. des Sciences de 1752. On y a fait ici diverses additions, pour le rendre d'une utilité plus générale et donner lieu d'en faire application à l'étude de la Géographie. Car de toutes les manieres de considérer la Terre, la premiere doit être celle qui examine son état Naturel ou Physique; Or on voit dans ce Plan qu'indépendamment des Terres Antarctiques qui ne nous sont pas connuës, elle est divisée par les Chaînes de Montagnes (exprimées par un lizeré blanc) en quatre parties, inclinées vers chacune des quatre Mers; et que ces Mers sont naturellement partagées par les Chaînes Marines, qui continuent sous les eaux, et dont les Isles sont les sommets. Cette seconde espèce de Montagnes, que l'on a indiqué par une suite de hachures à travers les Mers, fait la liaison des Continents.
Ce Plan donne encore la division méthodique des Fleuves, qui se rendent dans chaque partie de ces Mers, depuis les Chaînes de Montagnes, dont les Terreins les plus elevés qui en sont comme les clefs, sont ici appellés Plateaux.
Explication des Couleurs.
Terreins inclinés vers l'Océan.
Terreins inclinés vers la Mer des Indes.
Terreins inclinés vers la Grande Mer.
Terreins inclinés vers la Mer Glaciale Arctique.
Terreins inclinés dont les Eaux des Fl: se perdent sous Terre.
Terres Antarctiques qui doivent borner La Grande Mer
Terres Antarctiques qui doivent terminer L'Oc
Grande Mer
Mer du Sud ou Pacifique
Mer Septentrionale
Océan Atlantique
Océan Méridional
Plateau de l'Amérique Merid.
Plateau de l'Afrique
Continent Austr

Pl. II.

Le point de vuë de la TERRE qui se présente ici du Pole Septentrional, s'etend régulierement jusqu'à l'Equateur; mais l'Hémisphere Inférieur ne se voit que par un développement supposé, où l'on a eu attention à ne pas défigurer les Terres. C'est pour cela que l'on n'a pas cru devoir suivre absolument les voies Géometriques à cet égard.

La Route qui termine nos connoissances vers le Pole Antarctique, n'a été faite en entier par aucun Navigateur; et ce n'est que le Résultat des différentes parties de Routes faites par les plus célebres Marins qui se sont le plus avancés de ce côté. On les reconnoîtra par des Etoiles qui indiquent chaque partie de ces Routes, avec le nom des Navigateurs et les années.

Les Glaces considérables que plusieurs y ont trouvé, prouvent qu'il y a dans les Terres Antarctiques, une suite de hautes Montagnes et de grands Fleuves avec une Mer intérieure, d'où viennent les Glaces, dans une certaine proportion avec ce que l'on connoît du côté du Pole Arctique.

MER DES INDES

LA MER qui doivent borner

TERRES ANTARCTIQUES

Cette Carte Physique de la Terre. Dressée par Phil. Buache et publiée avec l'approb.on et sous le Privilége de l'Académie des Sciences, Se trouve avec ses détails et les Tables Analytiques qui y sont relatives, à Paris, Chez DEZAUCHE, Succr. des Srs De l'Isle et Buache et avec tous les Ouvrages Géographiques de Guill. Delisle. Rue des Noyers, près celle des Anglois.

Gravé par Desbruslins

《地球平面图》

Planisphere Physique

这幅以北极为中心绘制的地图是让－尼古拉·布歇·德·拉·纳维尔于1781年出版的。这幅地图的罕见之处在于运用了极点投影系统，以及致力于表现客观真实而非政治上正确的世界。尽管投影坐标的起点定在北极点，但整幅地图囊括的疆域要远远大于北半球，而且还向南一直延伸到了澳大利亚、合恩角和新西兰。很显然，这幅地图制作于库克船长之前的时代，因为在图中我们依然能看到“西方之海”以及一片未经描绘的大洋洲东部海滩。

这幅地图的重点是描绘自然地理，尤其强调了山脉、水系和海洋之间的相互影响。每个大陆的海岸线都以其上流汇入的海洋加以分类，并用醒目的颜色标注。红色代表太平洋盆地，黄色代表大西洋盆地，绿色代表印度洋盆地，而紫色则代表北极盆地。这里需要注意的是，布歇坚决拥护“北极是一片温暖无冰的极地海域”的理论。在他的《自然地理随笔》（*Essai de Géographie Physique*）中，布歇提出地球上大的河水都受到陆地和海底山脉的影响，被迫流入某一个海洋盆地（oceanic basin），而这个理论并不是毫无根据的。为了证实他的理论，布歇在地图中需要的位置上添加了山脉。例如，他在南美洲加入山脉，作为亚马孙河的通道；又在非洲添加了作为尼罗河、刚果河、尼日尔河及其他主要河流的通道。他还将麦哲伦、德凯罗斯[1]和其他探险家的航线收录地图内，因为他认为这些探险活动证明了他所支持的理论。

这幅地图最初由菲利普·布歇于1752年出版。我们现在看到的这个版本是他的侄子兼继承人让－尼古拉·布歇·德·拉·纳维尔以及出版商让－克劳德·德佐齐（Jean-Claude Dezauche）发行的。

制图师

菲利普·布歇（Philippe Buache，1700—1773）是一位法国制图师与出版商。布歇的制图生涯开启于为制图名家纪尧姆·德利尔做助手的经历。在德利尔逝世之后，布歇娶了他的女儿并接管了家族的生意。布歇曾受任为“国王钦点地理学家”（Geographer to the King）并经常担任年轻的王太子[2]（Dauphin）的家庭教师，这确保了他在日后的职业生涯中能够不断获得皇室委任的殊荣。布歇逝世于1773年，在那之后，他的侄子让－尼古拉·布歇·德·拉·纳维尔（Jean-Nicolas Buache de la Neuville，1741—1825）继承了他的事业，并陆续发表了更新版本的布歇地图。

1 佩德罗·费尔南德斯·德·凯罗斯（PedroFernandesdeQueirós，1565—1614年）是一位效力于西班牙的葡萄牙航海家，曾参与西班牙对于太平洋的探险发现活动。

2 法国王太子（Dauphin de France）或称维埃诺瓦王太子（Dauphin de Viennois），是1350—1791年以及1824—1830年间被授予法国王位继承人的头衔。此称谓源自维埃纳伯爵居伊八世（Guy VIII），他的绰号为“海豚”（le Dauphin），其盾徽中有一条海豚的形象。

《世界地理全图》

Mappemonde ou Description du Globe Terrestre

这幅出版于1783年的罗贝尔·德·瓦高迪世界地图，展现了詹姆斯·库克上尉的3次历史性远征考察。在图中，库克的航线标注了日期加以区分，以便浏览地图的学者充分认识到他的航行范围之广。美丽的标题栏周围环绕着吹响胜利号角的天使，这是由艺术家查尔斯·科尚（Charles Cochin）设计的。这幅地图是罗贝尔·德·瓦高迪为他的杰作《宇宙大地图集》（*Atlas Universel*）所创作的。

这个时期的地理学家都不免要参与到关于美洲的太平洋西北地区的激烈的学术讨论当中。尽管那时库克的历史性航行已经完成，世界上许多模糊不清的区域很快就要揭晓谜底，但他的官方结果一天未公布，巴黎的辩论就一天不会停歇。在这幅地图中，德瓦高迪提出了许多困惑，并试图展示他所了解到的库克船长的航线，以及自己根据所学推导的折中答案。那时，还没有任何一幅地图真正描绘出了库克之行。因此，我们在这里看到的是一系列仅凭想象描绘出来的内陆海、深水河流及其河海交汇处。与之相关联的，则是基本纯属虚构的“丰泰上将”的传说，以及半借鉴弗朗西斯·德雷克爵士的探险报告、半杜撰出来的“胡安·德·富卡”（Juan de Fuca）的冒险传奇故事。

制图师

罗贝尔·德·瓦高迪（Robert de Vaugondy，1688—1766）是18世纪活跃于巴黎的出版商、雕版师和制图大师。这是一个科学技术革新与航海探险发现井喷的时代。毫无疑问，制造出最新最“科学”的地图是当时的制图师，尤其是巴黎的制图师所要面对的巨大压力与挑战。在真实的地理信息匮乏的情况下，制图师选择猜想式或实证式制图方法，即充分运用已知的地理信息和符合他们尊贵的顾客所需的猜想来构建各自的科学理论，用以填补地图上空白的未知区域。罗贝尔·德·瓦高迪是那个时期在巴黎最具影响力的地理学理论家之一。

而他的宿敌是同样在法国制图界享有盛誉的菲利普·布歇（Phillipe Buache，1700—1773）。

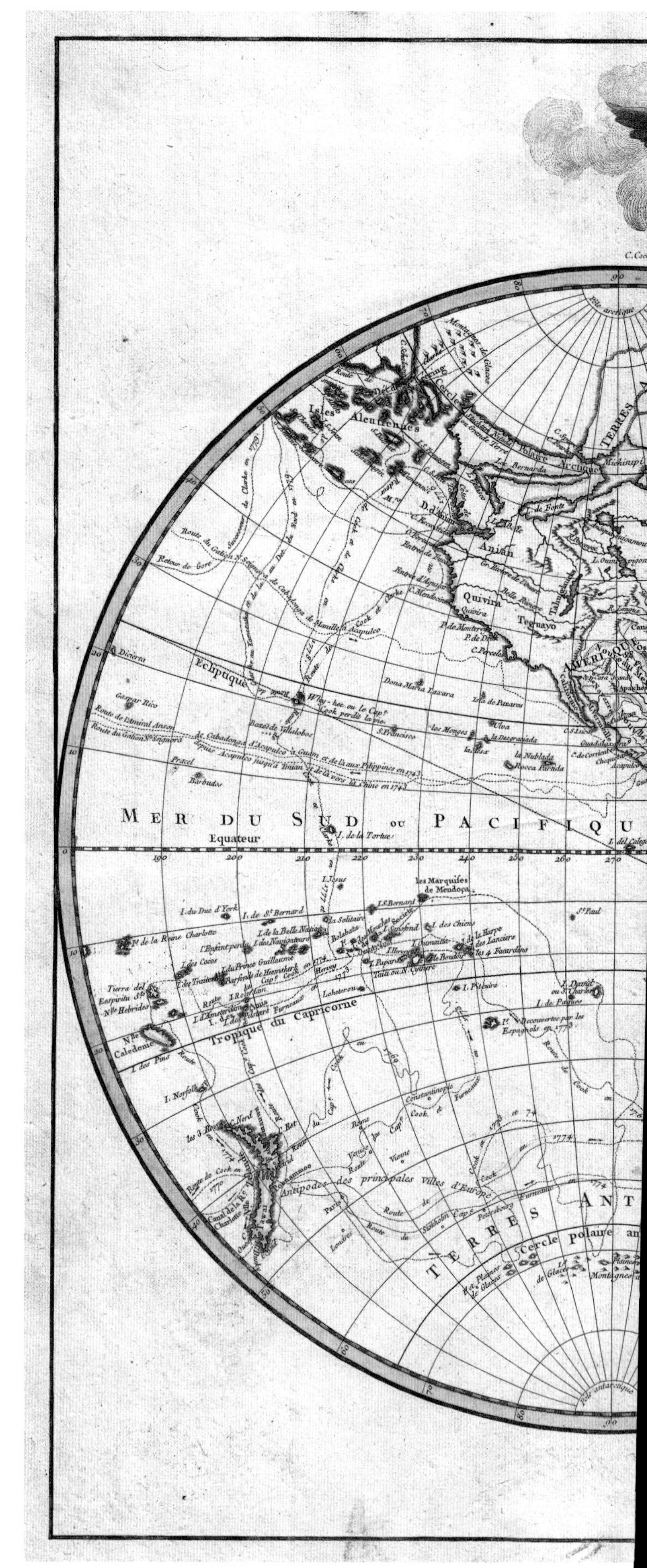

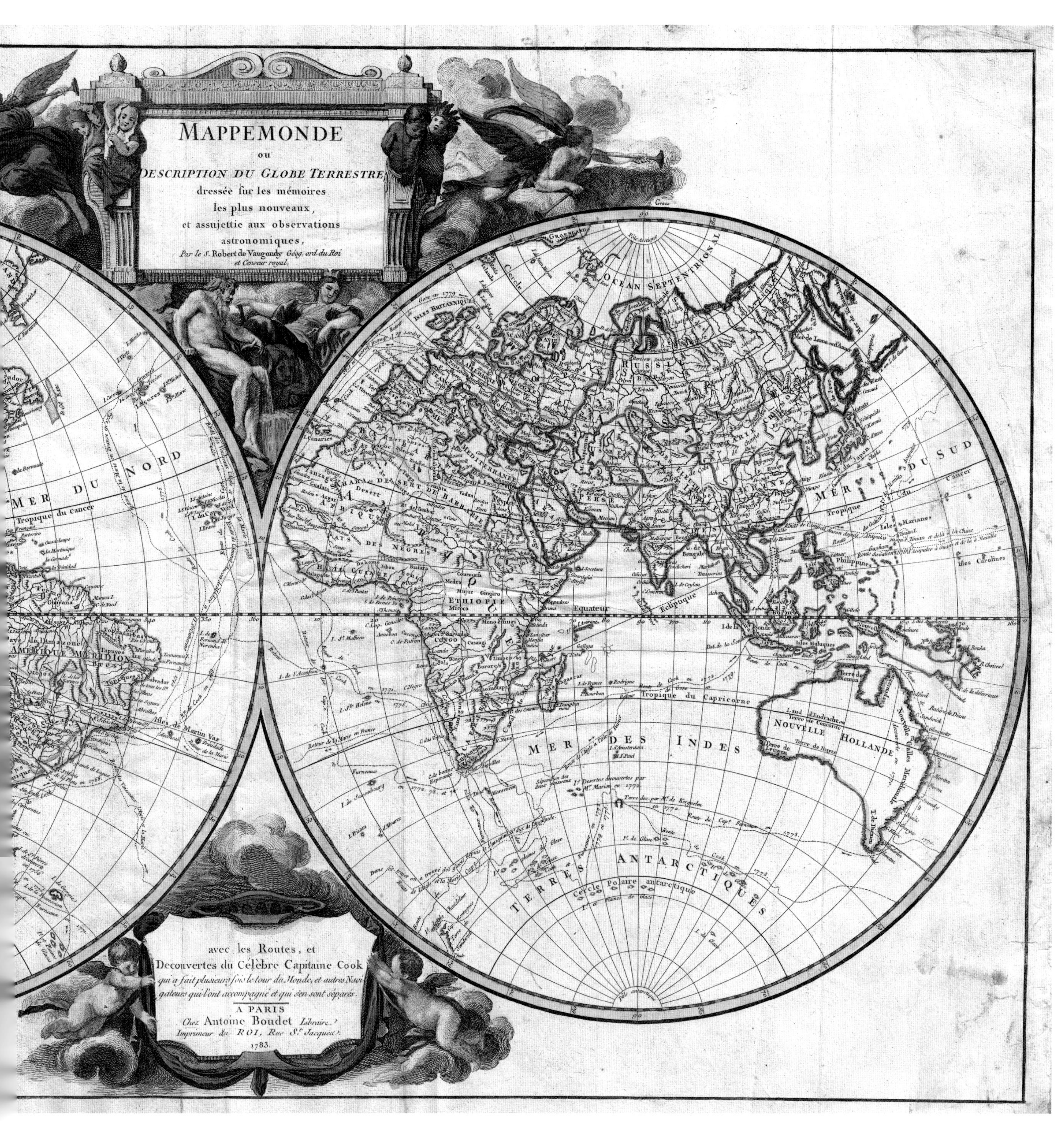
MAPPEMONDE
ou
DESCRIPTION DU GLOBE TERRESTRE
dressée sur les mémoires
les plus nouveaux,
et assujettie aux observations
astronomiques,
Par le S. Robert de Vaugondy Géog. ord. du Roi
et Censeur royal.
OCEAN SEPTENTRIONAL
MER DU NORD
MER DU SUD
Tropique du cancer
Equateur
Ecliptique
ETHIOPIE
Tropique du Capricorne
MER DES INDES
NOUVELLE HOLLANDE
TERRES ANTARCTIQUES
Cercle Polaire antarctique
avec les Routes, et
Decouvertes du Celebre Capitaine Cook
qui a fait plusieurs fois le tour du Monde, et autres Navigateurs qui l'ont accompagné et qui s'en sont séparés.
A PARIS
Chez Antoine Boudet Libraire
Imprimeur du ROI, Rue St. Jacques.
1783.

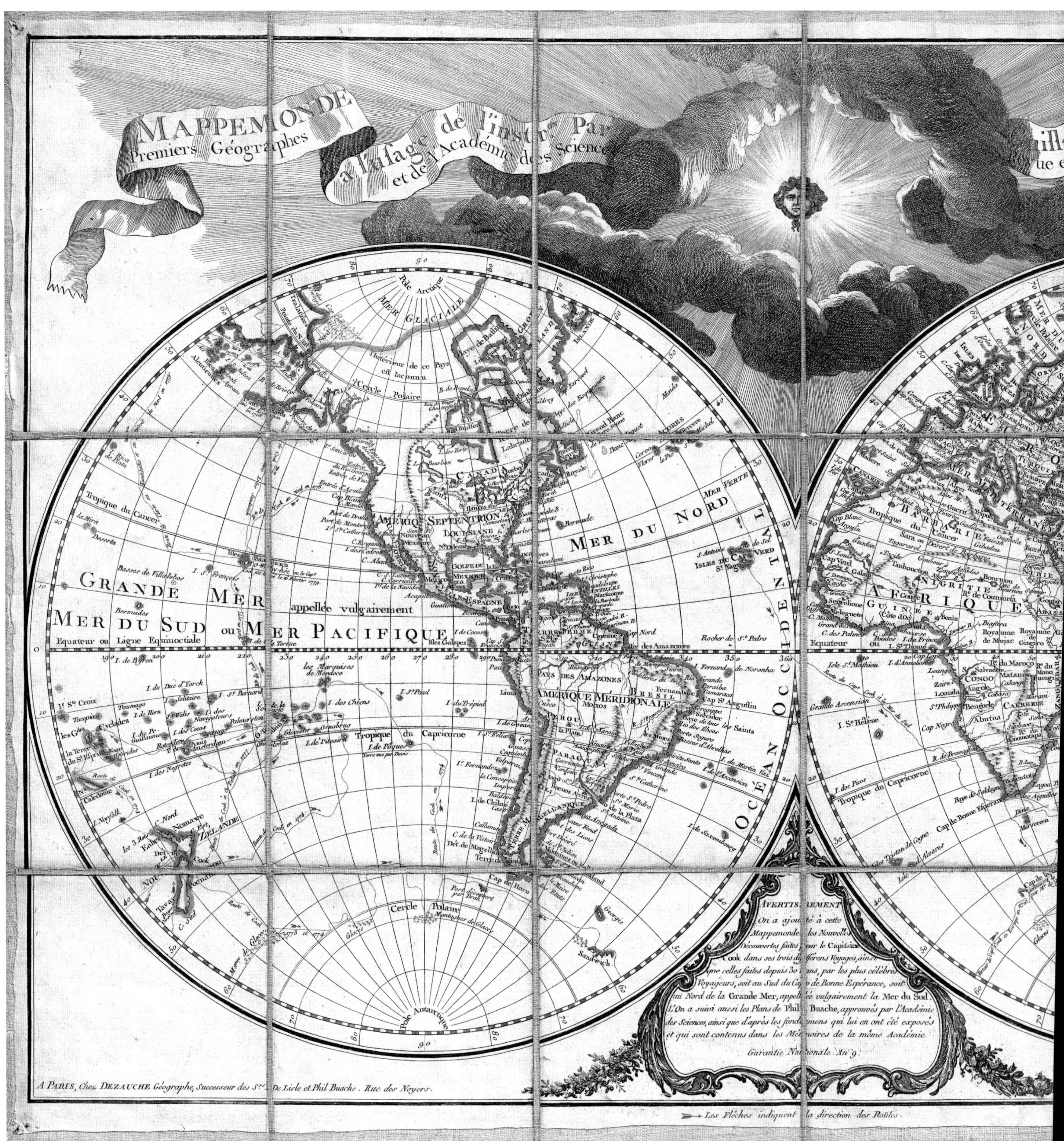

MAPPEMONDE
Premiers Géographes
a l'usage de l'instr.on Par
et de l'Académie des Sciences
Pole Arctique
MER GLACIALE
Intérieur de ce Pays est Inconnu
Cercle Polaire
AMÉRIQ. SEPTENTRION.
CANADA
LOUISIANE
MER DU NORD
GRANDE MER appellée vulgairement
MER DU SUD ou MER PACIFIQUE
Equateur ou Ligne Equinoctiale
Tropique du Cancer
Tropique du Capricorne
PAYS DES AMAZONES
AMÉRIQUE MÉRIDIONALE
BRESIL
OCÉAN OCCIDENTAL
Cercle Polaire
Pole Antarctique
AFRIQUE
BARBARIE
NIGRITIE
GUINÉE
CONGO
Cap de Bonne Espérance
AVERTISSEMENT
On a ajouté à cette Mappemonde les Nouvelles Découvertes faites par le Capitaine Cook dans ses trois différens Voyages, ainsi que celles faites depuis 30 ans, par les plus célèbres Voyageurs, soit au Sud du Cap de Bonne Espérance, soit au Nord de la Grande Mer, appellée vulgairement la Mer du Sud. L'On a suivi aussi les Plans de Phil. Buache, approuvés par l'Académie des Sciences, ainsi que d'après les fondemens qui lui en ont été exposés et qui sont contenus dans les Mémoires de la même Académie.
Garantie Nationale An 9.
A PARIS, Chez DEZAUCHE Géographe, Successeur des S.rs De Lisle et Phil Buache. Rue des Noyers.
Les Flêches indiquent la direction des Routes.

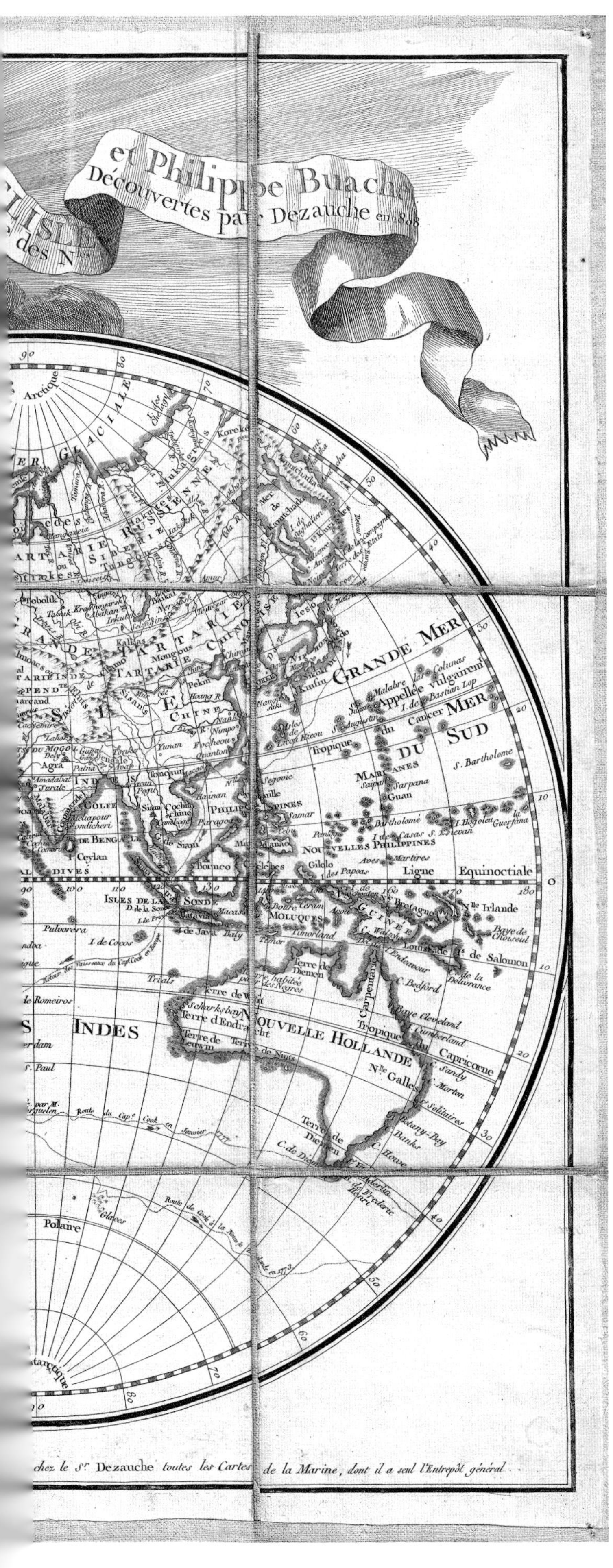

《世界地图》

Mappemonde

这是让－克劳德·德佐齐于1808年发行的一版口袋世界地图。尽管以纪尧姆·德利尔和让－尼古拉·布歇·德·拉·纳维尔于1785年所作的地图为基础，但该地图沿袭了库克船长、让·弗朗索瓦·拉彼鲁兹伯爵以及乔治·温哥华的重大探险发现。这些航海巨头揭开了世界上许多未知海岸线的神秘面纱，尤其是美洲的太平洋西北地区、澳大利亚、太平洋以及亚洲东北地区。然而，尽管有大量丰富的新信息，地图中依然保留了许多沿自上一个世纪的地理猜想，其中一些也许是基于事实的，另一些则是纯属虚构的。其中一个猜想便是关于“扶桑”（Fousang）的传说，图中位于靠近今天的阿拉斯加或不列颠哥伦比亚省附近的地区。

在这里，我们看到的“中国人的扶桑国”（Fousang des Chinois），源自一个鲜为人知的传说，最早由公元5世纪的云游僧人慧深和尚记录在册，后又出现在了姚思廉于7世纪所著的书籍[1]当中。著名的法国历史学家约瑟夫·德·吉涅（Joseph de Guignes）在1761年出版的关于这一主题的书籍中提到了“扶桑”。随后，制图师开始将“扶桑”绘入这一地区的版图中。今天，这个传说只在早古地图爱好者和研究中国历史的学者间流传，但不时地也爆出考古证据显示在古代曾有中国人出现在北美洲西海岸。无论如何，“扶桑”的传说，依然只是个传说。

制图师

让－克劳德·德佐齐（Jean-Claude Dezauche，1750—1824）是19世纪上半叶活跃在法国巴黎的地图出版商。他于1780年从让－尼古拉·布歇手中购得了一些菲利普·布歇和纪尧姆·德利尔的早期铜版地图，但因为再版这些“旧时代”的地图而经常受到抨击。他对这些原版地图进行过大量修改，并且在当时将其广为散播。

1 慧深和尚是中国古代南北朝时期（420—589）的著名僧侣，南朝梁人。他记录了游历扶桑国及其东邻女国的所见所闻。隋唐时，姚察、姚思廉父子将关于“扶桑国”的传说记录在了《梁书·东夷传》之中。

第四章
殖民主义地图

欧洲帝国曾醉心于通过殖民统治将他们的版图延伸到地球的每一个角落，而那一时期的地图也反映了每个国家眼中的世界。殖民主义不单是一种政治上的扩张主义，还涉及社会的方方面面：政治、宗教、社会、军事以及经济领域。殖民主义也不是一场单纯的征服，它包裹着由文化优越感酝酿而成的糖衣，相信入侵的一方给被入侵的一方带去的是一场“变革与改善”。

欧洲殖民主义的这种霸权意识并不单纯源自军事力量，还是一种由文化与精神方面至高无上的优越感所支配、并催生出的产物。那时的欧洲人普遍沉浸在一种独特的意识形态之中：一种由快速发展的先进科学技术武装起来的宗教扩张主义。这是希腊-罗马哲学伦理学的理性思想和对于天堂世界的不断向往的犹太-基督教的两相结合。

早期制图师会运用宗教主题地图的形式来表达这一意识形态。人们相信，只有在整个世界都基督化之后，人们才可以真正抵达天堂。由此产生的许多地图都是根据传教的使命等级，将世界划分为几大部分：基督徒、其他亚伯拉罕诸教（如犹太教和伊斯兰教）教徒、非基督教徒（“pagans”，通常被定义为那些知道基督教但并未基督化的人），以及异教徒（“heathens”，指那些从未接触过圣经教义的异教徒）。传教士能够根据这些地图来规划他们的传道使命。其他亚伯拉罕诸教虽不讨喜，但尚可容忍。非基督教徒则好比是偏离了正道的问题儿童，需要对其施以警告和训诫。而异教徒，很显然就是那些背叛上帝之人。

殖民主义在地图中的另一个主要表现元素则是商业贸易。继征服者与传教士之后，商人开始建立起国际间的贸易网络。他们的商船和车队四处出征，期望从世界上的每一个角落发现商机和财富。商业贸易对于制图学的影响并不像宗教那样鲜明，但其影响仍不可忽视。例如，在荷兰的绘画大师弗美尔（Vermeer）为富商所作的画中，背景里经常出现主人家中的壁挂地图以彰显其财富与地位。这些壁挂式的世界地图、航海图或其他种类的地图并不用于日常的出行导航，也不仅仅用作摆饰。富有深意的是，

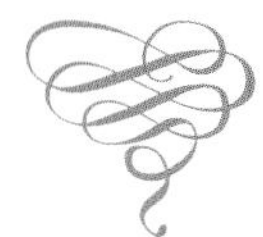

这些摆挂在奢华的办公室里的地图，是为了让那些欧洲富商一边细细研读一边筹划向中国、香料群岛[1]（Spice Islands）、新大陆，以及非洲海岸的贸易蓝图。

民族主义自豪感也充斥在殖民主义时期的地图之中。而其中的翘楚非大英帝国莫属。在那时，没有几个国家比英国更加善于建立和维系一个全球化的庞大帝国。

“大英帝国”疆域图，成为了18至19世纪英国出版的地图集以及壁挂图中最常见的内容。这些地图大多将英国殖民地与属地标记为红色，因为红色是君主制王权的象征。英国人为他们遍布世界的领土感到自豪，由此得来“大英帝国的太阳永远不会落下”的说法。通过殖民与贸易，英国在世界历史上实现了无可取代的成就：一个全球化的帝国，其主体部分与其他附属领地在地理上彼此完全分离。这个时期的许多英国制图师创作了大量独特且具有影响力的作品。相对于其他国家的地图，英国地图并未在制图方面表现得多么出类拔萃，但却因其独特的“殖民风格”而在制图学界独树一帜。

殖民时期的地图是对殖民国家在文化、经济与军事方面的强势地位的高调宣扬。帝国的子民所看到的是一个属于帝国的世界。这样的环境决定了制图师的眼界，及其对于征服并殖民更多领土的期待。殖民时代的黑暗是应该批判的，这些地图中的每一处歌颂的背后都是一段无名的血泪史。

1 香料群岛，即印尼的马鲁古群岛（Maluku），是世界上最大的肉豆蔻、丁香与胡椒等香料的产地。

《基督世界疆域图》

Designatio Orbis Christiani

这幅由格拉尔杜斯·墨卡托绘制，并于1607年出版的地图是对早期主题地图的完美诠释。基于基督教的传统世界观，地图中的世界以非洲为中心，西起美洲中部，东至日本。各个宗教组织都在图中由符号标记出来，伊斯兰教为“新月”，基督教为“十字”，其他宗教则以一个“箭头”标记。

17至18世纪，在世界范围内宣扬基督教文明是制图学中的一个常见主题。人们相信，当全球人口中信仰基督教的人数达到一定比例，最终的审判日就会到来。到那时，信仰基督教的人将会上天堂。这幅地图的意义，是为了提醒基督教的传教士还有多少任务亟待完成。同许多墨卡托的地图一样，这张地图也是在墨卡托去世之后，由他的继承者约道库斯·洪迪厄斯整理出版的。

制图师

格拉尔杜斯·墨卡托（Gerardus Mercator，1512—1594）是西方制图界的泰斗。他率先将“地图集”的概念引入了制图学。神圣罗马帝国的查理五世（Charles V，Holy Roman Emperor）作为其赞助人，委托他制作了许多幅大尺寸地图以及一幅全球地图。1552年，由于受到异端指控，墨卡托逃往德国开始新的生活。在这里他最终完善修订了托勒密的《地理学指南》，并以毛里塔尼亚国王阿特拉斯（Atlas）的名字为其命名。墨卡托还创立了墨卡托投影系统。这一独特的制图方法对于航海家的意义无比重大，人们终于能够依靠这些地图，按照选定的航向到达指定的目的地。这一点在过去是无法做到的，因为此前的制图方法很难在绘制过程中加入地球曲率的计算。

约道库斯·洪迪厄斯（Jodocus Hondius，1563—1612）是活跃在17世纪的荷兰制图师。他修订并完善了墨卡托的地图。新的版本以“墨卡托-洪迪厄斯系列地图”被世人所知晓。与此同时，洪迪厄斯还对阿姆斯特丹成为17世纪欧洲的制图中心起到了关键作用。

Groenland
Norvegia
Hybernia
Anglia
RUSSIA
Moscovia
TARTARIA
Tenduc
Cathaio
EU RO PA
Germania
Gallia
Hispania
Italia
Græcia
Natolia
Armenia
ASIA
Soria
Persia
Corasan
INDIA extra Gangem seu
Chinarum Reg.
Japan
Barbaria
Biledulgerid
Ægyptus
Arabia sive AYAMAN
INDIA intra Gangem
Goa
Luconia
A F R I C A
Tombutto
Gangara
GUINEA
Dangali
Abissinorū Reg.
Medra
ORIENTALIS
Sumatra
Borneo
Gilolo
Iava
Aethiopicus Oceanus
Cogo
Benomotapa
Deum agnoscit Idololatras punit, at Ch. ignorat
S. Laurentii
OCEANUS
10 20 30 40 50 60 70 80 90 100 110 120 130 140 150 160 170
Universum genus humanum ubique terrarum vel colit Deum
Verum ut verè / falsò / falsò'
Christianismus
Mahumetismus
Iudaismus
Cujus nota est in hac tabula
Idololatrarū verò
Falsum ut qui statuunt eundē esse vel essentiā
Corpoream ut qui
Astra
Animalia
Vegetabilia
adorant
Incorpoream ut qui Demonia
bona
mala

《世界海岸全图》（局部）

Carte Generale de Toutes Les Costes du Monde

这张巨幅海岸地图由皮埃尔·莫尔捷绘制，于1703年出版。这幅地图采用了墨卡托投影系统，是一幅实用的航海图。在图中，根据磁北极进行校准的等角航线，全部从亚速尔群岛的皮科岛（Ile del Pico）发散而出。尽管海员在日常航行中会使用更为精密而具体的海图，但这样的大型海图却可以用来规划大范围的环球航行。水手和航海家们只需要依照其中3条等方位线中的一条来确定航向，便可最终抵达预定的目的地。在这些系统化的等方位线中，有一些起着至关重要的作用。比如连接不列颠群岛和纽芬兰鳕鱼渔场这类地区的等方位线。值得注意的是，这幅地图中包含了大量的沿海地理信息，甚至标注了许多内陆水系的重要支点。但总体而言，作为一张海图，图中关于内陆的细节是非常少的。

从制图角度来看，这里有几处有趣的细节。图中能看到若隐若现的五大湖区，其中至少有3个容易识别的湖区：安大略湖、伊利湖以及休伦湖。图上北美洲西部的诺尔特河（R. de Nort）起源于一个内陆湖，似乎就是如今的科罗拉多河。也有推测指出，这个湖就是一些早期的当地报告中提及的大盐湖（Great Salt Lake）。基于卢克·福克斯（Luke Fox）的理论，加利福尼亚是一座孤立岛屿。海岛顶端的叉子状海岸线是由努韦勒·阿尔比翁（Nouvelle Albion）确定的，这一点与英国官方承认的弗朗西斯·德雷克（Sir Francis Drake）爵士的环球航海中的记载相吻合。

在世界的另一端，朝鲜不再是座孤岛，而与大陆重新相连。北海道也逐渐开始成形。在地图偏北的地方，有一个奇怪的半岛向北美洲方向延伸，在荷兰人尼古拉斯·维特森（Nicolaes Witsen）首次依据俄国的资料将这一半岛绘入地图之后，人们开始称其为维特森半岛（Witsen Peninsula）。这个半岛的发现得自于哥萨克皮毛商谢苗·伊万诺维奇·迭日涅夫（Semyon Ivanovich Dezhnev）的探索。迭日涅夫曾于1648年组织了一次环绕楚科奇半岛（Chuckchi Peninsula）的航行，并成为第一个通过白令海峡的人，比维图斯·白令（Vitus Bering）早了近100年。

制图师

皮埃尔·莫尔捷（Pierre Mortier，1661—1711）是一位来自荷兰阿姆斯特丹的制图师、雕版师以及版画商人，以其杰出的海图集《海神弗朗索瓦》（*Le Neptune Francois*）而传名于世。他的儿子科尔内留斯·莫尔捷后来同他的妻弟若阿内斯·科旺（Johannes Covens）合伙，创立了科旺－莫尔捷出版社(Covens and Mortier)，并出版了大量的作品。

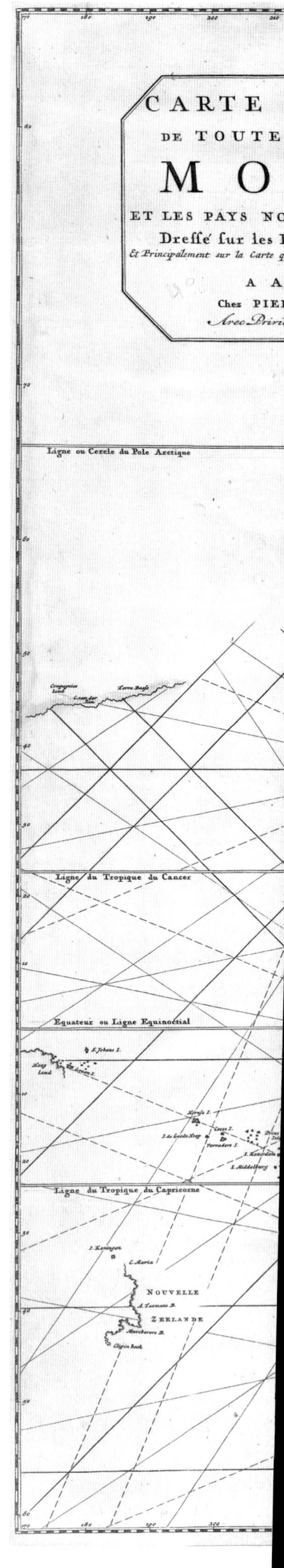

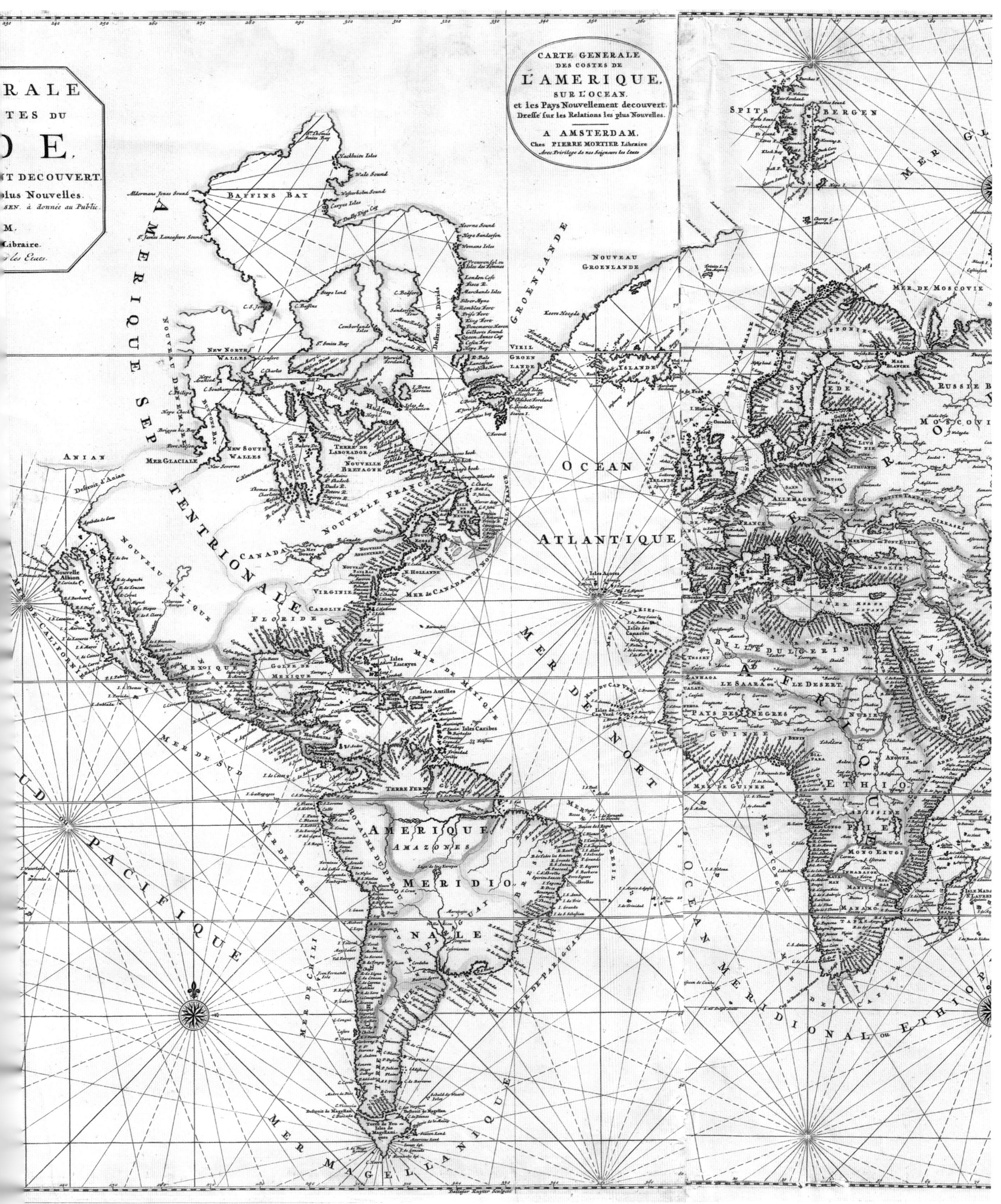
CARTE GENERALE
DES COSTES DE
L'AMERIQUE,
SUR L'OCEAN,
et les Pays Nouvellement decouvert.
Dresse sur les Relations les plus Nouvelles.
A AMSTERDAM,
Chez PIERRE MORTIER Libraire
Avec Privilege de nos Seigneurs les Etats
AMERIQUE SEPTENTRIONALE
BAFFINS BAY
GROENLANDE
NOUVEAU GROENLANDE
SPITS BERGEN
MER DE MOSCOVIE
OCEAN ATLANTIQUE
MER DE NORT
NOUVELLE FRANCE
CANADA
FLORIDE
VIRGINIE
CAROLINA
NOUVEAU MEXIQUE
MER GLACIALE
ANIAN
Destroit de Hudson
TERRE DE LABRADOR ou NOUVELLE BRETAGNE
NEW NORTH WALLES
NEW SOUTH WALLES
Isles Açores
Isles Canaries
Isles Antilles
Isles Caribes
Isles Lucayes
MER DE MEXIQUE
GOLFE DE MEXIQUE
MER DE SUD
MER PACIFIQUE
TERRE FERME
AMERIQUE MERIDIONALE
AMAZONES
ROYAUME DU PEROU
PARAGUAY
BRESIL
MER DE CHILI
MER DE PEROU
MER MAGELLANIQUE
Destroit de Magellan
Terra de Feu
AFRIQUE
LE SAARA ou LE DESERT
BILEDULGERID
PAYS DES NEGRES
GUINEE
NUBIE
ETHIOPIE
MONOEMUGI
MER DE GUINEE
OCEAN MERIDIONAL ou ETHIOP
EUROPE
MOSCOVIE
FRANCE
ALLEMAGNE
SUEDE
YSLANDE
LAPONIE
Baltasar Ruyter Sculpsit

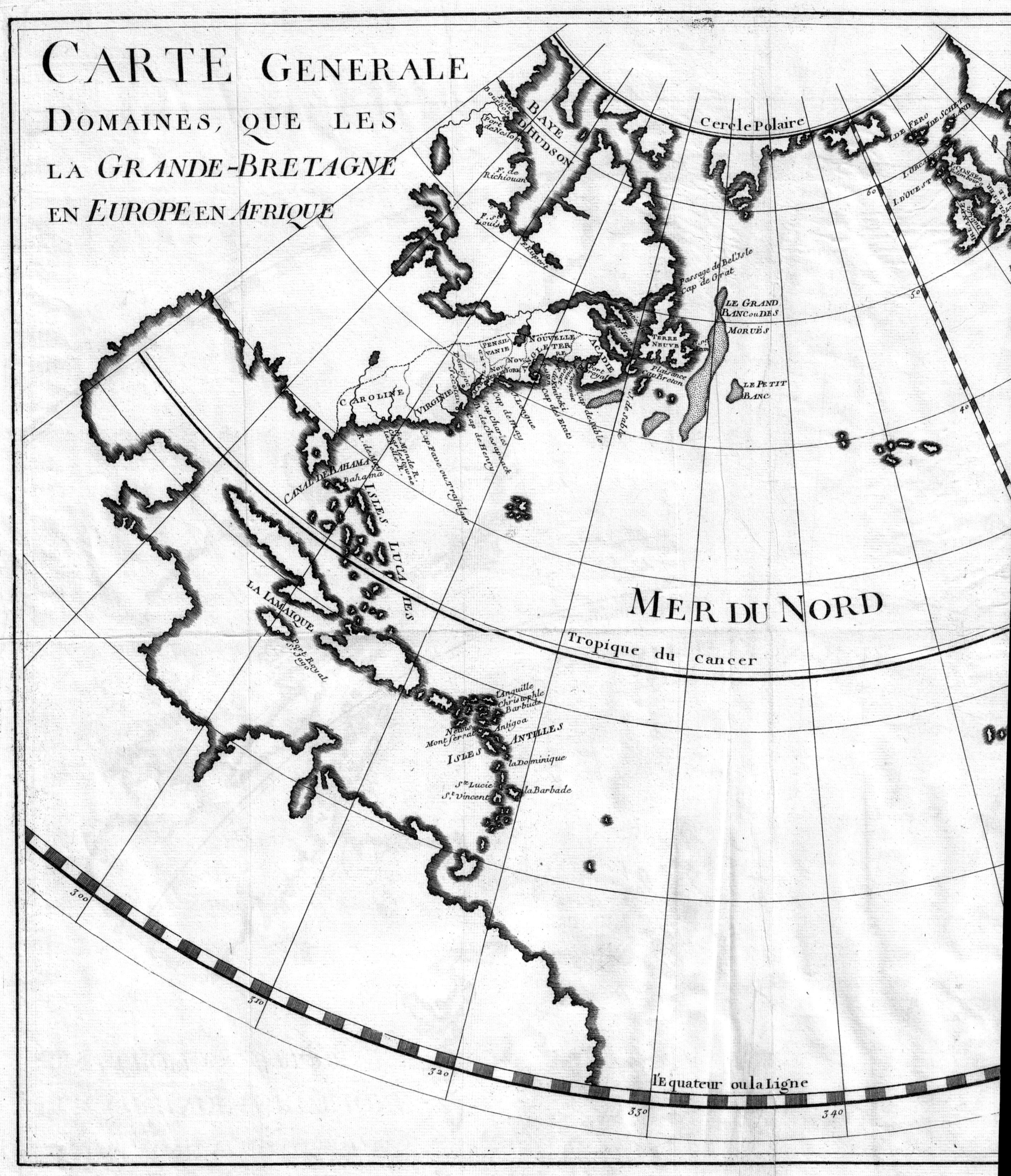
CARTE GENERALE
DOMAINES, QUE LES
LA GRANDE-BRETAGNE
EN EUROPE EN AFRIQUE
BAYE D'HUDSON
Cercle Polaire
F. de Richiouan
F. St Louis
Passage de Bel'Isle
Cap de Grat
LE GRAND BANC ou DES MORUËS
LE PETIT BANC
TERRE NEUVE
ACADIE
Plaisance
Cap Breton
NOUVELLE ANGLETERRE
PENSILVANIE
CAROLINE
VIRGINIE
CANAL DE BAHAMA
Bahama
ISLES LUCAYES
LA JAMAIQUE
Port Royal
MER DU NORD
Tropique du Cancer
l'Anguille
Christophle
Barbude
Antigoa
Nevis
Montserrat
ISLES ANTILLES
la Dominique
Ste Lucie
St Vincent
la Barbade
I. DE FERO
I. DE SCHETLAND
I. ORCADES
ECOSSE
I. D'OUEST
300
310
320
330
340
l'Equateur ou la Ligne
60
50
40

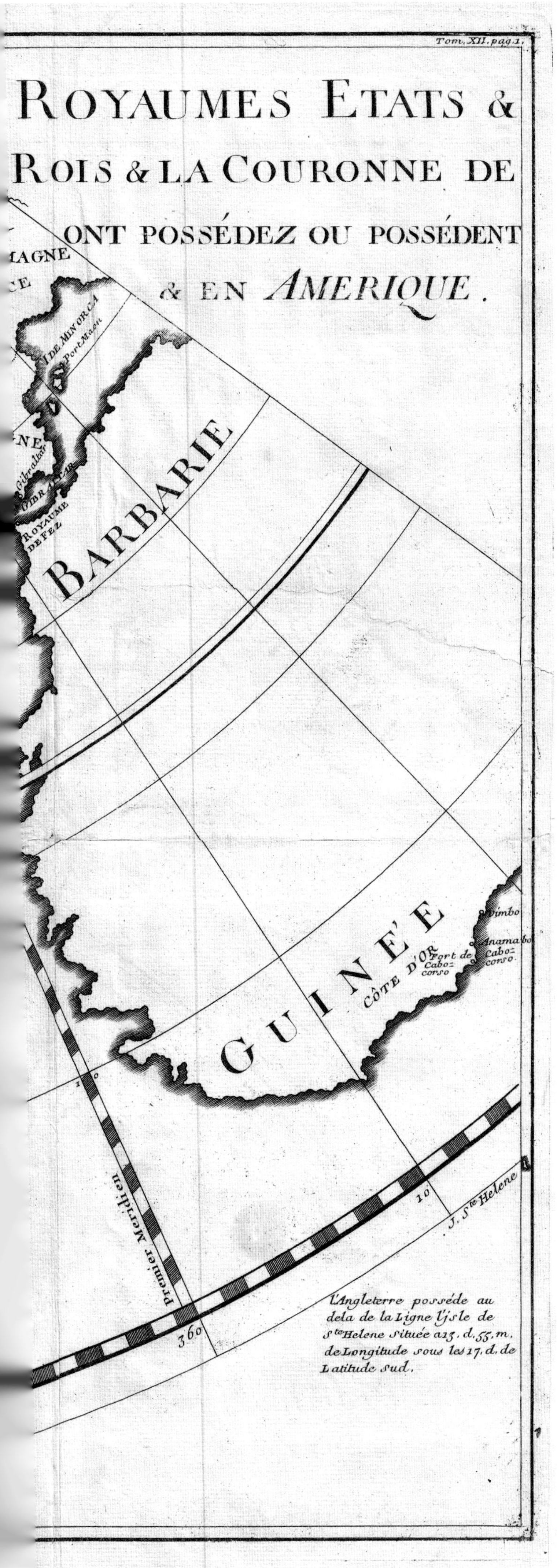

《帝国疆域总图》

Carte Generale des Royaumes, Etats et Domaines

这张英国疆域地图将世界以扇形的方式铺展在我们眼前。它涵盖了1724年英国在欧洲、非洲以及美洲等地的殖民地，圈出了英国在“新世界”（美洲）以及法国、西印度群岛、非洲甚至荷兰领土内的殖民地。西起墨西哥湾，东至地中海，北起北极圈，南至赤道线，这幅地图详尽描绘出7年战争（Seven Years' War）之前，英国人视角中的世界。

在英国向全球大量输出其文化，并不断扩大其统治范围的时代背景下，这幅地图同汉诺威王朝（House of Hanover）在英国的崛起有着密切的联系。1714年，德国不伦瑞克－吕讷堡公爵（German Duke of Brunswick-Luneburg）乔治·路德维格同时继承英格兰与爱尔兰的王位，成为大英帝国国王乔治一世。1701年颁布的《嗣位法》（The 1701 Act of Settlement）早已禁止了天主教徒继任大英帝国王位。当大英帝国安妮女王（Queen Anne）驾崩之后，在乔治一世前面还有超过五十位竞争对手可以顺位继承王位。但由于乔治一世是与女王血缘最接近的新教徒，因而得以承继大统。汉诺威王朝是一个德国王室建立的王朝，它不仅统治英国，还掌管着神圣罗马帝国下的德国以及法国。这些错综复杂的王室关系都在地图中得以呈现。

《帝国疆域总图》被收录在保罗·德·拉潘·德·索拉斯于1724年出版的《英格兰的历史》（*L'Histoire d'Angleterre*）一书当中。这本书最初以法语出版，但随后由廷德尔（Tindal）译成英文版本，获得了更大的成功。

制图师

保罗·德·拉潘·德·索拉斯（Paul de Rapin de Thoyras，1661—1725）是法国历史学家，于1685年《废除南特敕令》[1]下达之后逃往荷兰。在那里，他凭借学识得到奥兰治的威廉（William of Orange）的资助。1688年，威廉继任英国王位成为国王威廉三世，德·索拉斯则作为皇家历史学家追随其前往英格兰，并在那里定居。

1 《南特敕令》（*Edict of Nantes*）是法国国王亨利四世在1598年签署颁布的一条敕令。《敕令》承认法国国内胡格诺教徒的信仰自由，并在法律上享有和公民同等的权利。1685年，法国国王路易十四为了统一国内的宗教信仰、巩固君主专制的中央集权，颁布了《枫丹白露敕令》，宣布新教为非法宗教，关闭新教学校，并迫使胡格诺教徒改宗天主教。这条新的《敕令》迫使20多万不愿改宗信仰的胡格诺教徒移居国外。

第五章
东方视角：东亚的全球视野

在长达数百年的时间里，东亚的制图学自成一派，完全不受同期欧洲制图学影响而独立发展。当这两种截然不同的制图风格最终相遇时，对彼此都产生了影响。东亚的制图科学与艺术，始见于3个文化中心：中国、日本和朝鲜。

东亚的制图传统最早起源于中国。随着科学与文化的发展，中国的制图学很早就达到了相当高的水平。在夏朝（约前2070—前1600）的传说中，河神将一幅刻在石头上的华夏地图献给了黄帝的后裔：大禹。这幅地图自然早已失传，但仍有其他石刻地图的古迹保存至今。比如现存于陕西西安碑林中的《禹迹图》[1]。《禹迹图》的制作最早可追溯到1137年。在那时，欧洲地图大多还是些宗教书籍中的T-O式手稿地图，而《禹迹图》已经是一幅非常复杂精密的地图。《禹迹图》的绘制基于一个有线段比例尺的长方形网格坐标系中，图中精确描绘了华夏大地上纷杂密布的江河水系。

从制图学的任何角度来看，《禹迹图》都是一幅极为先进的古代地图，但在那之后的中国古地图却少有能够达到如此高的科学精准性的作品。比起科学精准性，大多数出版于16至17世纪的中国地图更加追求的是赞美帝国的繁荣昌盛或在行政方面的用途。在欧洲地图根植于数学理论、不断追求更高的精准性之时，中国制图师则是以宗教与文化意义作为地图的坐标系。在这些地图中，一个区域的大小在很多时候所代表的并不是其实际的尺寸，而是其在行政或文化上的重要性。

在1600年左右，中国和西方之间因为贸易往来和传教活动而开启了文化交流。也许在制图史上最具有重大意义的地图，便是1602年出版的《坤舆万国全图》[2]（*A Map of the Myriad Countries of the World*）。在欧洲，它被称为《利玛窦地图》（*Matteo Ricci Map*），名字来源于参与绘制该图的传教士利玛窦。这幅地图融汇了东西方不同的制图风格，并向当时的中国人呈现了世界上最先进的制图理念，其中甚至包括新发现的美洲大陆。《利玛窦地图》的出版对于中国制图学界有着深远的影响，但它并没有颠覆原有的中式制图传统。中国的制图界由此开始蓬勃发展，但却在19世纪再次遭遇了一段衰退期。也许，《利玛窦地图》为中国制图界带来的最切实的影响，只是从此以后中式世界地图中多了一个“新世界”。《利玛窦地图》所带来的制图理念，还传播到了中国的邻国，影响了朝鲜与日本的制图学界。

早在公元6、7世纪，日本人就开始积极地制作地图了。早期的日式制图与中国的风水学、佛教的精神实践以及日本的山水画传统密不可分。因此，日本地图非常漂亮，包含大量的书法元素、鲜亮但搭配和谐的色彩，以及用图像描绘的地理形貌。然而，这些地图却很难用西方的制图学概念来理解。西方的地图都有一个固定的阅读方向，但日本地图却通常制作在地板上，以便观者可以在地图上来回走动、从不同的视角进行研究。因此，文字、地形图以及其他元素通常会多次出现在不同的方位上，只有重点内容才会绘制在地图中心的位置。

伊能忠敬（Inou Tadataka，1745—1818）是日本制图界的泰斗。他师从天文学家高桥至时（Takahashi Yoshitoki），精通地理、数学和西方天文学。伊能曾构想开展一项大规模的日本天文测绘工程，并花费数年争取幕府的批准。1800年，55岁的他终于获准开启这项工程，但所有费用需全部自付。在生命中最后的17年，伊能为他的测绘工程倾注了全部心血。他的代表作《伊能图》（*Ino-Zu*，亦名为《大日本沿海舆地全图》），是一幅制图史上的空前杰作。许多伊能的地图都能精确到1∶1000的比例。而仅凭当时的测量工具，这样的精度几乎是不可能完成的。

1　《禹迹图》绘刻于宋代，是我国现存最早的石刻地图之一。

2　“舆图”即中国古代对于地图的称谓，大多指绘有疆域范围的地图。

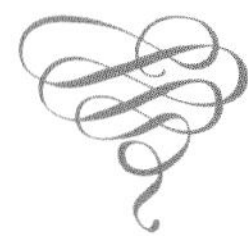

事实上，当英国皇家海军于 1863 年抵达日本时，发现他们根本无须改进《伊能图》，因此直接复制它来使用。遗憾的是，《伊能图》以及其他大部分伊能的作品都被毁于 1912 年一场皇宫的大火。万幸的是，人们最近在华盛顿的国会图书馆里发现了一份近乎完整的地图复本。

论及世界地图，日本的制图界则因政府的“闭关锁国”[3]（Sakoku）政策而落后于时代。在 1853 年美国海军准将佩里（Commodore Perry）到达日本之前，日本的世界地图均是以 17 世纪时从中国流传过来的《利玛窦地图》为模板制作的。随着佩里率“黑船”（Black Ships）到来，日本被迫打开国门，日本的制图师得以迅速掌握最前沿的西方制图理念并用以更新他们的地图。在制图科学不断推陈出新之时，美洲和欧洲的商人也追随佩里的航迹，为西方引入了平版印刷术和其他现代印刷技术。就在这意义重大的短短一年之间，日本看向世界的视角（从制图学的角度）迅速从 16 世纪过渡到了 19 世纪。

在朝鲜，这个观念转化的过程则要缓慢得多。不同于受到佛教宇宙观所影响的日本地图，朝鲜地图所遵循的是儒家思想，因而在理念上更为滞后。早期的朝鲜古地图确实存在，但制图学在朝鲜的兴起通常被认为与信奉儒家思想的李氏朝鲜王朝（Joseon Kingdom，1392—1897）的兴起同步。朝鲜的地图，甚至是他们的世界地图，都需要被放在儒家思想的语境中来理解。这种语境着重强调中央集权的合法性与权威性。第一幅伟大的朝鲜世界地图是《混一疆理历代国都之图》[4]（*Gangnido map*）。该图于 1402 年由朝鲜的大臣主持绘制。《疆理图》借鉴了中国和日本的地图，并在经过加工之后，将朝鲜王朝放在了世界舞台的中心位置。中国这个在东亚地区占主导地位的政治与文化大国，位于地图中央略靠下的位置。朝鲜紧随其右，并且拥有一个几乎和中国一样大的版图。这是朝鲜对于自己在世界的权力与地位的一次图像化的清晰辩护。朝鲜试图打压或认为并不重要的地区，在地图上都被缩小或置于偏僻的地方。例如日本，这个朝鲜长久以来的天敌，在地图上成为朝鲜南方的一片小区域。类似地，欧洲、非洲以及其他遥远大陆的尺寸都被缩小了。那时的美洲尚未被发现，因此并没有出现在《疆理图》中。

朝鲜古地图的集大成者很可能是 1861 年出版的《大东舆地图》（*Daedong Yeojido*）。《大东舆地图》由 22 个可折叠的地域图组成，分毫不差地展现了朝鲜王朝的每一处细节，是一项宏大的工程。地图由金正浩（Kim Jeong-Ho，1804—1866）出版。这是历史上第一部大篇幅的朝鲜地图，其制作中吸取了从中国流传过来的中国化基督教式科学制图技术。金正浩与他的家人周游韩国 30 多年，根据天文观测进行详尽的考察。传言称，金正浩完成地图之时，因为过于写实地描绘朝鲜而被关进了监狱。关于金正浩的故事，流传下来的少之又少。但可以肯定的是，金正浩是朝鲜人民公认的民族英雄。

在东南亚其他的王朝与帝国中，也有制作地图的传统。然而这些地图大多是衍生作品，并且在精致和复杂的程度上远远不如朝鲜、日本和中国的地图。

3 “闭关锁国”是日本江户时代，由德川幕府实行的外交政策。此政策由1635年开始实行，至1868年德川幕府被推翻终止。

4 《混一疆理历代国都之图》简称为《疆理图》。亦有人称《疆理图》是由两幅早期的中国地图混编而成，分别是元朝的李泽民于1330年所作的《声教广被图》和清浚于1370年所作的《混一疆理图》。

《大明九边万国人迹路程全图》（局部）

Complete Map of the Nine Border Towns of the Great Ming

这幅壮观的巨幅地图囊括了当时已知的整个世界，出版于 1663 年（清康熙二年）。与西方地图不同的是，中国地图并不是基于数学系统，而是依靠行政等级上的重要性来绘制的。这幅地图所展现的是明代的中国疆域。在这幅地图上最简单的定位方式是找到蜿蜒于国土北部边界的明长城。图中笔墨着重标记的是中国大地上的不同省份。

晚明实行朝贡制度，因而不论距离远近，只要向朝廷进贡的地区都算是帝国的领土。由此，这幅地图并不单是名义上的中国疆域图，更是一幅世界地图。图中右上角的岛屿是北美洲。它的形状，尤以其中的圣劳伦斯河、下加利福尼亚半岛以及墨西哥湾为胜，虽然含有猜想的成分，却仍可以辨识。位于右下角的是南美洲，它连接着一个无名的“南方大陆”（Terra Australis），但是亚马孙河（Amazon）与拉普拉塔河（Rio de la Plata）都清晰可见。而非洲被视为一个半岛。尽管大洲的形状难以辨识，对于尼罗河与其两个源头的细致描绘却显然沿袭自托勒密地图。位于地图左上方的是欧洲。地中海（Mediterranean Sea）、黑海（Black Sea）和里海（Caspian Sea），以及意大利、希腊半岛和安纳托利亚（Anatolia）的大致形状都可以轻松识别出来。英格兰则是海岸线不远处的一个岛屿。

与西方制图术语不同的是，中国制图师采用充满梦幻色彩的语言来描绘外国的人与地区。例如，南美洲被称为“巨人之国”，其名称也许来自麦哲伦关于巴塔哥尼亚的“巨人”的传说。其他有趣的名称还包括“毛人国”（Land of the Hairy People）和“女人国”（Land of Women）。

制图师

王君甫[1]（1650—1680）是中国苏州（原姑苏）的一位出版商。

1　《大明九边万国人迹路程全图》可能源自明代崇祯十七年（1644），由曹君义刻本的《天下九边分野人迹路程全图》。清乾隆二年（1737），姑苏王君甫等人将该地图重刻发行。图中的“九边”乃指明代长城东西沿线的九个边防重镇：辽东、蓟州、宣府、大同、太原、榆林、固原、宁夏和甘肃。

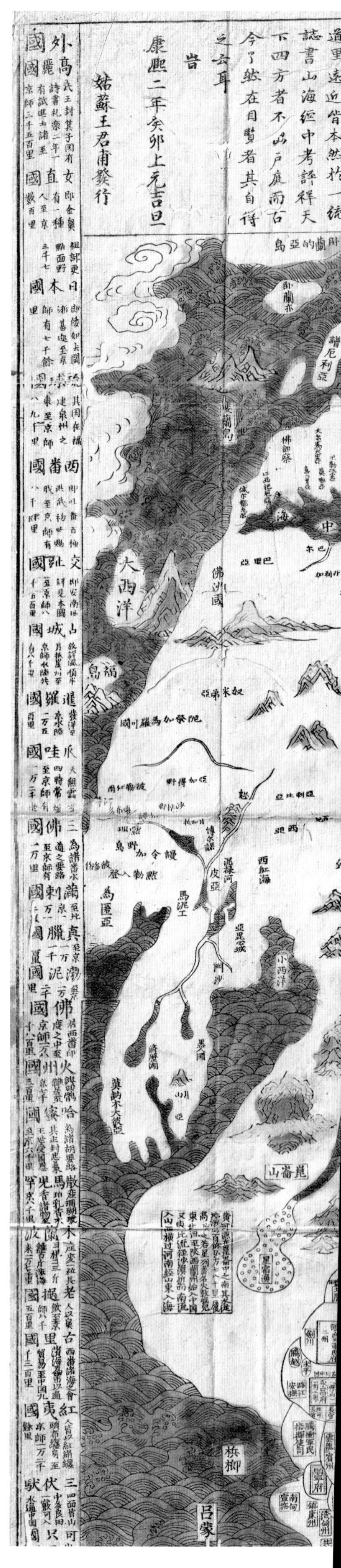

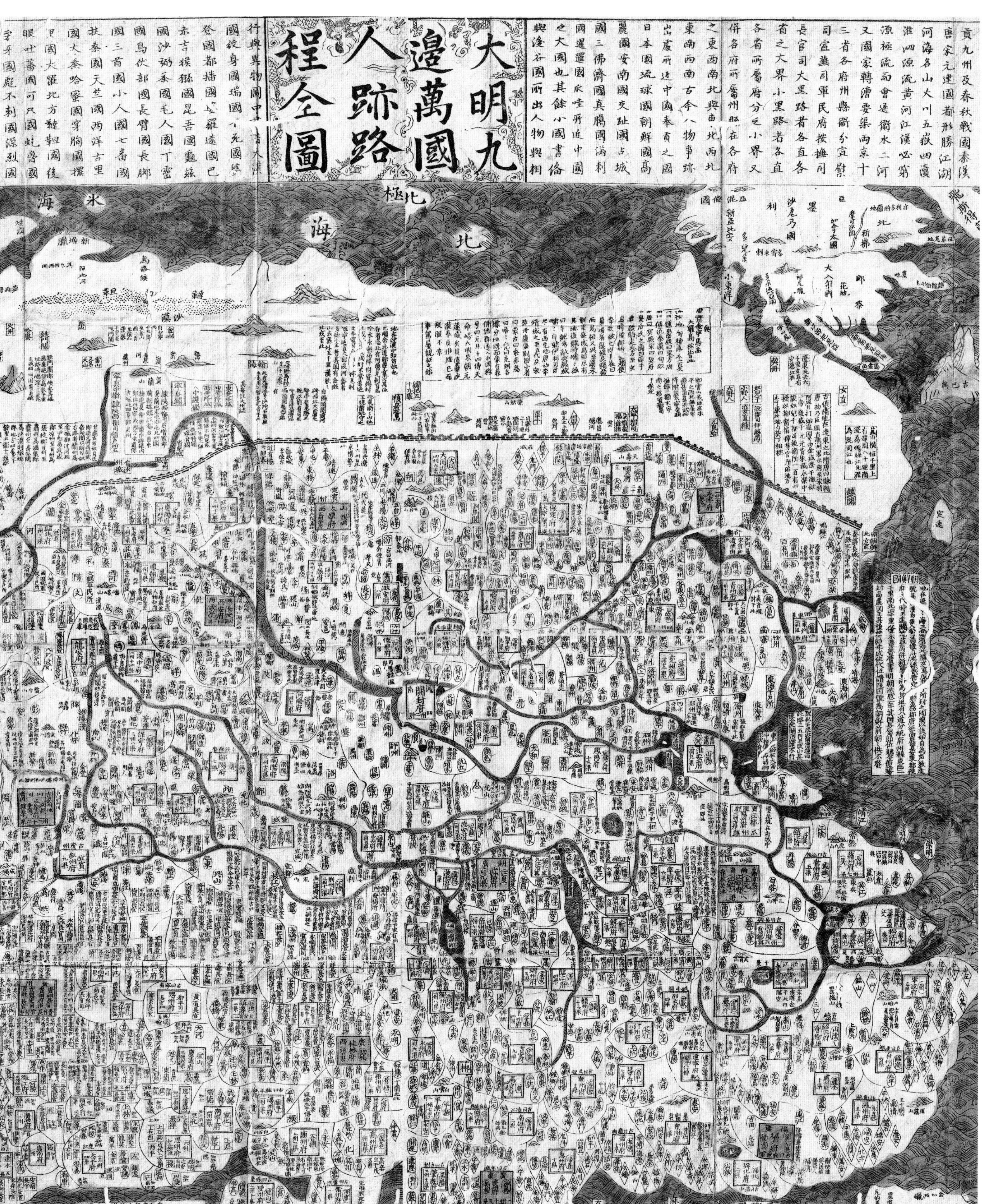
大明九邊萬國人跡路程全圖
北極
北海
冰海

廣野山
朝鮮
恒山
泰山
天台山
天皇山
大荒山
盤格松
白民國
一目國
羽民國
三首國
交脛國
不死國
結匈國

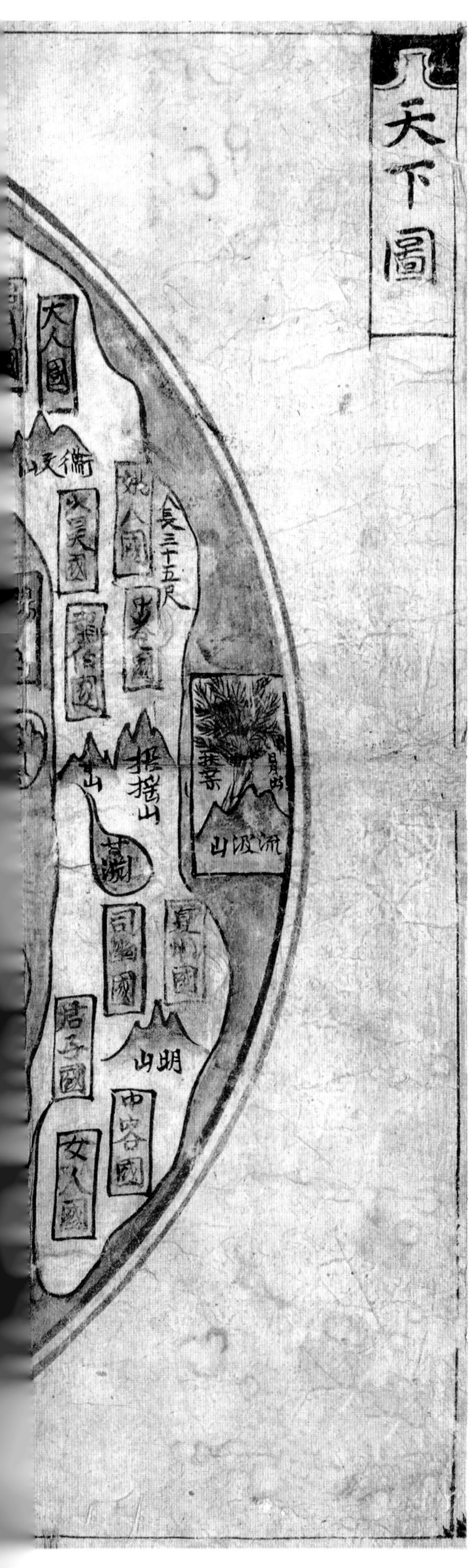

《天下图》

Map of all Under Heaven

这幅奇异的朝鲜地图是 18 世纪中叶的一幅手绘地图，是典型的朝鲜王朝时期（1392—1897）的世界地图，有诸多版本，有些印在木板上，有些是手绘誊抄，我们看到的便是手绘的版本。

从 16 世纪的初版到 19 世纪的最后一版，《天下图》的整体外观和制图理念并未经过太多修改与更新。尽管《天下图》具有鲜明的朝鲜特色，其制图理念却根植于中国战国时期（前 475—前 221）的阴阳家邹衍[1]的学说。邹衍的“大九州”学说以地图的形式，在 16 世纪的朝鲜再次呈现在世人眼前。

在这个地图的假设中[2]，世界是一个平面，包含一个“内海”（裨海）和一个“外海”（大瀛海）。地图中心的大红点是北京，中国正居地图的中心。中国的四大水系在地图上被清晰地描绘出来：黄河（图中为黄色）、长江（位于北京以南）、珠江（位于中央大陆的右下角）以及澜沧江（位于中央大陆的左下角）。朝鲜是紧邻北京东边的一片黄色区域，而日本也近在咫尺。在环绕着中央大陆的内海之外，是一片环状大陆，尽管出现在这里的地名大多数是虚构的，但环状大陆的区域代表了其余的世界。在外环大陆之外，两棵神树耸立于世界的东西两级：扶桑树（Busang）和盘格松树（Bangyeoksong）。根据在朝鲜大地上流传已久的古老萨满教信仰，太阳自扶桑树之处东升，至盘格松树之处西落。

制图师

作者不详。

1　邹衍（约前324—前250），战国末期齐国人，哲学家，阴阳五行学的创始人，也是稷下学宫著名学者。其主要学说有：“五行学说”、“五德终始说”和“大九州说”。邹衍的“大九州说”见于《史记·孟子荀卿列传》。他认为世界被大洋（大瀛海）所环绕，为内海（稗海）所分割的九块巨大陆地组成，即“大九洲”。

2　《天下图》一般有如下轮廓：核心处是中央大陆，向外依次是内海、环状大陆以及外海。其中中央大陆、内海和环状大陆上标有许多国名、族名和山名等。

南瞻部洲萬國掌菓之圖
曰萬國掌菓圖以此一目覽之則其
所未遊未踐者不出戶庭齊指諸掌同
凭良夜仰窺星象莫勞職搜燦然可見豈
不便也歟噫余亦髫齔于自管見出匪全
無憑費工之切其大難矣哉因付剞劂遂壽
乎梓庶流傳之不朽耳凡玆圖之設係于竺乾
蔥右則咸以周千里且圖一寸廣袤亦爾以為恒
式其支那高麗日域琉球交趾占城等大分各舉
彼舊來熟閱不得去取其餘諸蕃邊塞則多有字
音不相通者無由記旌其州縣里程之名數而已至
於其各分界碁布星列連接隸合則往往指劃摩沒稍
差請勿謂悞也如樹影頗地尚有欹斜究曲不端矧乎
既集夫山川江海殊壤異域總九萬里有餘封疆之外
而一一齊頭炳焉盡歸一掌而許乎擴之全足可意知
焉凡學佛者非覩此圖每對經論不足以盡其致也歟
而世儒談地止及萬里莫之能信蛙見之識且不知五
竺之殷盛所以執邊以為中國況欲知須彌大千乃至
普賢所論華藏帝網世界海耶此後學者所宜知也
爲之叙 旹
寶永歲次庚寅秒春月穀旦
大日本國京兆頭陀浪華子製圖并撰
書肆 文臺軒宇平梓版

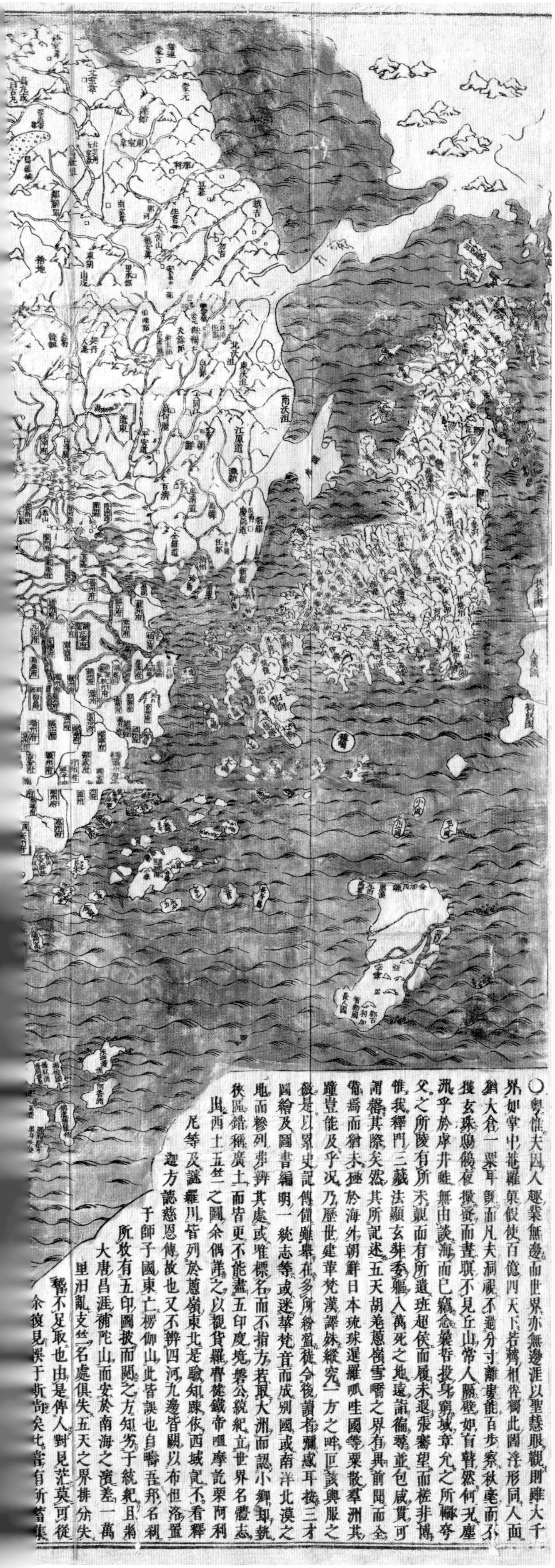

《南瞻部洲万国掌果之图》

Outline Map of All Countries of the Universe

这是日本历史上最重要、最美丽、最有影响力的地图之一，也是 19 世纪以前，所有的日式佛教世界地图的范本。原图为 1710 年的木版印刷制品，是日本首张以佛教的宇宙观来描绘世界的印制地图，图中还包括了欧洲与美洲大陆。这幅地图的尺寸描绘出的并不是实际距离，而是宗教层面上不同等级的重要性。由此，佛陀的出生地——印度，成为了地图中世界的中心。

四重螺旋旋涡状的阿耨达池（Lake Anavatapta）是宇宙的中心，传说摩耶王后（Queen Maya）[1] 就是在这里怀上了佛陀。阿耨达池中，四重旋涡的源头是个拥有马、狮子、大象和公牛形象的四头怪兽，分别象征着佛教中的四条圣河：印度河、恒河、布拉马普特拉河[2]（Brahmaputra）和萨特莱杰河[3]（Sutlej）。此地图代表了日本将宗教地图与同时代的地理科学相结合的一次重要的尝试。

遍布于地图四周的岛屿象征着欧洲诸国。其中包含匈牙利（Umukari）、“奥兰达”（Oranda）、“巴拉坦”（Baratan）、荷兰（红毛国）、阿尔巴尼亚（Arubaniya）、意大利（Itarya）、法国（Suransa）和英格兰（Inkeresu）。印度以其鲜明的半岛形状出现在图中，日本则是在其右上方的一片岛链，东南亚是印度东边的一片群岛，非洲则是一个被称为“西女国”的小岛。

制图师

头陀浪华子（又名凤潭和尚）（Zuda Rokashi Hotan，1654—1728）是日本京都华严寺的创始者和住持，活跃于 17 世纪末至 18 世纪初。

文台轩宇平[4]（Bundaiken Uhei，约 1680—1720）是日本的出版商与书商，在 18 世纪初活跃于京都地区。

1　梵文为“Mahamaya”。

2　布拉马普特拉河是亚洲的主要大河之一，发源于中国西藏，流经印度、不丹和孟加拉国，最后注入孟加拉湾。在中国境内称雅鲁藏布江，流入印度后称布拉马普特拉河。

3　萨特莱杰河是印度河中游的主要支流之一，发源于中国西藏。

4　《南瞻部洲万国掌果之图》由头陀浪华子著，由文台轩宇平于宝永七年（1710）出版。

《大清万年一统天下全图》

All-Under-Heaven Complete Map of the Everlasting Unified Qing Empire

这幅 1806 年出版的《大清万年一统天下全图》由黄千人所作，是一部具有重大意义的巨著，极为珍贵。它也被简称为《天下全图》，其中的“天”便象征着大清帝国。和许多中国的世界地图一样，这幅地图中所显示的区域尺寸是按照行政上的等级尊卑，而非实际距离来绘制的。

清政府的统治并未将“国家”的概念限定在某一地理疆域之内。凡受到清朝政权影响的地方，都属于清朝的领土，而这一点也在地图上体现得淋漓尽致。因此，一幅清朝的中国地图，便相当于一幅世界地图。在《天下全图》中，欧洲国家出现在地图的左上角。葡萄牙（“大西洋国”）、荷兰、地中海（“小西洋”）、阿拉伯（“伊斯兰故乡”）、非洲（“乌鬼国”），甚至大西洋（“大西洋”）都被标识了出来。

地图中还有关于各地民生的介绍，其中着重描述了各地感念大清帝国的恩泽、历经千辛万苦向朝廷进贡的事迹。

地图的综述与图例位于地图的最右侧。不同的符号代表了不同等级的政区，因而也代表了朝贡的不同级别。例如，一个看起来像是有着三角屋顶的房屋符号代表了直隶州，而一个由长方形和正方形组成的矩形符号则代表了省。

这幅《天下全图》几经再版，每一版都将作者署为黄千人。然而，现存的《天下全图》初版手稿作于 1800 年，距黄千人逝世已经 30 年。因此，黄千人所作的最初图稿很有可能已经遗失。我们在此看到的是 1806 年版的地图，是目前已知最早的《天下全图》印本。

另一个重要的版本是 1811 年版《天下全图》。这个版本在印刷中加载了红色、绿色，以及蓝色作底色，视觉效果极为惊艳。

制图师

黄千人（字证孙，1694—1771）是清朝的制图师。生平不详，其父为黄百家，祖父黄宗羲（1610—1695）是明末清初的著名思想家。

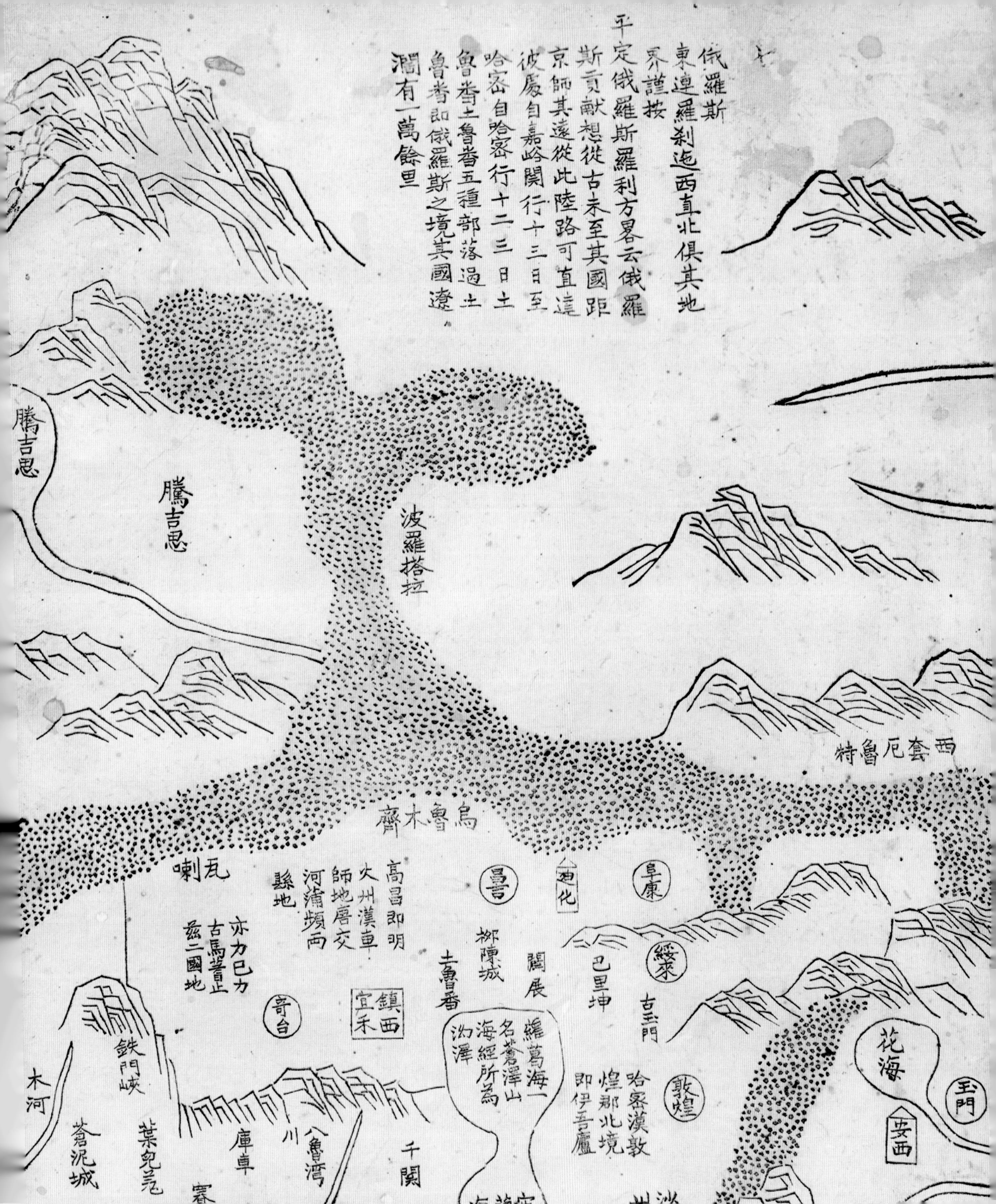
俄羅斯
東連羅刹迤西直北俱其地
界謹按
平定俄羅斯羅刹方畧云俄羅
斯貢献想從古未至其國距
京師其遠從此陸路可直達
彼處自嘉峪關行十三日至
哈密自哈密行十二三日土
魯番土魯番五種部落過土
魯番即俄羅斯之境其國遼
濶有一萬餘里
騰吉思
騰吉思
波羅搭拉
西套厄魯特
烏魯木齊
瓦喇
高昌即明火州漢車師地唐交河蒲類西縣地
亦力巴力
昌吉
迪化
阜康
綏來
柳陳城
闢展
巴里坤
土魯番
古玉門
鎮西宜禾
奇台
鉄門峽
木河
蒼泥城
葉兒羌
庫車
八魯灣
川
哈密漢敦煌郡北境即伊吾廬
敦煌
花海
玉門
安西

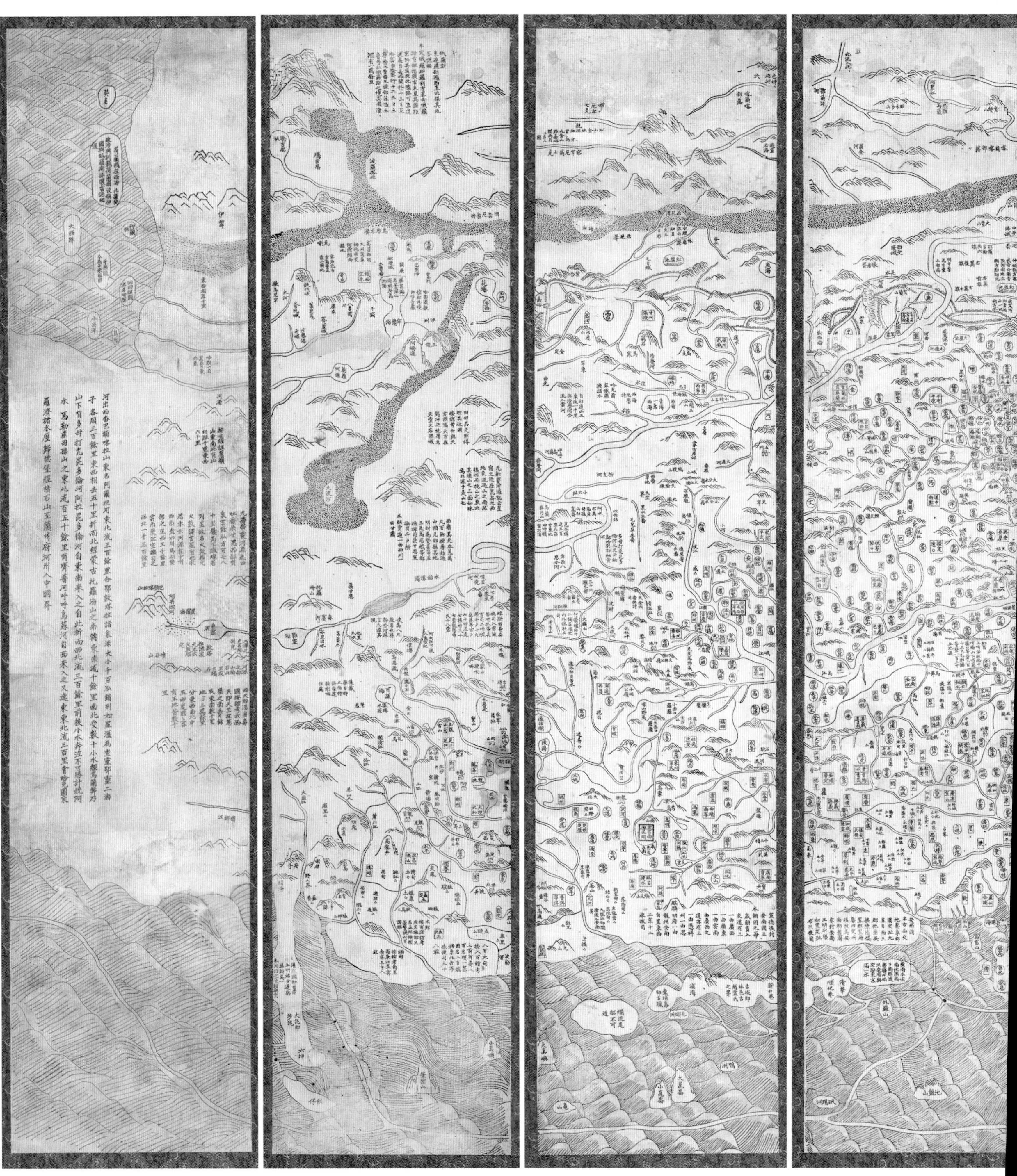

大清萬年一統天下全圖
本朝幅員之廣亘古未有東西南朔莫可紀極而萬國之梯航重譯職貢稱臣者更指不勝屈乾隆丁亥年
間餘姚黄千人曾為天下輿圖其中山川疆界都邑封沂靡不星羅棋布如指諸掌洵足瞻
盛世之版章為遠遊之觀覽矣然其時金川西藏新疆州郡未經開闢而河道海口等尚不無挂漏之譏茲寫遵
御纂諸書悉為增補較舊圖似加詳晰全圖内每方百里凡省從□府從□廳從○直隸州從□州從□縣從○
關從冂營鎮從◎土司從△其塞徼綫亘無際海嶼風訊不時難以里數計者載其方向俱仍舊式未敢稍易已見
再舊圖係用一板刊刷既難縷晰又不便携帶茲特易為屏幅似于客路書箱易於藏弃倘海内博雅君子
倘鑒予心再加整正使歸全璧則幸甚焉
嘉慶丙寅年夏月鐫

《地球万国全图》

Map of the World

这幅精美的日本传统木刻地图，是田岛柳卿于 1840 年以《荷兰地球全图》（*Oranda Chikyu Zenzu*）[1] 为题所作的双半球投影世界地图。其雕刻工艺与细节都谨遵日本江户时代的制图传统：以圆角长方形题框标注区域名称，江河以开放的水道标示，山脉则是以细密的山峰堆叠而成。

这幅地图清晰展现了在德川幕府闭关锁国的 220 年中，日本人眼中的世界。尽管创作于 19 世纪，但它所描绘的世界却相当于一幅 17 世纪晚期的欧洲地图。也许，这幅地图的前身，是日本商人在琉球王国（Ryukyu Kingdom，或称 Okinawa）购买的，由耶稣会传教士带到中国的地图。地图上的许多信息早已过时，比如图中北接新几内亚、南邻传说中的“南方大陆”的澳大利亚。此外，加利福尼亚也依旧是以孤岛的形式存在。

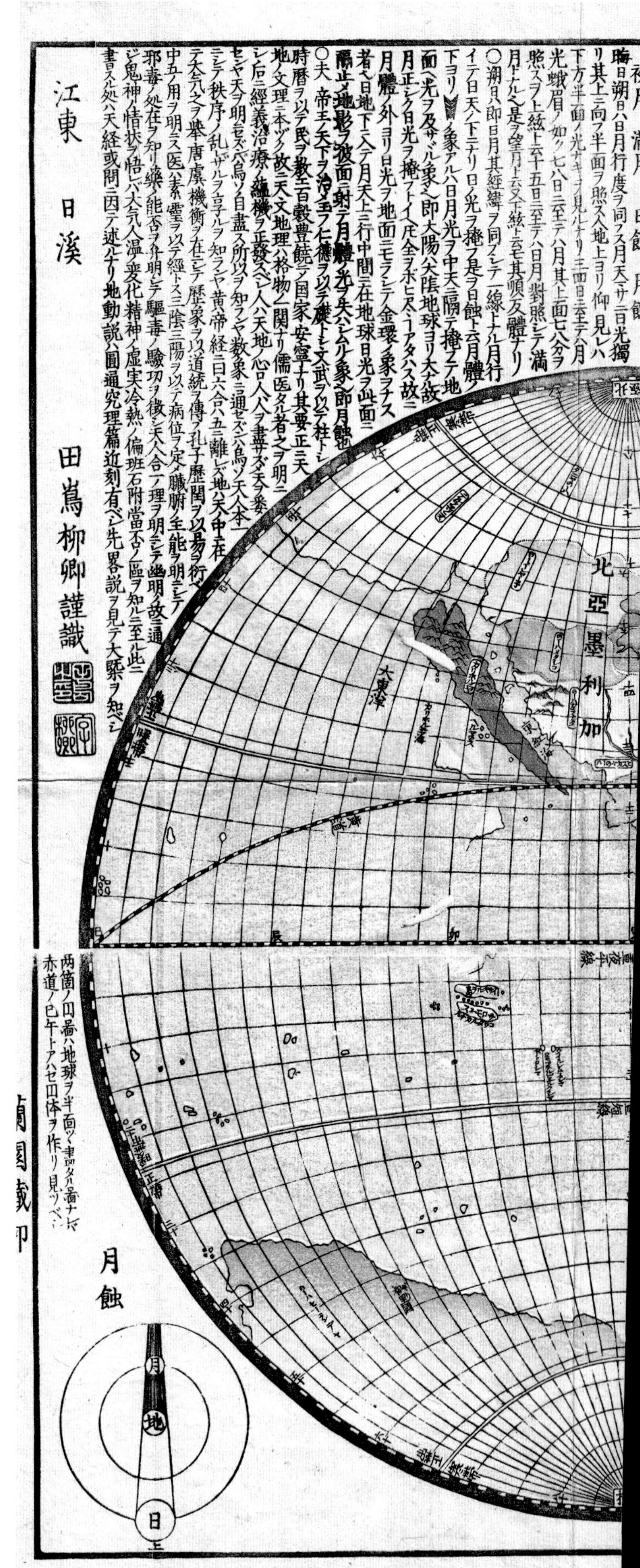

制图师

田岛柳卿（Ryukei Taijima，约 1830—1860）是活跃于 19 世纪日本东京的制图师与印刷商。

1 田岛柳卿于1840年作《荷兰地球全图》，并于1846—1847年间再版，更名为《地球万国全图》。我们在这里看到的是1846—1847年版的《地球万国全图》。

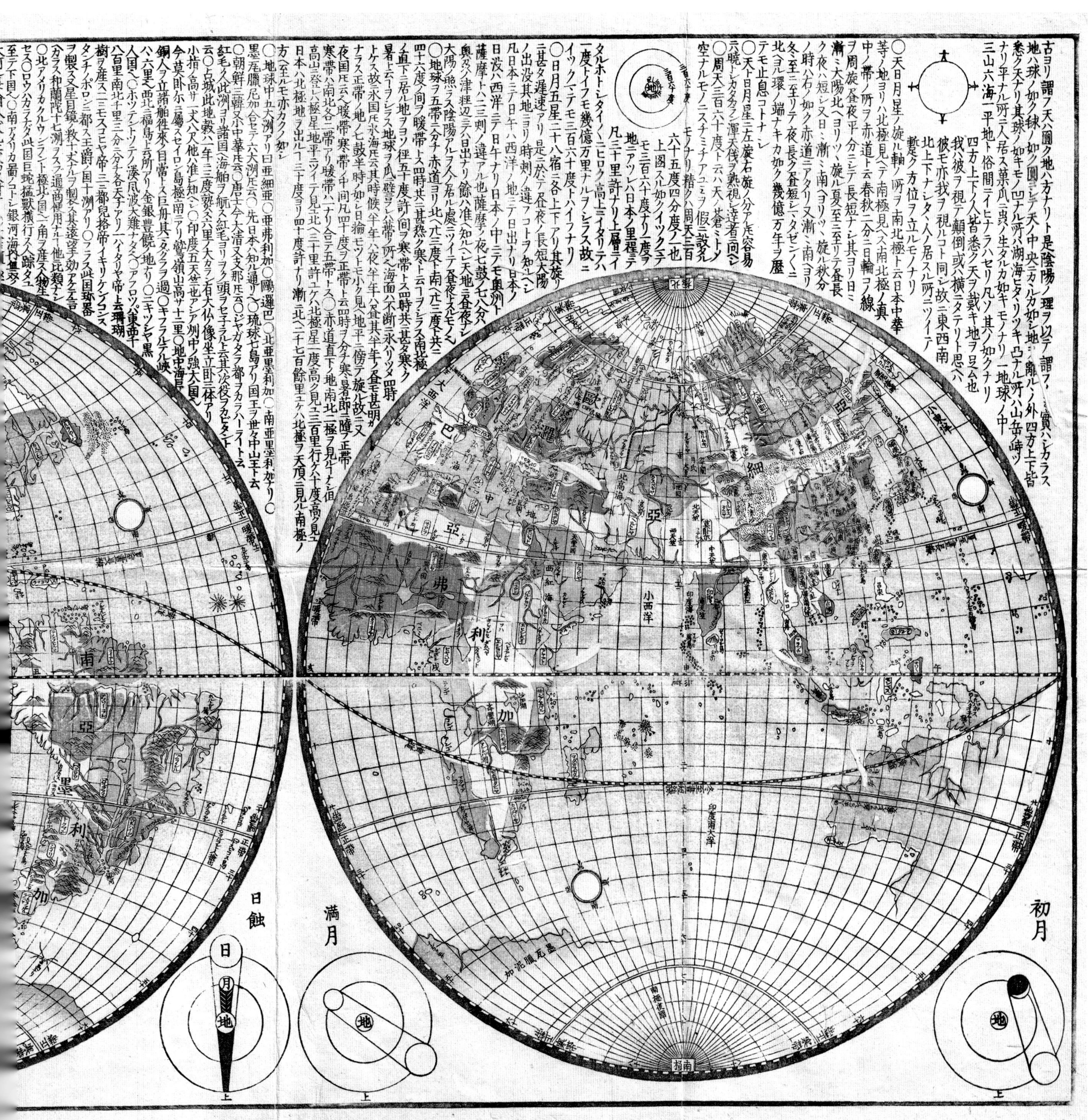
初月
満月
日蝕
地
日
月
小西洋
印度南大洋

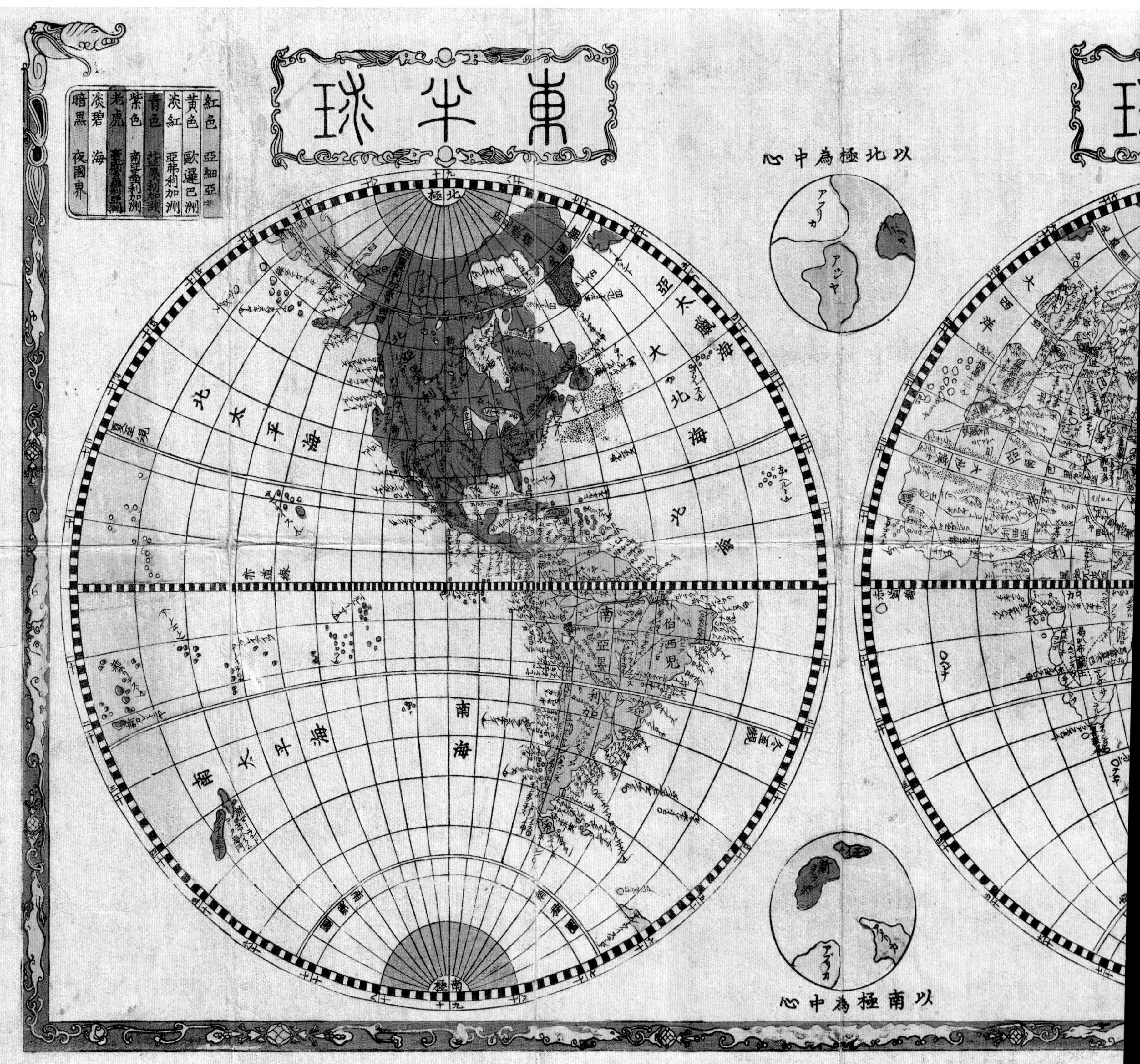

東半球
紅色 亞細亞
黃色 歐邏巴洲
淡紅 亞弗利加洲
青色 北亞墨利加洲
紫色 南亞墨利加洲
淡碧 海
以北極為中心
アフリカ
アジヤ
以南極為中心
北極
南極
赤道線
北太平海
南太平海
北海
南海

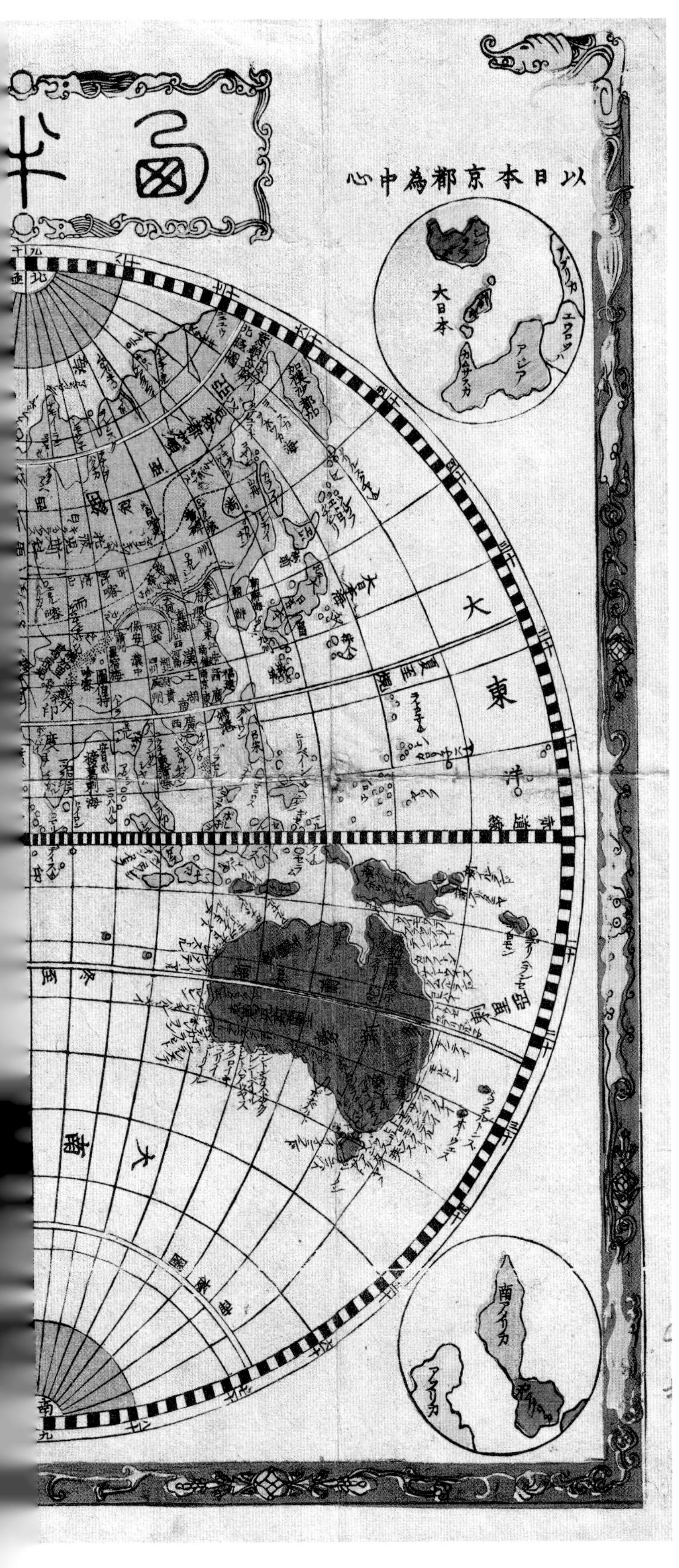

《嘉永校订东西地球万国全图》

Newly Made Map of the Earth

这幅作于1848年的地图名为《地球万国全图》(*Shinsei Yochi Zenzu*)，是最早出现在日本的现代地图之一。该图由栗原信晁和丁子屋平兵卫根据1835年的一幅法国地图，并结合当时最先进的欧洲制图理念制作的。尽管制作于1853年，即佩里开放日本之前，但相较于之前发行的地图，此《地球万国全图》在“闭关锁国”时期的日本已是相当先进。例如，新西兰以准确的双岛形式出现，加利福尼亚也是隶属于北美大陆的一部分，塔斯马尼亚（Tasmania）和澳大利亚也准确地在图上各自独立。

该地图还展示了几处制图风格上的改变。根据外来词语改编的片假名（Katakana），取代了此前通用于江户时代的大部分传统汉字，用以标注地名和其他地理元素的名称。另一个与江户时期日本地图不同的是原来用于将地名区别于地理元素的传统椭圆形边框被消除了。此外，栗原信晁和丁子屋平兵卫还采用了点画法或用小色块代表某些地理区域，这是一种先进的欧洲地图绘制技巧，既可以表示浅海（如大浅滩），也可以表示沙漠（如撒哈拉沙漠）。

制图师

栗原信晁（Kurihara Shincho）和丁子屋平兵卫（Chojiya Heibe）是活跃在19世纪日本东京的印刷出版商与制图师。

地球萬國方圖

東半球

西半球

以北極為心圖

以南極為心圖

凡例

一圖内都府郡縣山川浦島ホ記号ヲ以テ之ヲ示ス

其例左ノ如シ

□大都府 ○小都府 ○郡縣 水湖 《川

岬 山 崖尖 灣 大港 △浦

峠 川 海峽 △島 ●沙洲 十

嘉永六年癸丑初春

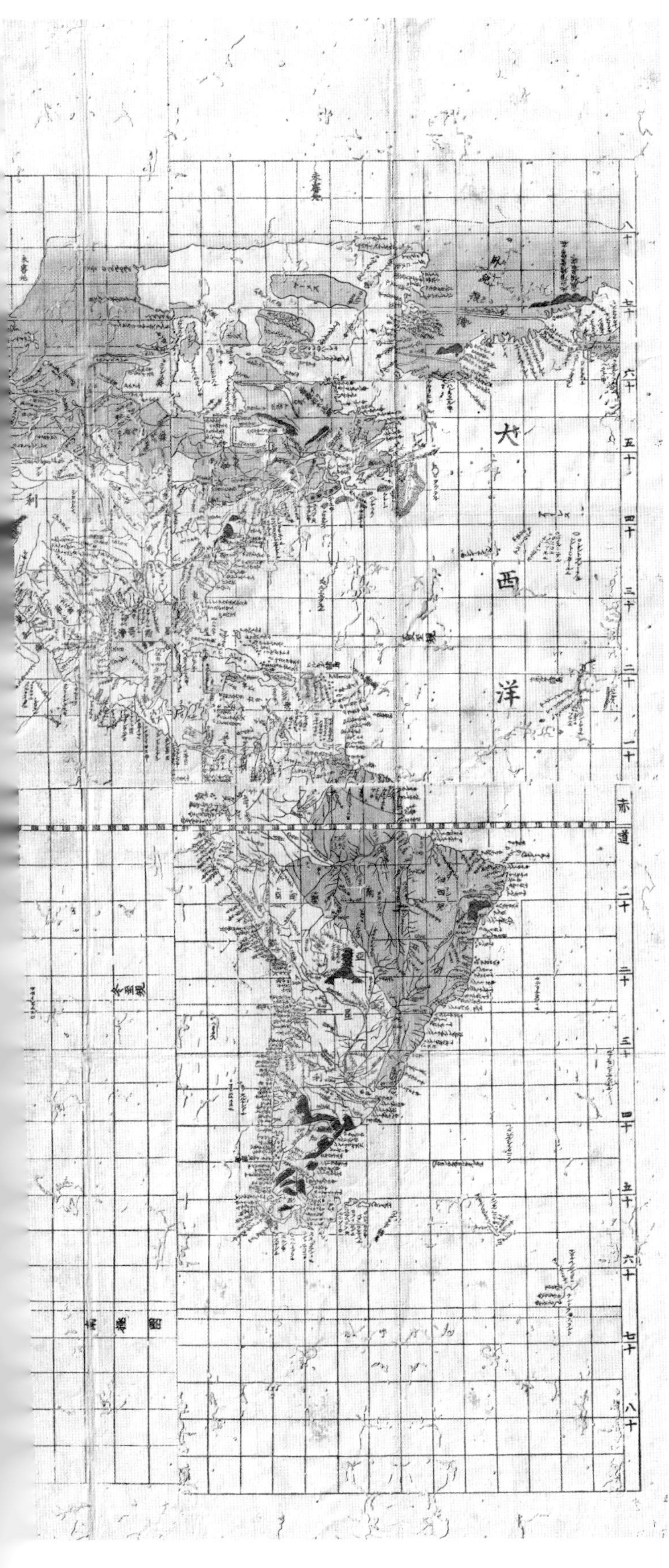

《地球万国方图》

Square Map of all the Countries on the Globe

由中岛翠堂于1853年（嘉永6年）出版的《地球万国方图》（又名《新订地球万国方图》，*Shintei Chikyu Bankoku Hozu*）代表了东亚制图界的一次全面革新。就在这幅地图出版之前，美国海军准将佩里率“黑船”驶入东京港，通过武力威胁迫使德川幕府签署《神奈川条约》并同意开放全球贸易。尽管佩里的到来饱含侵略性的意味，但《神奈川条约》却也为日美双方都带来了正面的影响。在接下来的数十年中，日本从不断涌进的外国思想和技术中受益匪浅。

其中的一个例子便是我们眼前的这幅地图。尽管中岛使用了日本的传统技术来制图，但这幅地图的本质却是一幅欧洲世界地图，并使用了墨卡托投影系统。其制图之精致复杂，地理概念之尖端、先锋，都表明这幅《地球万国方图》的原型是一幅欧洲地图。这也解释了图中的网格坐标与图像并不相符的奇怪现象。我们可以假设这幅地图的原型来自佩里遗留下来的地图，但图中在太平洋西北地区显示的政权划分却表明原图很可能是一幅英国地图。在图中，美国的华盛顿和俄勒冈州都被划分为英国的领土，若这样的信息出现在一幅美国出版的地图上，那可实在是有违常理了。

制图师

中岛翠堂 (Nakajima Suido）是日本印刷商与制图商，活跃于德川幕府晚期的1850—1860年。

《家庭教育版环球双陆棋》

Home Education Round-the-World Sugoroku

这幅好玩的日本绘画地图由大阪每日新闻社于 1926 年印制。该图属于一款桌上游戏，即一款日文的环游世界双陆游戏[1]（sugoroku）。游戏中有不同的路径与陷阱，玩家可以游览莫斯科、巴黎、纽约、澳大利亚、非洲、中国、地中海、耶路撒冷、阿尔卑斯山以及巴拿马运河等地。

这幅地图的地理信息在视觉上不易理解。地图的顶端是位于西方的北美洲。自由女神像帮助我们找到了纽约的位置。日本的位置位于地图的中心，可以清楚看到的是富士山。不列颠群岛出现在地图的底端。地图最南端的区域是北非与亚马孙河，由此将我们的视角界定在北半球。

这幅充满趣味性的游戏图中包含了美洲、东南亚、印度、欧洲以及许多著名的地标与山脉。在地图中，当你行进在蜿蜒曲折的道路上，会遇见飞机与船只、舞者与滑冰选手、风车和鲸鱼，它们都以可爱动人的卡通形象出现。玩家需要从日本出发，周游各国之后到达终点——伦敦。随着印刷技术的进步，这类富有视觉效果的桌上游戏在日本江户与明治时代逐渐流行起来。

制图师

《大阪每日新闻》原名为《大阪日报》， 1876 年创刊于日本大阪， 1888 年更名为《大阪每日新闻》。1911 年，它与《东京日日新闻》合并，更名为《每日新闻》。

1　双陆游戏是一种棋盘游戏。游戏中，每个玩家拥有相同数量的棋子，并依靠掷骰子的点数来移动棋子。第一个将所有棋子移离棋盘的玩家获得游戏的胜利。

大阪毎日新聞附録
家庭教育 世界一周すごろく
日本から ロンドンへ
ウラヂオ 1 ホノルル
大連 2 サンフランシスコ
上海 3 シヤトル
香港 4 バンクーバー
メルボルン 5 メルボルン
（ふり出し）
ロンドンから 日本へ
タルラブジ 1 クーヨーユニ
グーヘ 2 マナパ
リパ 3 ントンシワ
グルブンハ 4 ンズアレオーユニ
ルセツラブ 5 クツベケ
大西洋
太平洋
印度洋
地中海
北海
北氷洋
グリーンランド
カナダ
アラスカ
メキシコ
南アメリカ
オーストラリア
シベリヤ
アジヤ
支那
インド
ロシヤ
ヨーロッパ
フィンランド
エストニヤ
ポーランド
ハンガリー
ルーマニヤ
ブルガリヤ
ギリシヤ
ユーゴースラビヤ
イタリー
スイス
ドイツ
オランダ
ベルギー
フランス
スペイン
ポルトガル
イギリス
アイルランド
デンマルク
スウェーデン
ノールウエイ
アフリカ
東京
大阪
大連
上海
香港
北京
漢口
ハルビン
ウラヂオストツク
バイカル湖
ウラル山脈
コロンボ
カルカツタ
ボンベー
シンガポール
スエズ
コンスタンチノープル
アテネ
ソフイヤ
ブカレスト
ブダペスト
ベルグラード
ウヰン
プラーグ
ワルソー
リガ
モスコウ
レニングラード
ストックホルム
オスロ
コペンハーゲン
ハンブルグ
ベルリン
ミュンヘン
ケルン
ベルン
トリエスト
ローマ
マルセーユ
リヨン
パリ
ボルドー
マドリッド
リスボン
ジブラルタル
ブラッセル
ヘーグ
ロンドン
ホノルル
ハワイ
メルボルン
パナマ
ニユーオルレアンズ
セントルイス
ワシントン
ニユーヨーク
ケベツク
ナイヤガラ
シカゴ
バンクーバー
シヤトル
サンフランシスコ
ロスアンゼルス
このすごろくの遊び方
大阪毎日新聞社

くろごす
グリーンランド
氷山
あざらし
ニューヨークの摩天閣
自由の神像
ワシントン記念塔
（ロンドンへ）
ケベック
ニューヨーク
ワシントン
米國は世界一の自動車國
カナダ
ナイヤガラ瀑布
ナイヤガラ
シカゴ
セントルイス
米國の國技ベースボール
ロッキー山脈
槇氏の征服したカナヂヤン・ロッキー
合衆國
バンクーバー
シヤトル
サンフランシスコ
（ハワイへ）
白熊
（日本へ）
北
氷
洋
アラスカ
北アメリカ
ハワイ
日本から
ロンドンへ
［ヨーロッパまはり］
［アメリカまはり］
ウラヂオ 1 ホノルル
大連 2 サンフランシスコ
上海 3 シヤトル
香港 4 バンクーバー
メルボルン 5 メルボルン
（ふり出し）
東京
大阪
（日本へ）
朝鮮人の長煙
ウラヂオストツク

家庭教育
世界一
大西洋
(ロンドンへ)
(パナマへ)
(ニューオレアンスへ)
(ロンドンへ)
ニューオレアンス
パナマ
ブラジル名物コーヒー
鰐
小鳥の名産地
メキシコ名物シャボテン
活動王國ハリウッドはこの附近
メキシコ
(サンフランシスコへ)
(ホノルルへ)
(メルボルンへ)
南アメリカ
オセアニア
(パナマへ)
(メルボルンへ)
(ホノルルへ)
(日本へ)
カロリン、マーシャルは日本の委任領
メルボルン
(パナマへ)
カンガルー
(シンガポールへ)
(ホンコンへ)
オーストラリヤ
太平洋
南洋の食人種

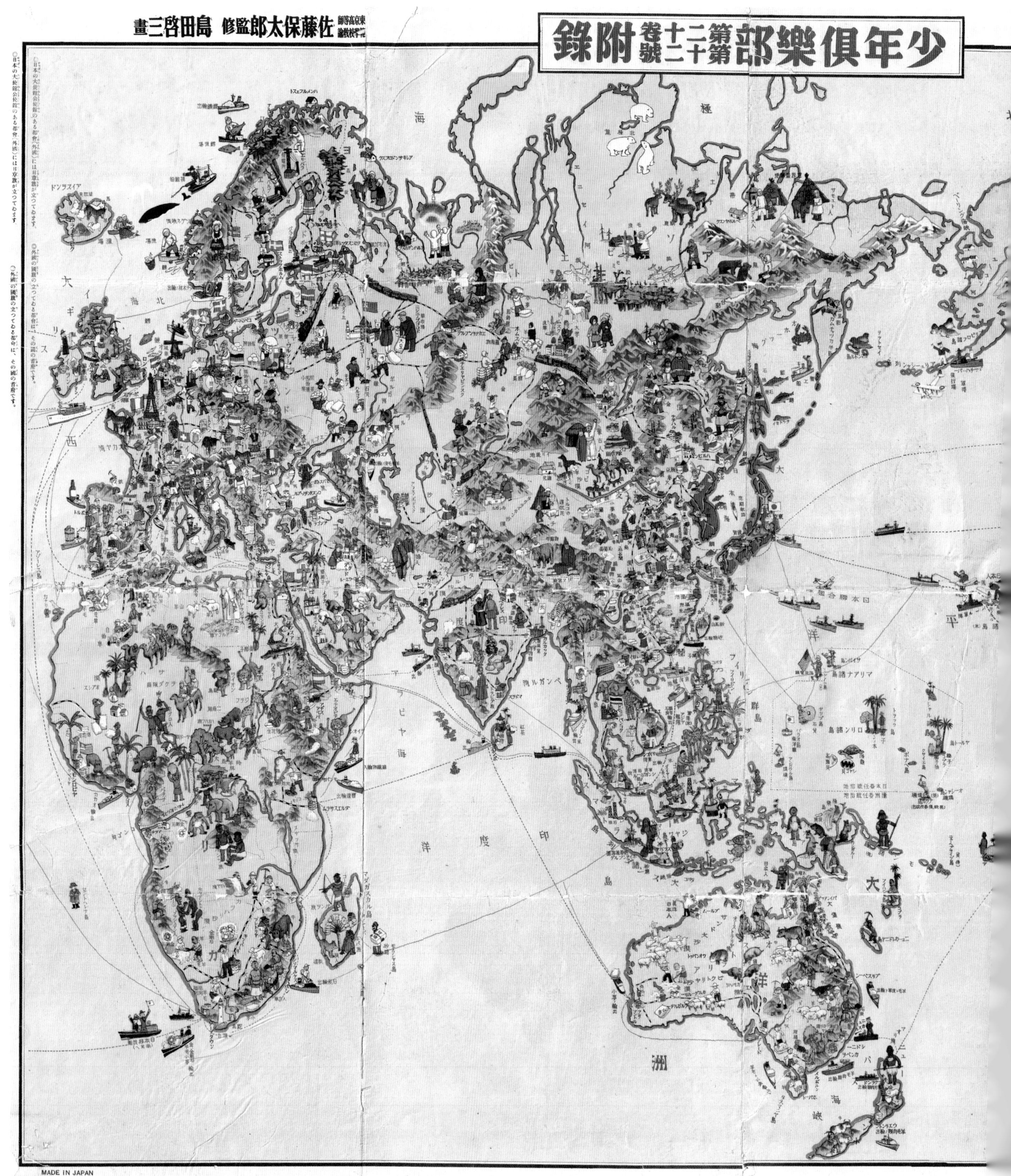

少年倶楽部 第二十二巻第十二號 附録
東京高等師範學校教諭 佐藤保太郎監修 島田啓三畫
◎日本の大使館公使館のある都會（外濠）には日章旗が立つてゐます
◎外國の國旗の立つてゐる都會は、その國の首府です。
北海
印度洋
アラビヤ海
ベンガル灣
日本聯合艦隊
マリアナ諸島
カロリン諸島
マダガスカル島
MADE IN JAPAN

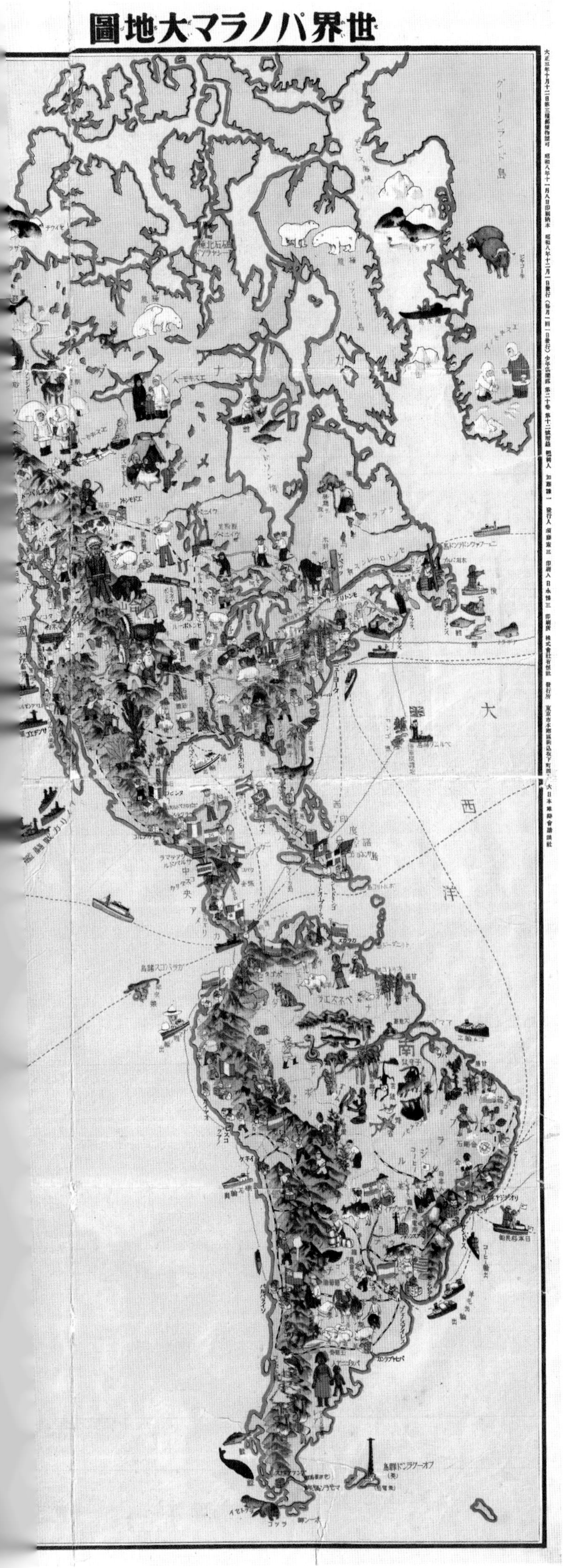

世界パノラマ大地圖

《世界全景大地图》

Pictorial Map of the World

这幅充满童趣的日本漫画地图由岛田启三创作于 1933 年。这幅以红色标识的日本帝国为中心，徐徐展开的地图涵盖了世界上的大部分区域。区域性的文化标志与地标性建筑，如埃菲尔铁塔和比萨斜塔都以图画的形式出现在地图上。其他图标包括标志西班牙的斗牛、代表非洲的巨大钻石以及在大洋洲附近的水下探险活动。多姿多彩的小插图用来描绘地区、人物风土以及动植物种类，令人叹为观止。许多人认为这些插图非常可爱，但其中有些插图代表了过时的陈旧观念，甚至以现代的标准来看，带有种族主义色彩。

更具有危险意味的是，许多插图所描绘的是第二次世界大战即将来临的紧张局势。在地图中，日本战舰往来于西太平洋上，与此同时美国舰队也集结在了加利福尼亚海岸。朝鲜半岛和中国台湾在 1933 年时已经被日本占领，因此在图上也被列为日本帝国的一部分。

制图师

岛田启三（Keizo Shimada，1900—1973）出生于东京，著有“二战”主题漫画《唐吉历险记》（*The Adventures of Dankichi*）。故事围绕着小男孩唐吉（Dankichi）和他的老鼠展开。在南太平洋遭遇海难后，唐吉历经艰险成了当地土著部落的首领。“二战”结束后，岛田因为部分作品涉嫌纵容日军侵略以及鼓吹财富的不劳而获，而受到谴责。

第六章 自然科学图表：地图与科学

科学主题地图诞生于 16 世纪初，并一直沿用至今。起初，科学主题的地图被用来解释地质学、海洋学、气象学与地理学的理论。后来，它们成了一种展现科学探索的成果，以及赞美伟大的现代文明的混合产物。在大多数情况下，制图师运用地图来表达超越地图本身的科学观点，因此他们会把包含严谨地理信息的地图转化为宣传科学思想的工具。

世界上最早的科学主题地图是亚大纳西·基歇尔（Athanasius Kircher，1602—1680）的《陆海全图》（*Tabula Geographico-Hydrographica*）。

这幅地图被认为是世界上第一幅描绘了洋流的地图。最为人称道的是，这幅图中对于许多地区性洋流的走向的描绘都十分精确。该世界地图只是基歇尔众多伟大作品中的冰山一角。他的著作《地下世界》（*Mundus Subterraneus*）中包含了许多从不同角度具体描述世界的地图。这部伟大的双卷本著作通过文字、地图及图表的形式概述了基歇尔的宇宙科学理论。正如文艺复兴时期的通识学者提倡的那样，基歇尔的“科学”理论囊括了根植于实践的科学理论、猜想、神话故事，以及对于《圣经》的实证主义解读。在《地下世界》中，有关于各类岩石的形成与侵蚀的过程、洋流的走向的正确讲解，也有关于失落的亚特兰蒂斯大陆以及巨人国等幻想世界的描绘。

也许基歇尔的许多想法在今天看来都是荒谬的，但在 17 世纪，他是走在科技创新最前沿的旷世奇才。基歇尔通过专题地图来表达他的科学理念是具有革命性的。此后，许多制图师都成了这一制图思想的拥护者。比如，彼得·西蒙·帕拉斯（Peter Simon Pallas，1741—1811）就曾模仿基歇尔的模式，运用地图来阐述他自己的地理学理论，主要关注于海底火山山脉与原生构造型火山的活动。像基歇尔一样，帕拉斯也运用猜想来补充实际情况尚不明确的地方：比如大西洋海底的火山，或是南美与非洲未知的内陆地区。尽管帕拉斯的有些想法在今天看来不合逻辑，但他依然发现了非常有价值的科学真相，比如花岗岩如何在地壳中形成，以及一些山脉的火山起源。

还有更多的制图师也遵从这一制图理念。为了更好地说明自己的理论，波西米亚海洋学家奥古斯特·冯伊列克（August von Jilek）在他的《海洋学全书》（*Lehrbuch der Oceanographie*）中制作了一张令人惊叹的地图。这是一本汇编了当时所有已知海洋学理论的百科全书。冯伊列克虽然不是一位具有革命性精神的海洋学家，但他制作的地图却因大胆地融合了各种制图理论而引人瞩目。

当基歇尔、帕拉斯和冯伊列克这样的制图师，运用专题地图来阐述自己或自己支持的科学理论时，其他的制图师则运用地图来展现地质、科学或天文等领域的综合性知识。其中有许多人，如塞缪尔·邓恩（Samuel Dunn），劳里－惠特尔出版社[1]（Laurie and Whittle），鲍尔和布罗梅（Baur and Bromme）都选择制作巨大的壁挂式地图，并在其中加入子地图、星图、数学图表、气象图以及大量的注解来辅助描述。在今天的我们看来，这些地图并不简洁明了，甚至因为信息太过繁杂而难以理解。但 1790 年

1　劳里-惠特尔出版社：一家18世纪末19世纪初的英国出版公司，由罗伯特·劳里（Robert Laurie)和詹姆斯·惠特尔（James Whittle）创立。

之后，这样的地图变得非常受欢迎，也成了体现当时科技前沿动态的完美展示。严谨的科学家可能认为这类地图太过浅显而难以作科研用途，但那些以比较不同的科学理论而立身的民间科学家（armchair scientist）则将这样的地图当作不可或缺的工具。

其他的科学主题地图则无意于阐述或证明新的科学理念，只是在强调或推广已有的传统观念。其中一个例子便是亨利·詹姆斯（Henry James）于1860年创作的罕见的圆形世界地图。詹姆斯制作这幅地图，是为了提出格林威治子午线（the Greenwich Meridian）作为本初子午线（零度经线）的合理性。今天，大多数地图都沿用了詹姆斯的模型，并将位于伦敦格林威治的英国皇家天文台所在地作为本初子午线。但在制图历史上，本初子午线曾经因为制图师的国籍或其他需要而出现在不同的位置上：托勒密使用的是加那利群岛（Canary Islands），即被他称为幸运群岛的地方；墨卡托使用的是亚速尔群岛（Azores）；法国人使用的是巴黎；美国人使用的是华盛顿特区；当然了，英国人使用的肯定是格林威治。随着约翰·哈里森（John Harrison）发明出航海用精密时计（Marine Chronometer），英国人有了第一个可以保证在海上准确测量时间的工具，从而用来测量经度。因为这一重大创新，英国制图师对于制图模型的影响不断加深，以至于在1884年国际子午线会议上（1884 International Meridian Conference），格林威治成了全球通用的本初子午线，并被后来的大多数地图所采用。今天，一束激光被用于精确地识别格林威治本初子线。

大约在同一时期，另一种地图或图表也开始流行起来。欧洲的科学家、航海家和探险家正在通过一次又一次的远征探险来揭开地球的神秘面纱。他们需要携带最精密的测量设备，包括航海精密时计、经纬仪（theodolites）、望远镜和其他工具，来不断测量地球的方方面面。这并不纯粹是为了学术，而往往具有更实际的意义。精准的测绘可以产生更精准的地图和更好的海图，以便促进更快捷、更安全、更暴利的贸易往来。

大量的数据被采集，并交由学者和研究机构汇编。许多这样的信息都用于传统地图的制作，但还有其他的信息服务于另一种地图：比较地图。在测量出世界上最高的山峰和最长的河流之后，人们自然发现将它们放在同一个坐标系中进行比较，有利于更加直观而全面地理解这些数据。1800年左右出现了专业的世界山脉高度比较地图。与此同时，河流长度比较地图也开始出现。直到威廉·达顿（William Darton）和加德纳（W. R. Gardner）于1823年发表了他们的《最新改良版世界主要山峰高度及河流长度比较图》，将那些独立的山河比较地图综合为一个精简易读的图表。这幅作品引领出一种新的制图风格，受到无数欧洲和美国制图师的拥护。尽管有些人改良了比较地图，将山峰与河流分别绘制在各自所属的地域中（即不在同一个坐标系中），但这种基础型的比较地图一直持续运用到19世纪后半叶。

今天，专题科学地图是大部分地理科学研究的组成部分。现代技术可以随时生成新的地图。不仅在科学领域，就连政治和经济领域中相互冲突的思想和理论也可以通过专题地图的形式来讨论。比较地图可以用来宣传和证实科学发现或其他的理论，同时也可以用于宣传与科学相对的另一面——宗教意识形态和政治趋势。我们将在后面的章节中来共同讨论。

《陆海全图》

Tabula Geographico-Hydrographica

这幅由亚大纳西·基歇尔于1665年绘制的地图是早期专题地图的一个经典案例。这是世界上第一个描绘了全球洋流运动的地图。基歇尔通过这幅地图来阐述其关于潮汐和洋流运动的革命性水文地理理论。1638年卡拉布里亚（Calabria）持续两周的地震，以及1637年维苏威火山（Vesuvius）的喷发，启发基歇尔提出了一个地下海洋的假设。地下海洋在广大交错的地底通道和深洞中进入和退出，从而产生了洋流、地震和潮汐。

基歇尔以其卓越的、超越时代的学术成就而闻名世界。例如，这张地图上的非洲比绘制于几百年之后的地图上的非洲还要精确得多。在这里，基歇尔并没有沿用传统的托勒密式“双湖体系”，而是采用了同样是推测却更为精确的方式来描绘尼罗河。更加引人注目的是，地图中关于尼日尔河的刻画近乎准确，比19世纪芒戈·帕克 （Mungo Park）发现尼日尔河可要早了几百年。地图上的澳大利亚位于新几内亚附近，并拥有一个可识别出的卡奔塔利亚湾（Bay of Carpentaria），但其往南却延展到了亚里士多德虚构的“南方大陆”。

制图师

亚大纳西·基歇尔（Athanasius Kircher，1602—1680）是一位多才多艺的德国博学大师。他是那个时代最有威望与影响力的人物之一。作为一个典型的文艺复兴式的学者，基歇尔精通科学、物理学、地理学、数学，以及数国语言。他在意大利担任数学与东方语言学教授时，成为了当时首批自费科研的学者。他以发明“幻灯”（Magic Lantern）而闻名，“幻灯”是现代电影院的奠基石。

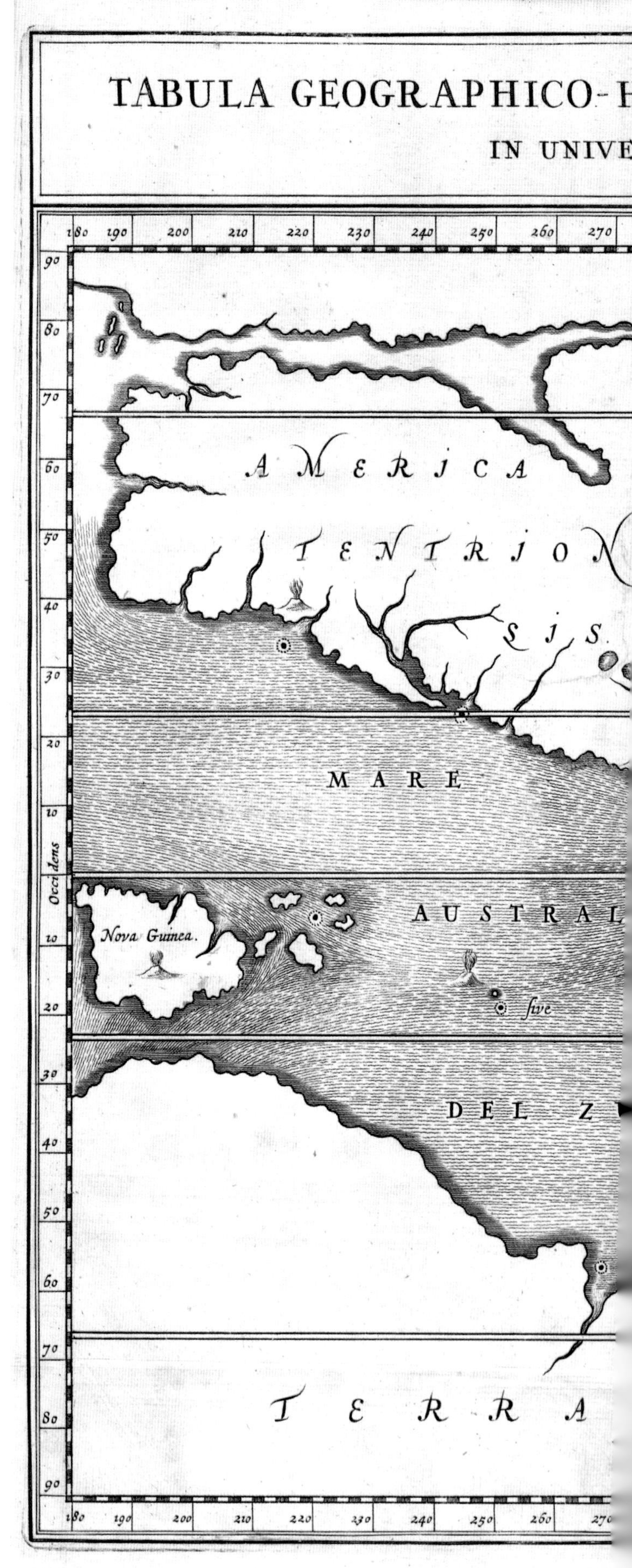

Tomus I. 134.

GRAPHICA MOTUS OCEANI, CURRENTES, ABYSSOS, MONTES IGNIVOMOS

BE INDICANS, ⊙ NOTAT HÆC FIG. ABYSSOS MONTES VULCANIOS.

300 310 320 330 340 350 Sep: 360 tentrio 10 20 30 40 50 60 70 80 90 100 110 120 130 140 150 160 170 180

EUROPA.

ASIA.

MAJOR.

MAR

DEL NORD

AFRI

CA.

OCEANUS

ÆTHIOPICUS

PERU.

Nova Hispania

AMERICA

AUSTRA

LIS.

Brasilia

R. de la Plata

Magellanicum

USTRALIS INCOGNITA.

90 80 70 60 50 40 30 20 10 Oriens 10 20 30 40 50 60 70 80 90

0 310 320 330 340 350 Meri 360 dies 10 20 30 40 50 60 70 80 90 100 110 120 130 140 150 160 170 180

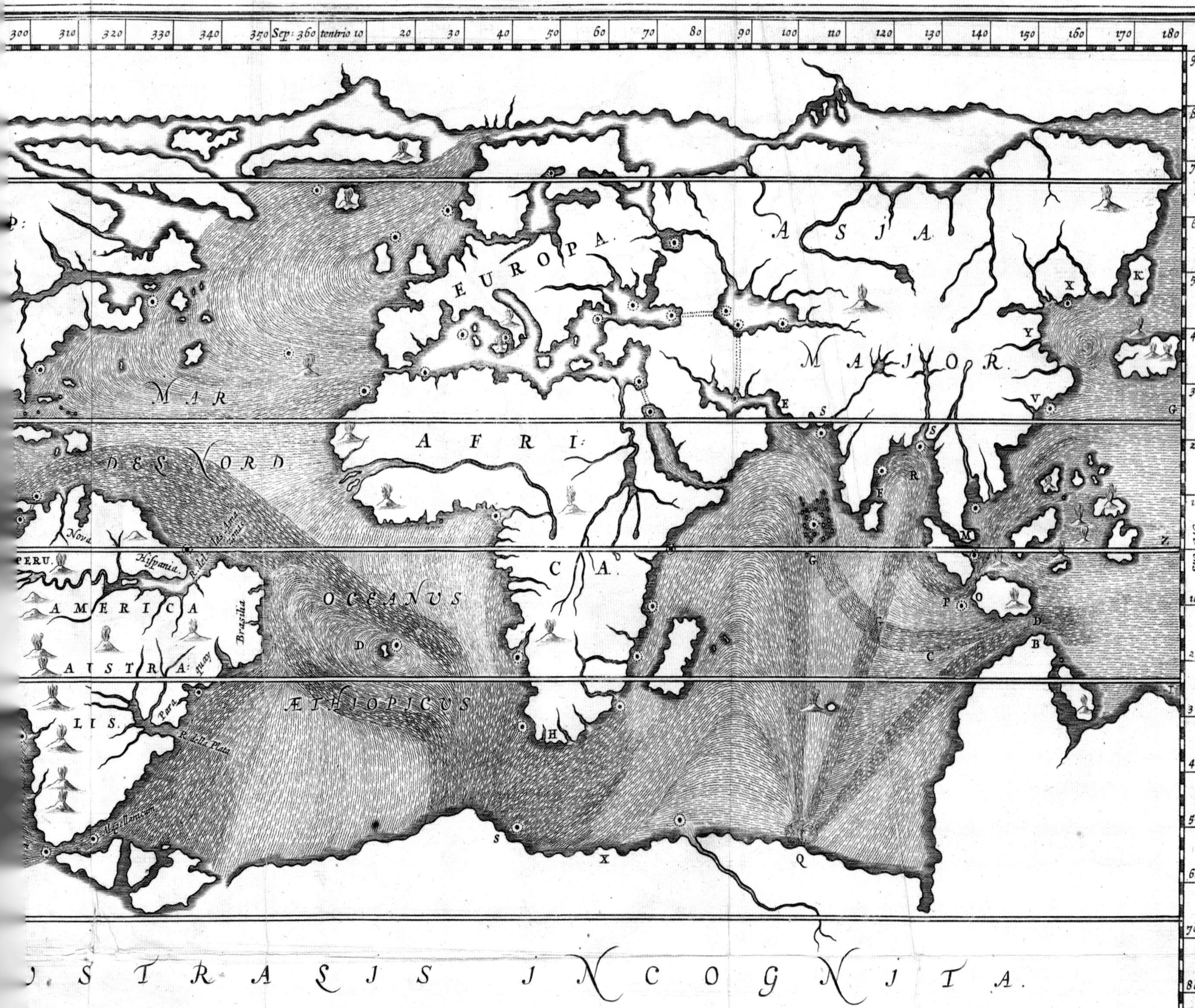

《帕拉斯教授的全球地理学理论地图》

Mappe-Monde Physique d'Apres les Vues du Prof. Pallas

这幅雕版地图诠释了彼得·西蒙·帕拉斯的猜想地理学理论，由安布鲁瓦兹·塔迪厄（Ambroise Tardieu）为埃德姆·门特尔的《寰宇地图集》而制作，向18世纪末的人们描绘了尚不为人所知的海底地形全貌。在此，德国博学大师帕拉斯正确地提出，在广袤的大洋之下存在着绵延的山脉。帕拉斯还正确地假设出，这些山脉是由于一系列的火山爆发以及其他原生构造性运动形成的。在地图上，他用星号标出了多处具有这种地质构造运动的地区。

遵循当时的制图惯例，许多猜想的因素都体现在了这幅地图上。在南美洲附近，火地岛以南存在着两片大陆。塔斯马尼亚被称为"范迪门之地"（Van Diemen's Land），与大洋洲大陆相连。也许是取材于海军上将丰泰的传奇故事，图中在加拿大与北美洲西部之间出现了一组航道，"西部之海"也出现在了北美洲的版图上。

制图师

埃德姆·门特尔（Edme Mentelle，1730—1816）是一名法国地质学和地理学教授，以及拿破仑·波拿巴年轻时代的导师，是法国国立科学与艺术学院（Institut National des Sciences et des Arts）的创始人之一，并在地理学领域发表了多部重要作品。

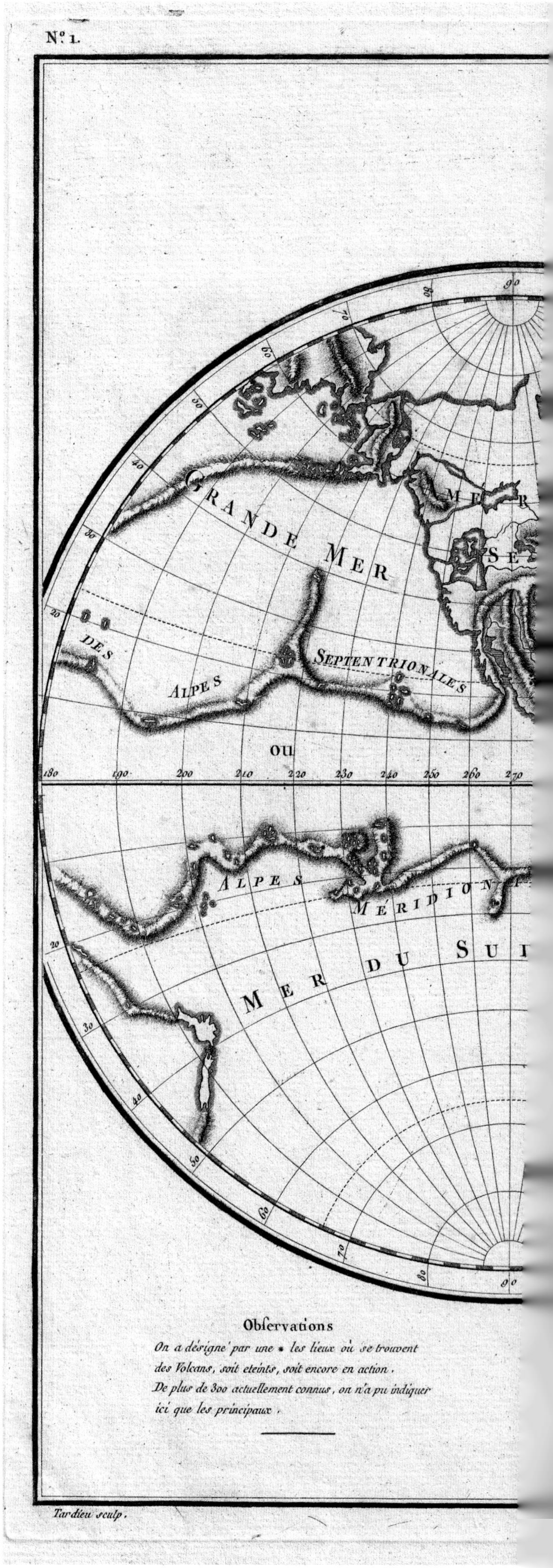

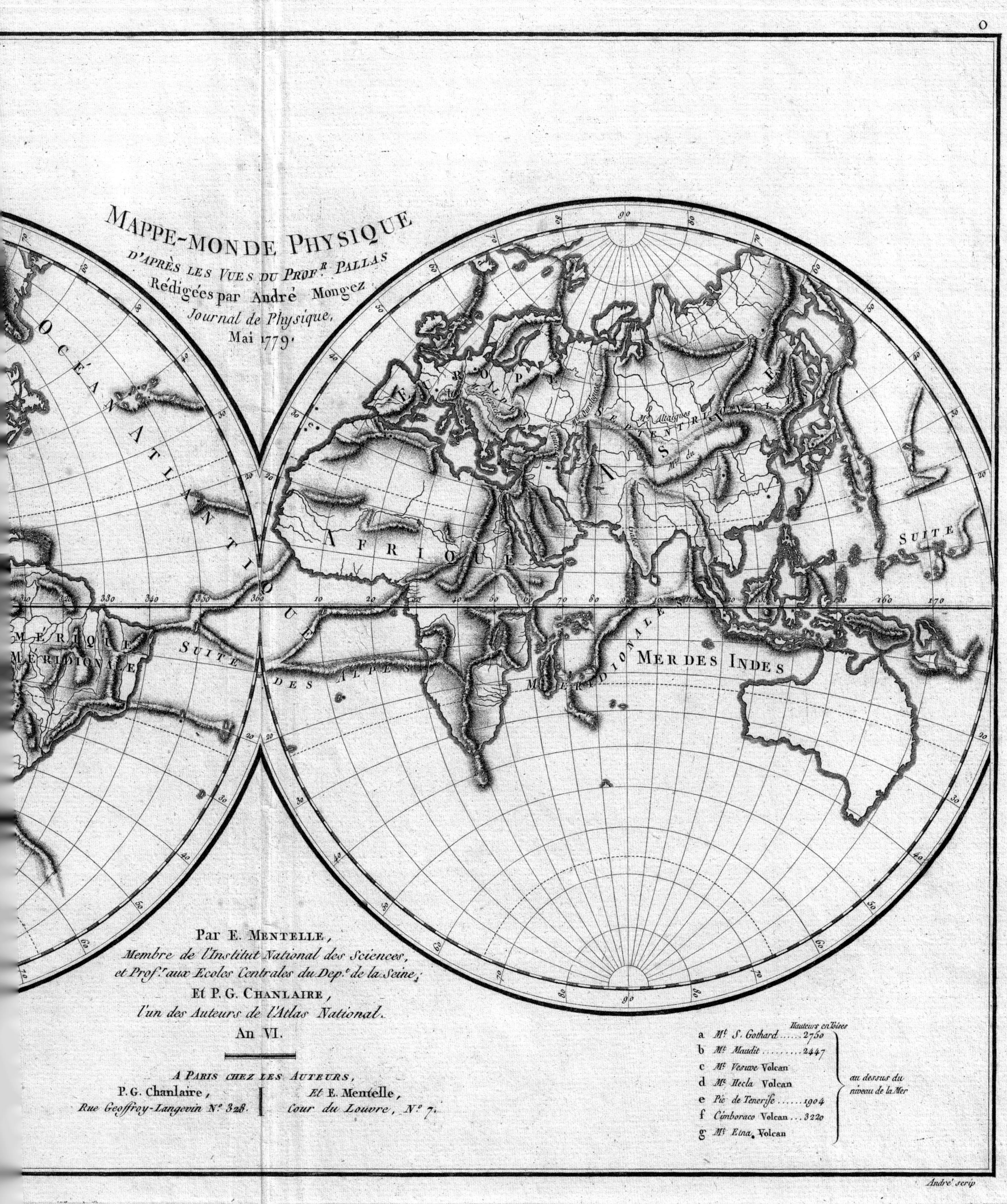
MAPPE-MONDE PHYSIQUE
D'APRÈS LES VUES DU PROF.R PALLAS
Rédigées par André Mongez
Journal de Physique,
Mai 1779.
OCÉAN ATLANTIQUE
EUROPE
AFRIQUE
ASIE
SEPTENTRIONALE
MERIDIONALE
MER DES INDES
SUITE DES ALPES
SUITE
Par E. MENTELLE,
Membre de l'Institut National des Sciences,
et Prof.r aux Ecoles Centrales du Dep.t de la Seine;
Et P.G. CHANLAIRE,
l'un des Auteurs de l'Atlas National.
An VI.
A PARIS CHEZ LES AUTEURS,
P.G. Chanlaire, Rue Geoffroy-Langevin N.o 328.
Et E. Mentelle, Cour du Louvre, N.o 7.
Hauteurs en Toises
a Mt S. Gothard......2750
b Mt Maudit........2447
c Mt Vesuve Volcan
d Mt Hecla Volcan
e Pic de Tenerife......1904
f Cimboraco Volcan...3220
g Mt Etna Volcan
au dessus du niveau de la Mer
André scrip

《全球海陆总图》

A General Map of the World, or Terraqueous Globe

这幅里程碑式的、华美的壁挂式世界地图，由英国人塞缪尔·邓恩于1794年出版发行。邓恩是一位数学、导航学和天文学教授，其学术成就也全面地展现在这张信息密布的地图上了。这幅作品的主体是建立在双半球投影系统上的世界地图，四周还展示了太阳系图、月相图、北半球和南半球的星图，以及墨卡托投影系统地图。另一些图表则用来阐述季节变化、长度标尺、天文计算，以及数学导航理论系统。

邓恩的这幅作品出版于世纪之交之前，因此可以看作是早期科学唯心主义的代表。在这之后的维多利亚时代是科学唯心主义的全盛时期。从18世纪后期开始，全球的科学家们以采集标本、天文观测和其他科学测量的形式收集数据，并相信只要有足够多的观察，积累了足够多的知识，自然界的秘密就能够被一一解开。这张地图便是这一思想意识下的产物，在邓恩生命中的最后一年，由劳里－惠特尔出版社（Laurie and Whittle）出版。

制图师

塞缪尔·邓恩（Samuel Dunn，1723—1794）是英国出版商，其出版作品包括科学书籍、地图以及图表。他还是一位导航学、数学以及天文学教师，曾是英国“海上经线研究委员会”（Commissioners for the Discovery of the Longitude at Sea）的一员。

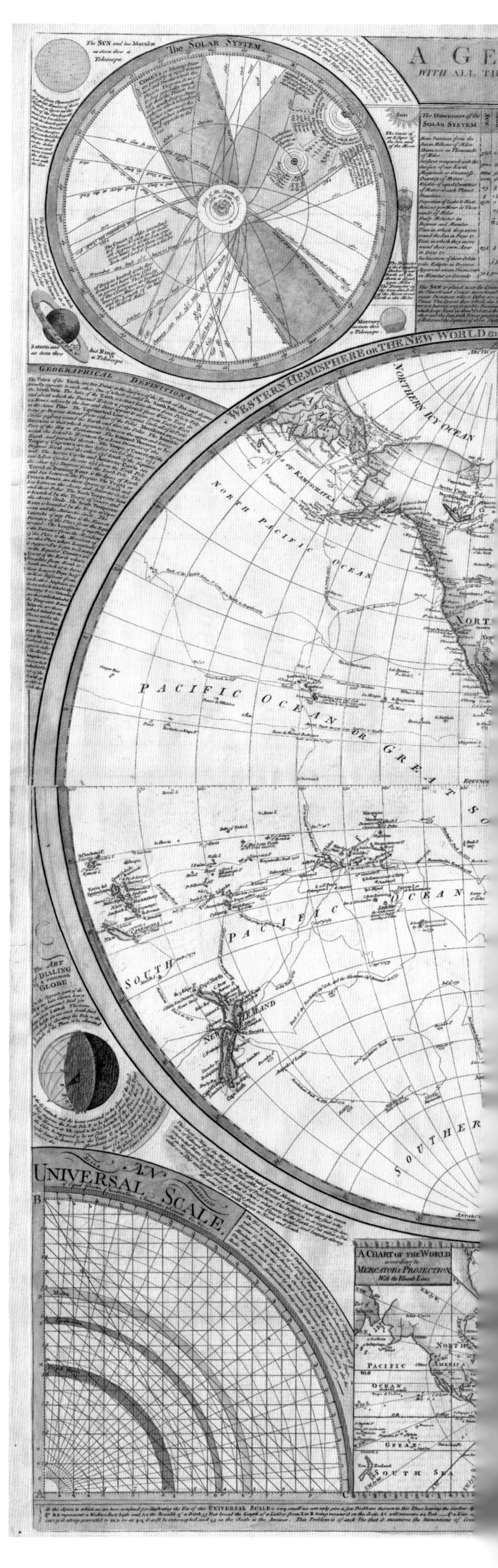

MAP OF THE WORLD, OR TERRAQUEOUS GLOBE
RIES and MARGINAL DELINEATIONS, CONTAINING THE MOST INTERESTING PARTICULARS IN THE SOLAR, STARRY AND MUNDANE SYSTEM, By SAM.L DUNN, Mathematician
LONDON
Published by LAURIE & WHITTLE, No.53, Fleet Street, 12th May 1794.
The NORTHERN HEMISPHERE
The SOUTHERN HEMISPHERE
An Astronomical Latitude & Longitude Analemma
EASTERN HEMISPHERE OR THE OLD WORLD By M.r D'ANVILLE, With the New Discoveries and Several Additions.
GEOGRAPHICAL DEFINITIONS
NORTHERN ICY OCEAN
ATLANTIC OCEAN
ATLANTIC
WESTERN OCEAN
ASIA
AFRICA
EASTERN SEA
NORTH PACIFIC OCEAN
INDIAN SEA
ÆTHIOPIC OCEAN
INDIAN OCEAN
NEW HOLLAND or TERRA AUSTRALIS
SOUTH PACIFIC OCEAN
SOUTHERN ICY OCEAN
SOUTH AMERICA
SOUTHERN or ETHIOPIC OCEAN
Equinoctial Line
Tropic of Capricorn
Tropic of Cancer
Antarctic Circle
SELENOGRAPHY OR A MAP OF THE MOON, according to Father Riccioli.
TERRA STERILITATIS
The VICISSITUDE of SEASONS Explained
The ANALEMMA
The Art of DIALING by a Common GLOBE
Siberia
Russian Tartary
Indian Ocean
New Holland

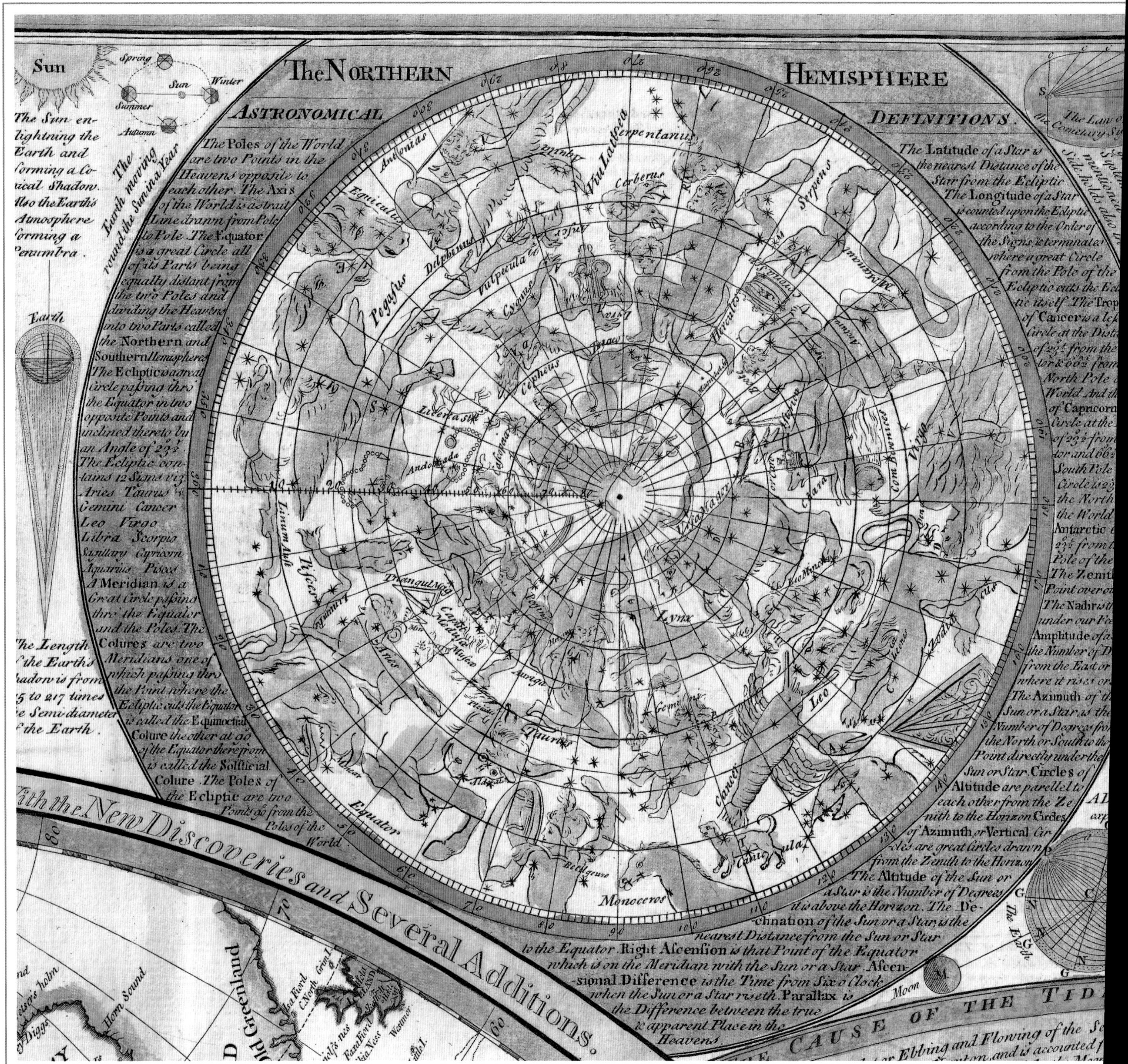

Sun

Spring Winter Sun Summer Autumn

The Earth moving round the Sun in a Year

The Sun enlightning the Earth and forming a Conical Shadow. Also the Earth's Atmosphere forming a Penumbra.

Earth

The Length of the Earth's Shadow is from 25 to 217 times the Semi-diameter of the Earth.

The Northern Hemisphere

Astronomical Definitions.

The Poles of the World are two Points in the Heavens opposite to each other. The Axis of the World is a strait Line drawn from Pole to Pole. The Equator is a great Circle all of its Parts being equally distant from the two Poles and dividing the Heavens into two Parts called the Northern and Southern Hemispheres. The Ecliptic is a great circle passing thro' the Equator in two opposite Points and inclined thereto by an Angle of 23½. The Ecliptic contains 12 Signs viz. Aries Taurus Gemini Cancer Leo Virgo Libra Scorpio Sagittary Capricorn Aquarius Pisces. A Meridian is a Great Circle passing thro' the Equator and the Poles. The Colures are two Meridians one of which passing thro' the Point where the Ecliptic cuts the Equator is called the Equinoctial Colure the other at 90° of the Equator therefrom is called the Solsticial Colure. The Poles of the Ecliptic are two Points 90° from the Poles of the World.

The Latitude of a Star is the nearest Distance of the Star from the Ecliptic. The Longitude of a Star is counted upon the Ecliptic according to the Order of the Signs & terminates where a great Circle from the Pole of the Ecliptic cuts the Ecliptic itself. The Tropic of Cancer is a less Circle at the Distance of 23½ from the Equator & 66½ from North Pole of the World. And the Tropic of Capricorn Circle at the Distance of 23½ from the Equator and 66½ from the South Pole. Circle is 23½ the North Pole of the World. Antarctic Circle 23½ from the Pole of the World. The Zenith Point over our head. The Nadir is the Point under our Feet. Amplitude of a Star is the Number of Degrees from the East or West where it rises or sets. The Azimuth of the Sun or a Star is the Number of Degrees from the North or South to the Point directly under the Sun or Star. Circles of Altitude are parellel to each other from the Zenith to the Horizon. Circles of Azimuth, or Vertical Circles are great Circles drawn from the Zenith to the Horizon. The Altitude of the Sun or a Star is the Number of Degrees it is above the Horizon. The Declination of the Sun or a Star, is the nearest Distance from the Sun or Star to the Equator. Right Ascension is that Point of the Equator which is on the Meridian with the Sun or a Star. Ascensional Difference is the Time from Six o'Clock when the Sun or a Star riseth. Parallax is the Difference between the true & apparent Place in the Heavens.

With the New Discoveries and Several Additions.

Moon

The Cause of the Tides

Old Greenland

Horn Sound

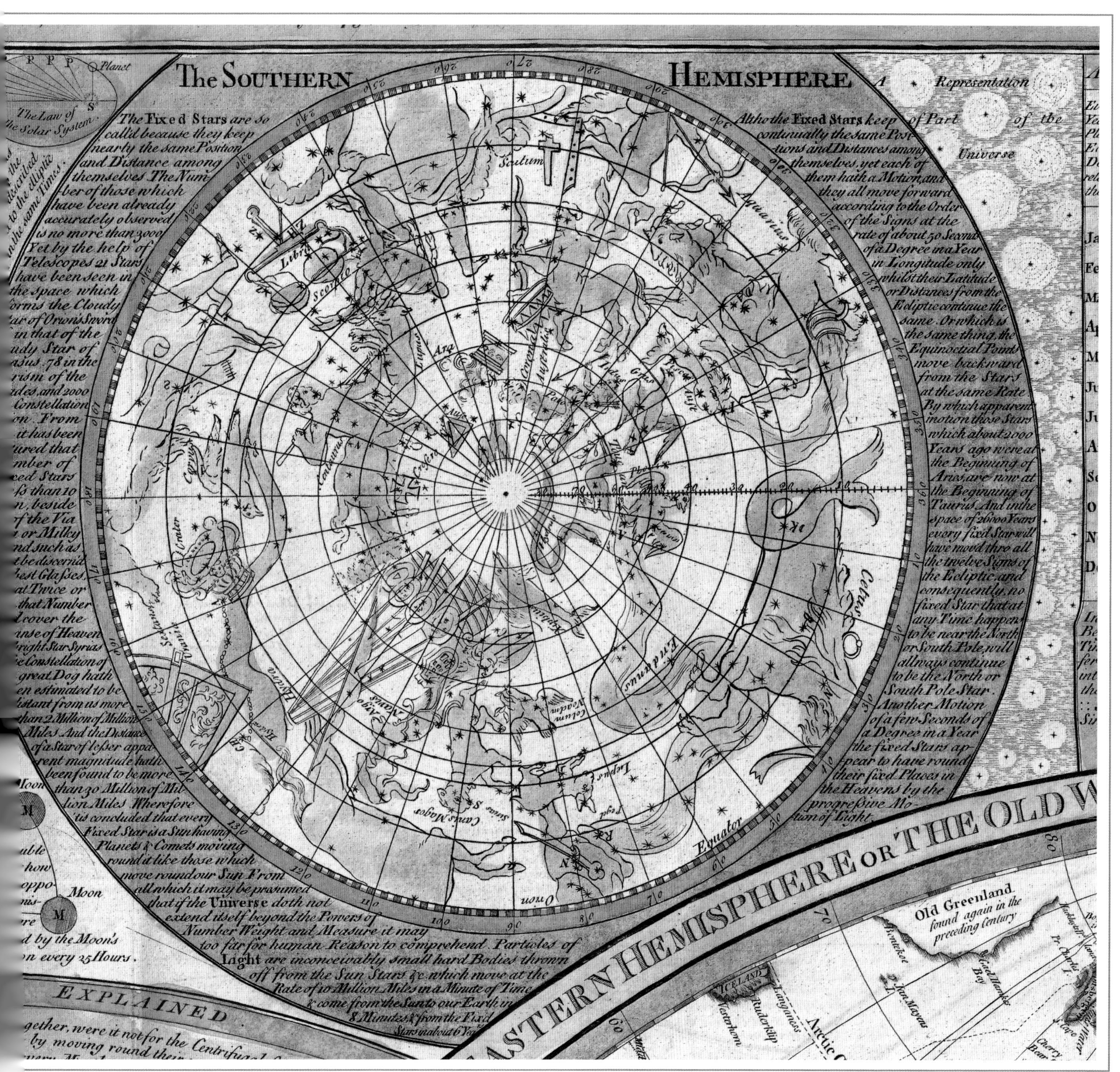

这幅地图篇幅巨大、细节丰富，附有详尽的科学计算与描述。在其中，我们可以详细观察北半球和南半球的星图，进行关于太阳以及太阳在地球上的投影的研究。

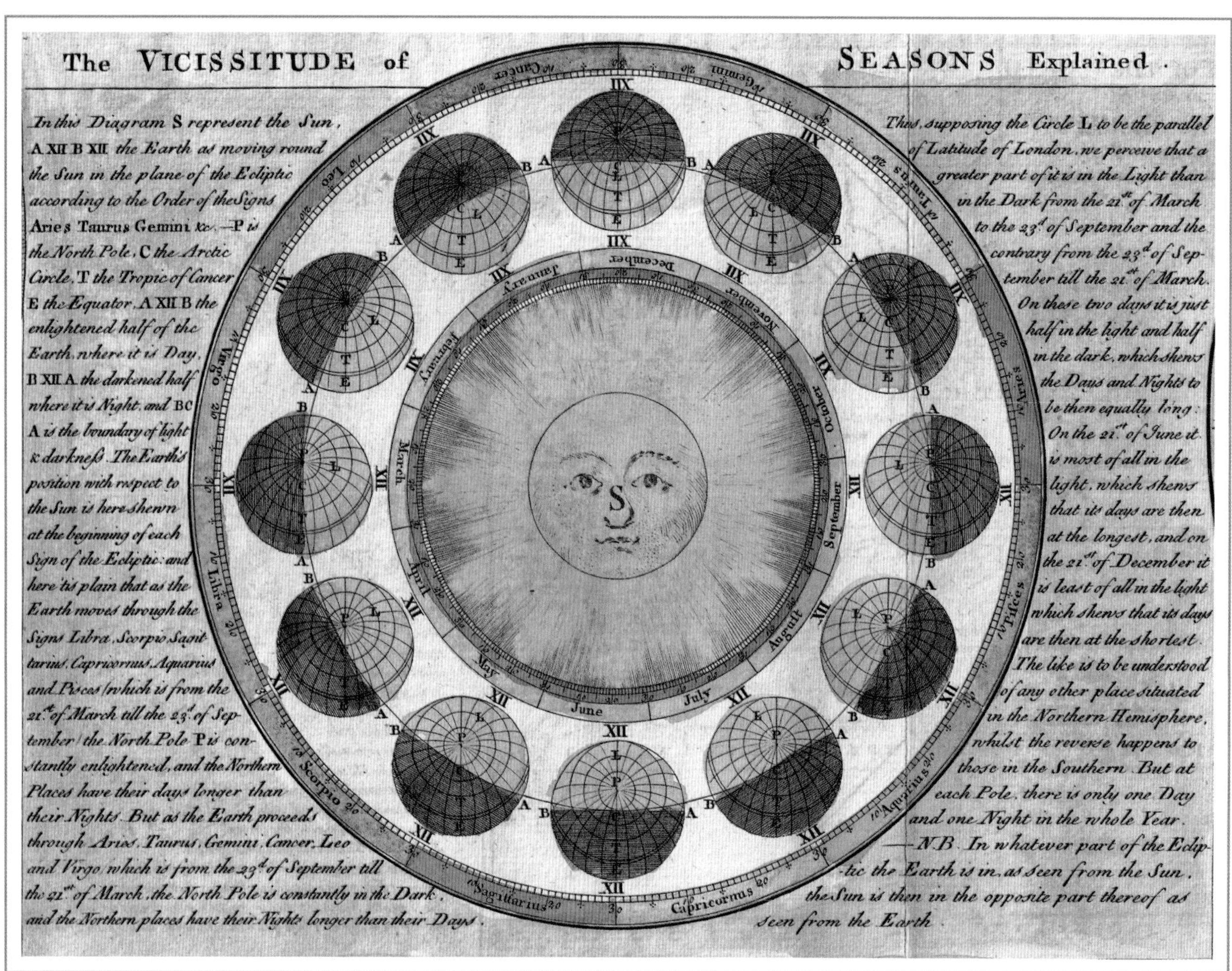

本跨页中的两幅图，均取自塞缪尔·邓恩丰富而详细的《全球海陆总图》。我们可以从季节图上方看到英文标题："季节交替，在此诠释。"（The Vicissitude of Seasons Explained）。另一幅月相图（对页）则是根据意大利耶稣会牧师、天文学家里乔利神父（Father Riccioli）的发现所绘制。

Altho the Moon be alway half Light; but once a Month it appears so to our Earth.
Full Moon
South
The Axis of the Earth keeps alway y same Parallel Position, & y Earth turns round the same every 24 Hours.
SELENOGRAPHY OR A MAP OF THE MOON according to Father Riccioli.
REGIO HYPER BOREÆA TERRA
Mare Frigoris seu Hyperboreum
SICCITATIS
TERRA VITÆ
TERRA PRUINÆ
Terra Grandinis
MARE IMBRIUM
Palus Nebularum
MARE SERENITATIS
Mare Crisium
Palus Somniorum
OCEANUS PROCELLARUM
Sinus Æstuum
Mare Vaporum
MARE TRANQUILLITATIS
TERRA SANITATIS
Mare Nectaris
Mare Fœcunditatis
Insula Ventorum
Mare Nubium
Peninsula Deliriorum
Mare Humorum
Sinus Epidemiarum
TERRA
CALORIS
TERRA STERILITATIS
TERRA FERTILITATIS
Grimaldus
Tycho
Clavius
Copernicus
Keplerus
Plato
Aristoteles
Archimedes
It hath been long a disputed Ques- among Astro- whether the
The most material Ar- guments in Fa- vour of a Lunar At- mosphere seem to
The above represents a full Moon as it appears thro a Telescope in which the light spots are generally taken to be Mountains the light streaks Ridges of Mountains, the broad white Places High Grounds the broad dark Places Seas, watry Plains or Forests, the dark spots within white ones Cavities or Pits with or without Water Astronomers have given Names to those Spots, for knowing y Quantity of an Eclipse when y Earths Shadow hides part of y Moon.
Althô the Moon always presents nearly the same Face towards Us, whilst she is moving round our Earth in the Space of 27 Days 8 Hours, and also turning round her own Axis in the same Time, Yet she has another Motion, whereby when she hath made a fourth Part of her Rotation round her Axis and not described a fourth Part of her Orbit at the same Time, those Spots near the East Edge of the Moon do appear advanced on her Face, and the opposite Ones with-drawn The Contrary also happens in an opposite Part of her Orbit, This is Called the Moons Libration.
A F G, with the Analemma A H I with the Starry Hemispheres. ab are Natural Sines of those Degrees cut in the Limb, to the Radius A B, and A a are their Cosines. In like manner A
rts and you would have any other Number of Parts from such a Scale. Count from B to m 55, and set the given Line from m to n laying a Strait Slip of Paper
to the Sides, or the Degrees of Longitude as delineated in the Diameter, or any Oblique short Distances, would otherwise require a Sector or Calculation to regulate them

《世界主要山峰高度及河流长度比较图》

View of the Comparative Heights, of the Principal Mountains and Lengths of the Principal Rivers in the World

19 世纪科学唯心主义的一个标志性示例，便是我们眼前的这幅比较全世界的山川河流的图表。德国博物学家亚历山大·冯·洪堡（Alexander von Humboldt）对南美洲山峰的测量深深影响了制图界，关于各地山峰高度的比较图开始流行起来。与此同时，河流长度的比较图也开始问世。早期的比较图表由许多不同的单独图表组成，但很快地，便有独创性的设计将山峰与河流的比较图合二为一，形成一张动态走势图。达顿是第一个发表了综合性山河比较图的制图师，其作品就是我们现在所看到的这幅图表。

达顿压缩了地图版面，在图中体现为：世界主要山峰依高度由低到高向右侧排列，最高的山峰出现在图表最右边。而河流则填补了左侧的空白区域，最长的河流（图中为亚马孙河）出现在图表的最左边。他还添加了一些参考点，例如以海平面线、对比用的帆船与建筑物，并将重要城市放在其正确的海拔位置上。

达顿认为长达 3600 英里的亚马孙河是世界上最长的河流，因为在那时尼罗河尚未得到充分的考察。珠穆朗玛峰也尚未被测量，因而其附近的道拉吉里峰（Dhaulagiri）被确认为世界最高峰。虽然达顿参考的许多信息如今都已过时，但他革命性的图标，依旧影响了后世的大多数比较山河图表，并为它们奠定了基础。

制图师

威廉·达顿（William Darton，约 1800—约 1860）是英国的一名贵格会书商、雕版师和出版商。在同为出版商父亲的手下当过学徒之后，达顿在伦敦的霍尔本山大街 58 号（58 Holburn Hill, London）开设了自己的出版社“汇英社”(Repertory of Genius)。

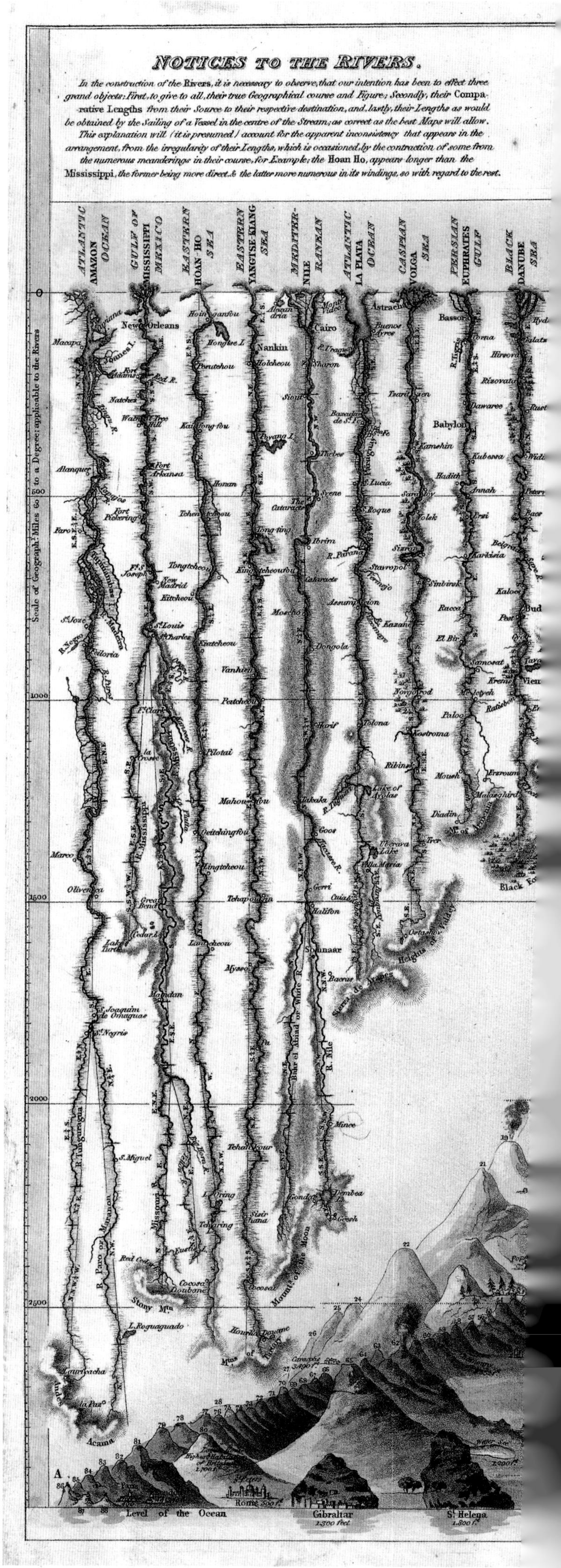

NOTICES TO THE RIVERS.

In the construction of the Rivers, *it is necessary to observe, that our intention has been to effect three grand objects: First, to give to all, their true Geographical course and Figure; Secondly, their* Comparative Lengths *from their Source to their respective destination, and, lastly, their Lengths as would be obtained by the Sailing of a Vessel in the centre of the Stream; as correct as the best Maps will allow.*

This explanation will (it is presumed) account for the apparent inconsistency that appears in the arrangement, from the irregularity of their Lengths, which is occasioned, by the contraction of some from the numerous meanderings in their course, for Example; the Hoan Ho, *appears longer than the* Mississippi, *the former being more direct & the latter more numerous in its windings, so with regard to the rest.*

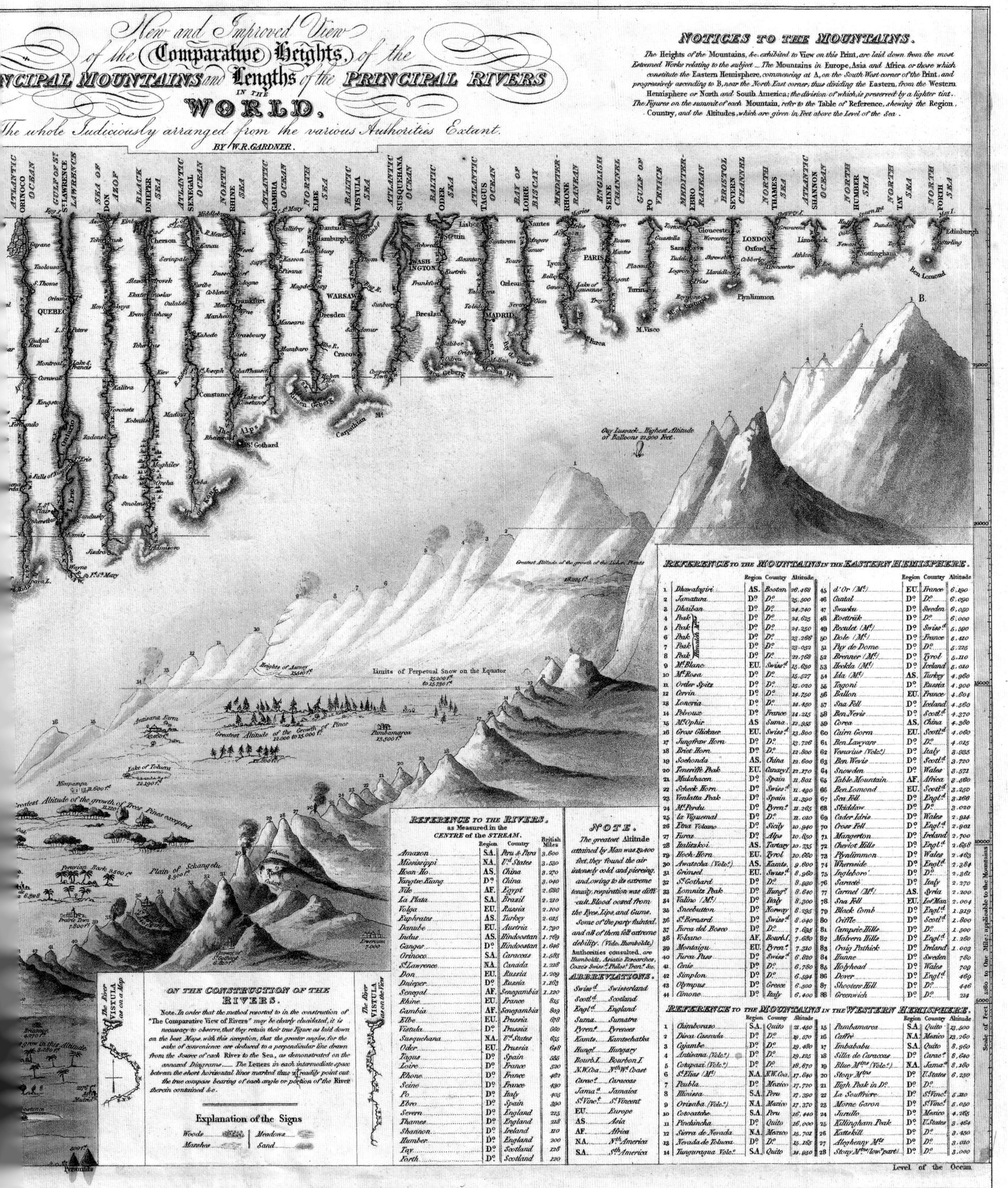

REFERENCE TO THE RIVERS, as Measured in the CENTRE of the STREAM.

	Region	Country	British Miles
Amazon	S.A.	Peru & Para	3.600
Mississippi	N.A.	U.d States	3.530
Hoan-Ho	AS.	China	3.270
Yangtse Kiang	D.o	China	3.040
Nile	AF.	Egypt	2.686
La Plata	S.A.	Brazil	2.210
Volga	EU.	Russia	2.100
Euphrates	AS.	Turkey	2.015
Danube	EU.	Austria	1.790
Indus	AS.	Hindoostan	1.769
Ganges	D.o	Hindoostan	1.646
Orinoco	S.A.	Caraccas	1.583
S.t Lawrence	N.A.	Canada	1.228
Don	EU.	Russia	1.209
Dnieper	D.o	Russia	1.163
Senegal	AF.	Senegambia	1.120
Rhine	EU.	France	815
Gambia	AF.	Senegambia	809
Elbe	EU.	Prussia	678
Vistula	D.o	Prussia	660
Susquehana	N.A.	U.d States	655
Oder	EU.	Prussia	648
Tagus	D.o	Spain	585
Loire	D.o	France	520
Rhone	D.o	France	462
Seine	D.o	France	430
Po	D.o	Italy	405
Ebro	D.o	Spain	390
Severn	D.o	England	225
Thames	D.o	England	218
Shannon	D.o	Ireland	110
Humber	D.o	England	200
Tay	D.o	Scotland	128
Forth	D.o	Scotland	120

REFERENCE TO THE MOUNTAINS IN THE EASTERN HEMISPHERE.

		Region	Country	Altitude			Region	Country	Altitude
1	Dhawalagiri	AS.	Bootan	26.468	45	d'Or (M.t)	EU.	France	6.190
2	Jamatura	D.o	D.o	25.500	46	Cantal	D.o	D.o	6.090
3	Dhaiban	D.o	D.o	24.740	47	Swucku	D.o	Sweden	6.050
4	Peak (Himaleh M.ns)	D.o	D.o	24.625	48	Roettrük	D.o	D.o	6.000
5	Peak (Himaleh M.ns)	D.o	D.o	24.250	49	Reculet (M.t)	D.o	Swiss.d	5.590
6	Peak (Himaleh M.ns)	D.o	D.o	23.266	50	Dole (M.t)	D.o	France	5.410
7	Peak (Himaleh M.ns)	D.o	D.o	23.052	51	Puy de Dome	D.o	D.o	5.225
8	Peak (Himaleh M.ns)	D.o	D.o	22.768	52	Brenner (M.t)	D.o	Tyrol	5.110
9	M.t Blanc	EU.	Swiss.d	15.630	53	Heckla (M.t)	D.o	Iceland	5.010
10	M.t Rosa	D.o	D.o	15.527	54	Ida (M.t)	AS.	Turkey	4.960
11	Ortler Spitz	D.o	D.o	15.020	55	Tagoni	D.o	Russia	4.900
12	Cervin	D.o	D.o	14.750	56	Ballon	EU.	France	4.604
13	Loncria	D.o	D.o	14.450	57	Sna Fell	D.o	Iceland	4.560
14	Pelvoux	D.o	France	14.215	58	Ben Nevis	D.o	Scotl.d	4.370
15	M.t Ophir	AS	Suma.	12.955	59	Corea	AS.	China	4.380
16	Gross Glickner	EU.	Swiss.d	13.800	60	Cairn Gorm	EU.	Scotl.d	4.060
17	Jungfraw Horn	D.o	D.o	13.726	61	Ben Lawyars	D.o	D.o	4.015
18	Briet Horn	D.o	D.o	12.800	62	Vesuvius (Volc.o)	D.o	Italy	3.935
19	Sochonda	AS.	China	12.600	63	Ben Wevis	D.o	Scotl.d	3.720
20	Teneriffe Peak	EU.	Canary I.	12.170	64	Snowden	D.o	Wales	3.571
21	Mulahacen	D.o	Spain	11.801	65	Table Mountain	AF.	Africa	3.560
22	Scheck Horn	D.o	Swiss.d	11.490	66	Ben Lomond	EU.	Scotl.d	3.250
23	Venlatta Peak	D.o	Spain	11.390	67	Sca Fell	D.o	Engl.d	3.166
24	M.t Perdu	D.o	Pyren.s	11.265	68	Skiddaw	D.o	D.o	3.020
25	la Viguemal	D.o	D.o	11.010	69	Cader Idris	D.o	Wales	2.914
26	Etna Volcano	D.o	Sicily	10.940	70	Cross Fell	D.o	Engl.d	2.901
27	Furca	D.o	Alps	10.850	71	Mangerton	D.o	Ireland	2.700
28	Italitzkoi	AS.	Tartary	10.735	72	Cheviot Hills	D.o	Engl.d	2.658
29	Hoch-Horn	EU.	Tyrol	10.660	73	Plynlimmon	D.o	Wales	2.463
30	Awatscha (Volc.o)	AS.	Kamts.	9.600	74	Whernside	D.o	Engl.d	2.384
31	Grimsel	EU.	Swiss.d	8.960	75	Ingleboro'	D.o	D.o	2.361
32	S.t Gothard	D.o	D.o	8.930	76	Saracté	D.o	Italy	2.270
33	Lomnitz Peak	D.o	Hung.y	8.640	77	Carmel (M.t)	AS.	Syria	2.200
34	Valino (M.t)	D.o	Italy	8.300	78	Sna Fell	EU.	I. of Man	2.004
35	Sneebutton	D.o	Norway	8.295	79	Black Comb	D.o	Engl.d	1.919
36	S.t Bernard	D.o	Swiss.d	8.040	80	Criffle	D.o	Scotl.d	1.800
37	Furca del Bosco	D.o	D.o	7.695	81	Campsie Hills	D.o	D.o	1.500
38	Volcano	AF.	Bourb.I.	7.680	82	Malvern Hills	D.o	Engl.d	1.260
39	Montaigu	EU.	Pyren.s	7.310	83	Craig Pathick	D.o	Ireland	1.003
40	Furca Pass	D.o	Swiss.d	6.820	84	Hunne	D.o	Sweden	780
41	Cenis	D.o	D.o	6.780	85	Holyhead	D.o	Wales	709
42	Simplon	D.o	D.o	6.594	86	Dover	D.o	Engl.d	469
43	Olympus	D.o	Greece	6.500	87	Shooters Hill	D.o	D.o	446
44	Cimone	D.o	Italy	6.400	88	Greenwich	D.o	D.o	214

REFERENCE TO THE MOUNTAINS IN THE WESTERN HEMISPHERE.

		Region	Country	Altitude			Region	Country	Altitude
1	Chimborazo	S.A.	Quito	21.450	15	Pambamarca	S.A.	Quito	13.500
2	Disca Cassada	D.o	D.o	19.570	16	Caffrè	N.A.	Mexico	13.260
3	Cajambe	D.o	D.o	19.480	17	Imbababu	S.A.	Quito	8.960
4	Antisana (Volc.o)	D.o	D.o	19.125	18	Silla de Caraccas	D.o	Carac.s	8.640
5	Cotapaxi (Volc.o)	D.o	D.o	18.870	19	Blue M.tns (Volc.o)	N.A.	Jama.a	8.180
6	S.t Elias (M.t)	N.A.	N.W.Coa.	17.840	20	Stony M.tns	D.o	U.States	6.250
7	Peubla	D.o	Mexico	17.720	21	High Peak in D.o	D.o	D.o	
8	Illinissa	S.A.	Peru	17.390	22	La Souffriere	D.o	S.t Vinc.t	5.110
9	Orizaba (Volc.o)	N.A.	Mexico	17.370	23	Morne Garon	D.o	S.t Vinc.t	5.050
10	Cotocatche	S.A.	Peru	16.440	24	Jurullo	D.o	Mexico	4.265
11	Pinchincha	D.o	Quito	16.000	25	Killingham Peak	D.o	U.States	3.464
12	Sierra de Nevada	N.A.	Mexico	15.701	26	Kattskill	D.o	D.o	3.450
13	Nevada de Toluca	D.o	D.o	15.165	27	Aleghenny M.ts	D.o	D.o	3.010
14	Tunguragua Volc.o	S.A.	Quito	14.950	28	Stony M.tns (low.r part)	D.o	D.o	3.000

《美国远征探险队航迹地图》

Chart of the World Shewing the Tracks of the U.S. Exploring Expedition

查尔斯·威尔克斯于1842年绘制的这幅展现全球等温线分布情况的世界地图，描绘了史上规模最大、跨度最长、最成功的远航探索之旅。美国远征探险队于1838年启航出发，最终完成了自库克船长以来无出其右的全球探索发现之旅。远征队主要活动于太平洋海域，也就是我们这幅地图中心的位置。

这幅地图不仅标明了威尔克斯的探险航迹，还提供了一份翔实的全球温度测量记录。图中，温度较高的海域被标为红色，而寒冷的极地水域则被标为蓝色。也许，威尔克斯远征队最伟大的成就便是完成了南极大陆绝大部分海岸的测绘。尽管已有罗斯等其他探险家考察过南极洲的部分地区，但大部分由威尔克斯所绘制的南极洲冰冷荒芜的海岸线，还是第一次以出版的形式出现在世人的眼前。

现在被称为“威尔克斯之地”的那一部分南极大陆，出现在这幅地图的底部、正对着澳大利亚的地方。同一时期，英国人和法国人也发起了联合考察，征战地球上的第七个也是最后一个大陆。他们中的一个队员观察到，美国远征队的情况非常糟糕，船只装备与船员素质都远逊于英国、法国的同行，“他们注定要冻死在那里了”。尽管如此，威尔克斯还是带着他的船队凯旋而归，其成就远远超过了同时代的其他探险家。

制图师

查尔斯·威尔克斯（Charles Wilkes，1798—1877）在成为美国海军军官之前曾就读哥伦比亚大学。他率领的美国远征队完成了有史以来最伟大的发现之一，但是他那有些生硬粗鲁的性格没能让他在当时得到应有的尊重。事实上，他非但没有因成就而受到赞扬，还因非法极端惩罚船员并屠杀了80名斐济人，而被法庭宣判有罪。据报道，在赫尔曼·梅尔维尔（Herman Melville）的《白鲸》一书中，阿哈卜船长（Captain Ahab）的原型便是威尔克斯船长。

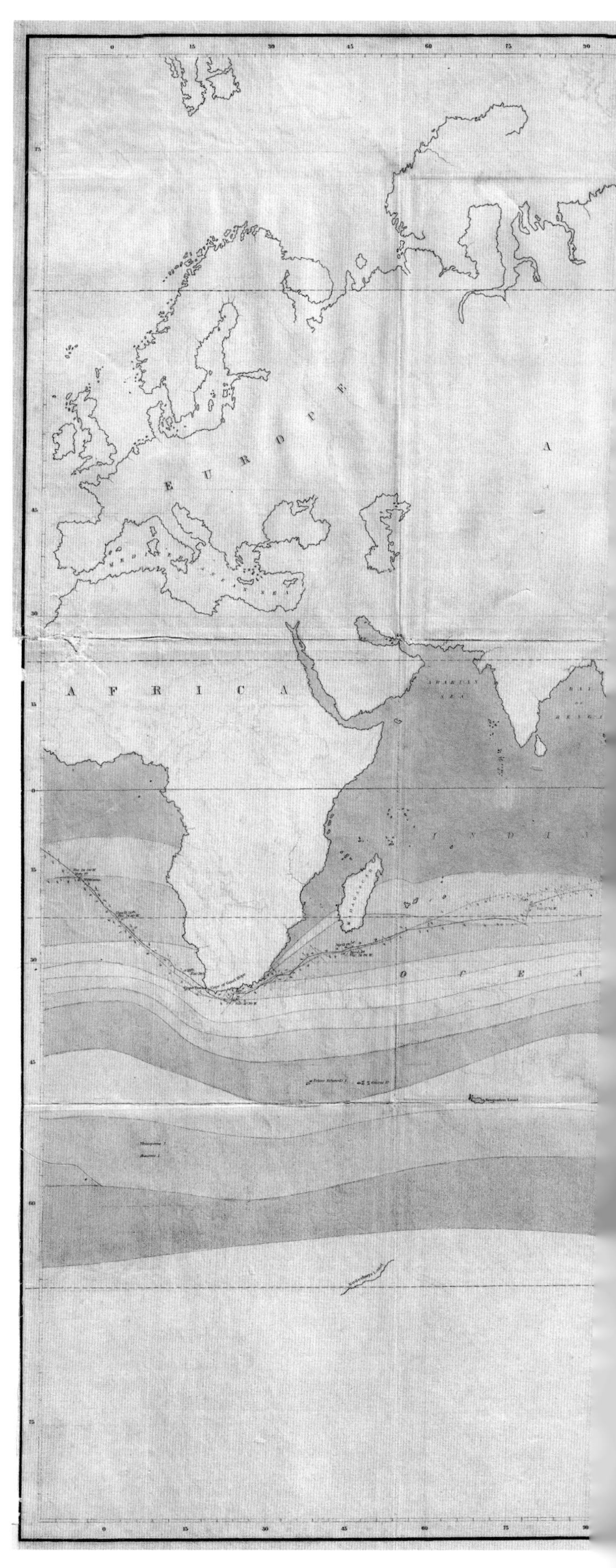

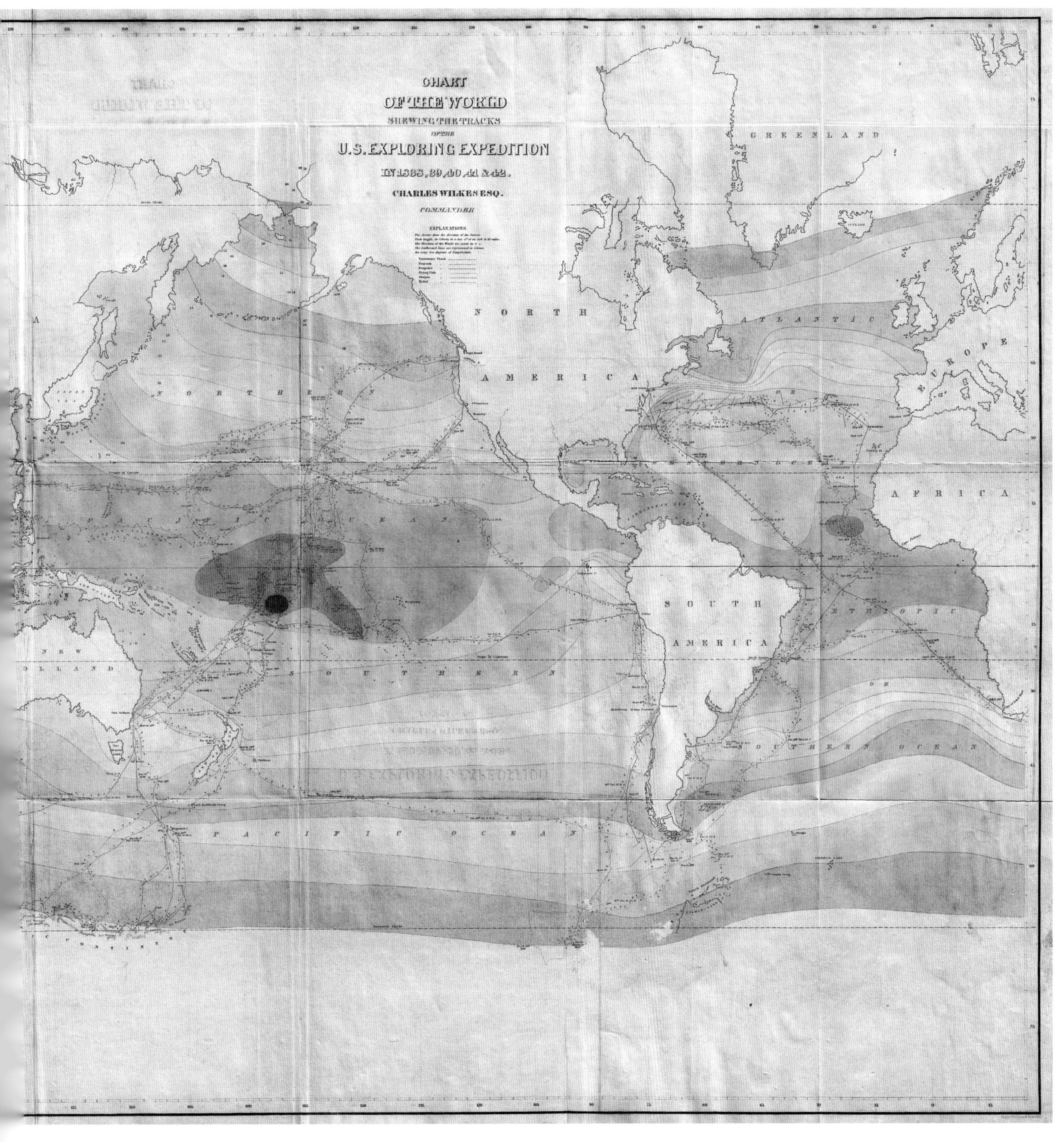
CHART
OF THE WORLD
SHEWING THE TRACKS
OF THE
U.S. EXPLORING EXPEDITION
IN 1838, 39, 40, 41 & 42.
CHARLES WILKES ESQ.
COMMANDER
EXPLANATIONS.
G R E E N L A N D
N O R T H
A M E R I C A
A T L A N T I C
E U R O P E
N O R T H E R N
A F R I C A
P A C I F I C O C E A N
S O U T H
A M E R I C A
E T H I O P I C
N E W
H O L L A N D
S O U T H E R N
S O U T H E R N O C E A N
P A C I F I C O C E A N

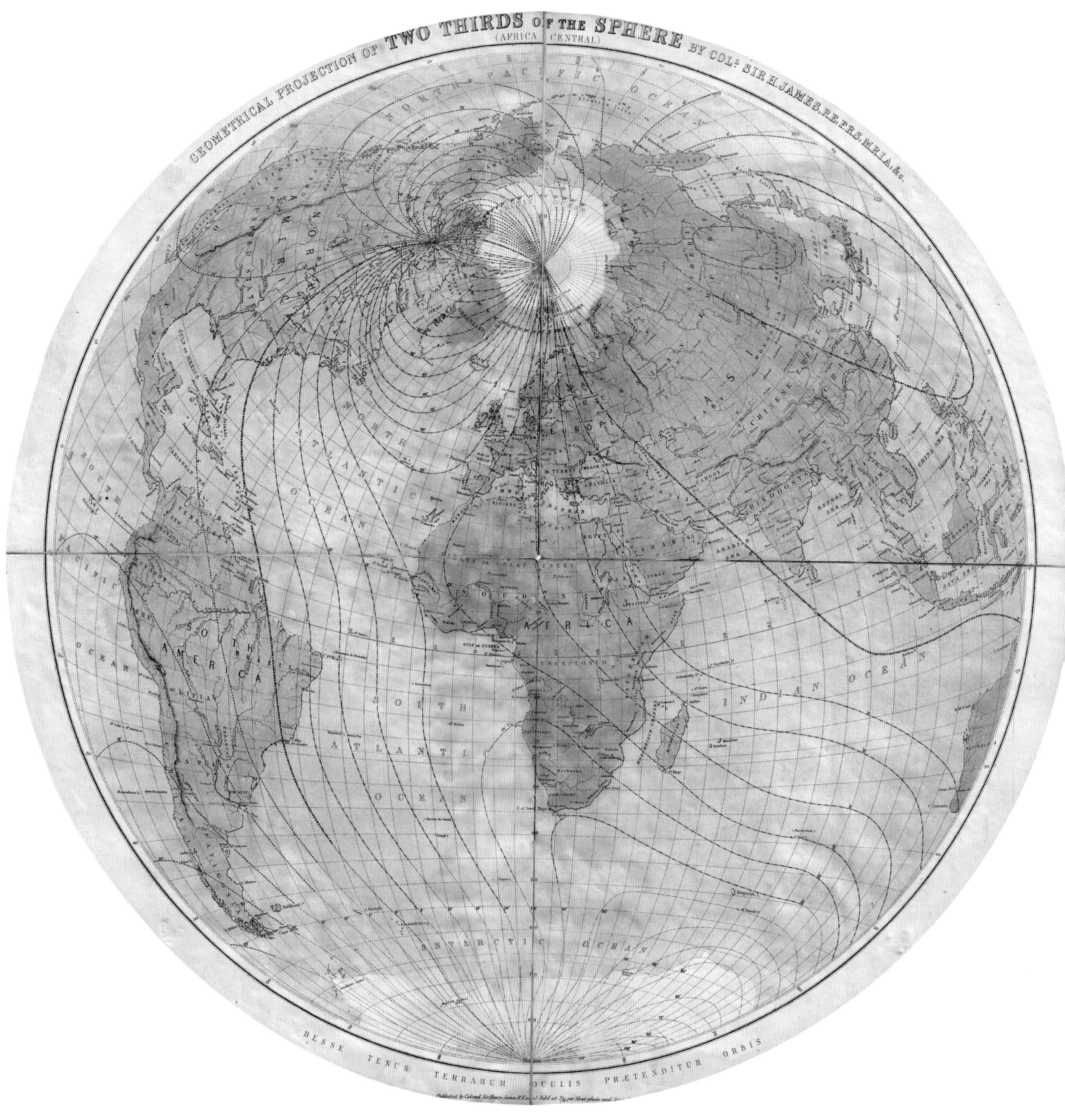
GEOMETRICAL PROJECTION OF TWO THIRDS OF THE SPHERE BY COL. SIR H. JAMES, R.E. F.R.S. M.R.I.A. &c.
(AFRICA CENTRAL)
NORTH PACIFIC OCEAN
NORTH AMERICA
GULF OF MEXICO
NORTH ATLANTIC OCEAN
EUROPE
ASIA
CHINESE EMPIRE
HINDOOSTAN
ARABIA
AFRICA
SAHARA OR GREAT DESERT
SOUDAN
GULF OF GUINEA
UNEXPLORED
SOUTH AMERICA
PACIFIC OCEAN
SOUTH ATLANTIC OCEAN
INDIAN OCEAN
ANTARCTIC OCEAN
ESSE TENUS TERRARUM OCULIS PRÆTENDITUR ORBIS

《三分之二球面几何投影地图》

Geometrical Projection of Two Thirds of the Sphere

这幅罕见的地图由陆军上校亨利·詹姆斯爵士制作于1860年，展现了地球上“可居住”的区域。可能是为了使其具有“像地球一样”的感觉，詹姆斯爵士用十分少见的圆形风格绘制，运用了立体图投影系统，使得圆形地图涵盖的经度超过220度，描绘了近三分之二的地球。

图中的波浪线代表的是分列格林尼治子午线东西两侧的经线。詹姆斯爵士在英联邦的地理测量局供职，因而他制作此图的初衷很可能是以格林威治子午线为基准“绘制一幅世界地图”。由于詹姆斯等制图师的杰出工作，在1884年由25个国家参与的会议中，英国格林威治皇家天文台被选为本初子午线所在位置。

以地图的底部为中心，南极大陆是一片白色的区域，其中只有那些已经被航海家发现或探索过的海岸使用橙色墨水绘制。在詹姆斯绘制这幅地图时，南极大陆的其余部分还只是停留在人们的猜想当中。

制图师

亨利·詹姆斯（Henry James，1803—1877）是英国陆军军官。1857年，他被任命在英国陆军部领导英国地形测量暨统计局。在那里，他与助理J. 奥法雷尔（J. O'Farrell）一起工作，并研发出我们看到的这种独特的几何投影系统。最终，他被提升为陆军少将，并成为英国测绘局（British mapping agency）的地理测量局局长（the Director General of the Ordnance Survey）。他于1868年创作的伟大作品《地图作品集》（*Atlas Portfolio*）因为没有后继者，而未能完成。

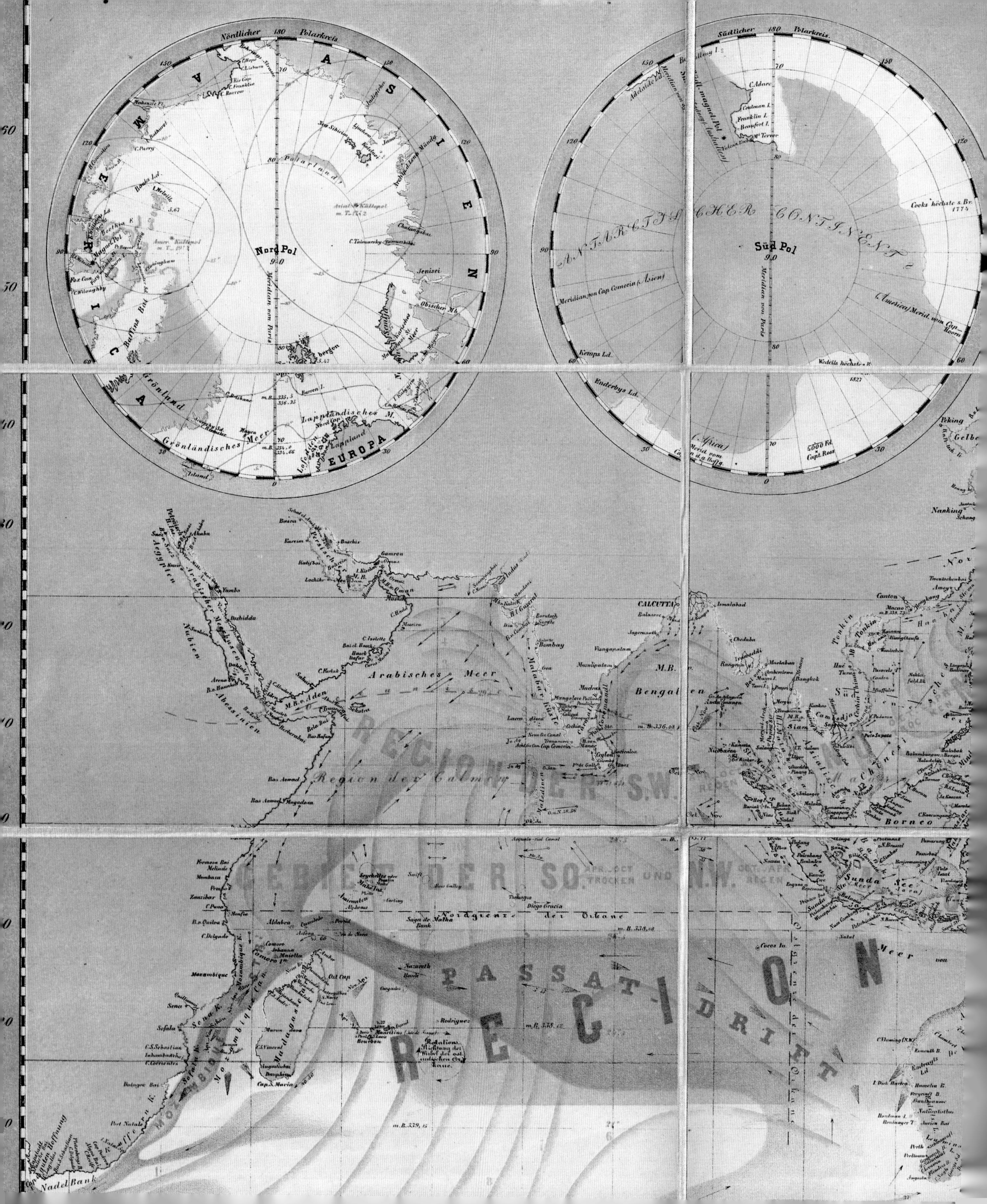

Nördlicher 180 Polarkreis
ASIEN
AMERICA
Nord Pol
90
Polarland
Meridian von Paris
Grönland
Grönländisches Meer
Lappländisches M.
Lappland
EUROPA
Island
Südlicher 180 Polarkreis
ANTARCTISCHER CONTINENT
Süd Pol
90
Cooks höchste s. Br. 1774
Meridian von Cap Comorin (Asien)
(America) Merid. vom Cap Hoorn
Meridian von Paris
Kemps Ld.
Enderbys Ld.
Wedells höchste s. Br. 1823
5000 Fd. Capt. Ross
Peking
Nanking
Aegypten
Nubien
Abessinien
Arabisches Meer
Bombay
CALCUTTA
Bengalen
Malabar Küste
Cap Comorin
Ceylon
Siam
Canton
Borneo
Region der Calmen
REGION DER S.W.
GEBIET DER SO.
APR.–OCT. TROCKEN UND
N.W.
OCT.–APR. REGEN
Nordgrenze der Oceans
Diego Gracia
Cocos In.
Mozambique
Madagascar
Rodriguez
Mauritius
Bourbon
Rotations Richtung der Wirbel der ostindischen Orkane
PASSAT–DRIFT
REGION
Port Natal
Nadel Bank

《伊列克博士的海洋学地图》

Zu Dr. Jileks Oceanografie

这幅 1880 年出版的珍贵的彩色平版印刷世界地图，因其美丽的外观和复杂的构图闻名于世。这幅地图由奥古斯特·冯·伊列克博士制作。相比之下，图中内陆地区的细节很少，对于海洋的描绘却是不吝笔墨精妙无比。这幅地图描绘出了洋流、风向、气候学和地球物理学现象，其中便包括墨西哥湾流。整幅地图中包含的大量图表提供了许多附加信息，帮助阐明伊列克博士所要表达的理念。

伊列克没有接受过关于海洋学与气候科学的教育，但他却对这个学科充满热情，并在显赫的贵族斐迪南·马克西米利安大公的赞助下，在奥地利帝国海军学院（the Austrian Imperial Naval Academy）获得了该学科的教授职位。伊列克希望成为一位称职的教授，于是编写了一部《海洋学教科书》（*Lehrbuch der Oceanographie*），而这幅地图便是为了说明这部《海洋学教科书》而作的。虽然伊列克自己的海洋学理论有限，但他受过良好的教育。这幅地图引用了伊曼纽尔·康德[1]、爱德华·布罗布里克（Eduard Brobrick）和马修·方丹·阿莫里[2]等人具有开创性的思想与作品。

制图师

奥古斯特·冯·伊列克（August von Jilek，1819—1898）是捷克医生、科学家，并在 19 世纪下半叶成为与奥地利帝国海军共事的行政官员。他是奥地利大公斐迪南·马克西米利安（Ferdinand Maximillian，1832—1867）的私人医生。虽然他没有接受过海洋学的正规教育，但却对这个领域充满了热情，并且在马克西米利安的资助下，成为该学科的大学教授，开展了蓬勃的事业。斐迪南·马克西米利安在墨西哥成为皇帝马克西米利安一世，然而这是一次不幸的变迁，他在 3 年后被枪决。

1　伊曼努尔·康德（Immanuel Kant），德国哲学家。

2　马修·方丹·阿莫里（Matthew Fontaine Maury，1806—1873），美国天文学家、海军军官、历史学家、海洋学家、气象学家、制图师、作家、地理学家和教育家。

Zu Dr. Jileks Oceanografie.
Nord Pol
Süd Pol
EUROPA
Ocholskisches M.
Arabisches Meer
REGION DES
REGION DER S.W.
PASSATDRIFT
REGION
ZONE DER VERÄNDE
Fig. 1.
Nord-Quadr.
Süd-Quadrant
West-Quadr.
Fig. 2.
Fig. 3.
Fig. 4.
Fig. 5.
Fig. 6.
Fig. 9.
Fig. 10.
Nord Ost Passat
Süd Ost Passat

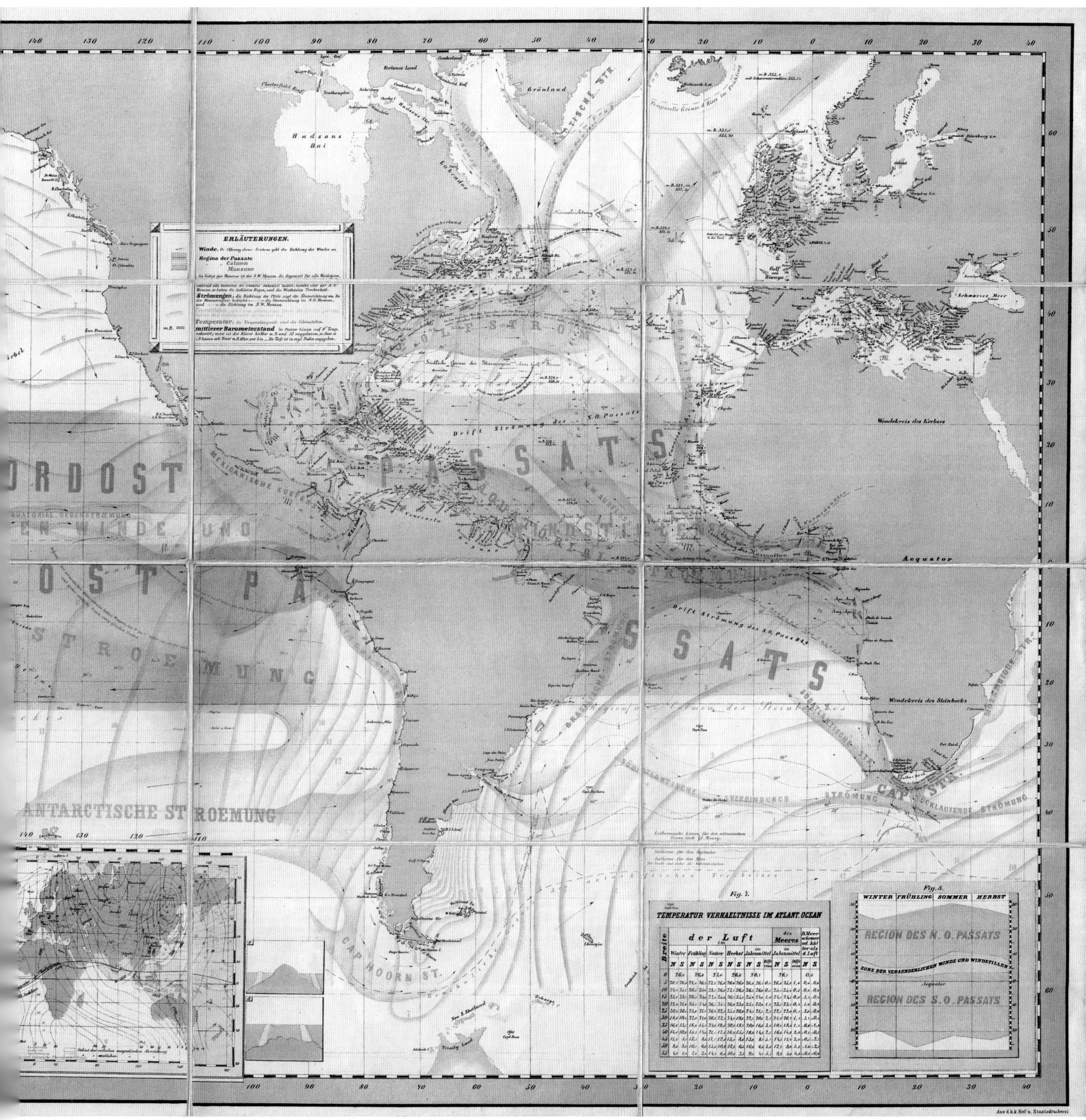

ERLÄUTERUNGEN.
Winde
Region der Passate
Calmen
Monsune
Strömungen
Temperatur
mittlerer Barometerstand
Hudsons Bai
Grönland
Labrador
Golf Biscaya
Schwarzes Meer
Wendekreis des Krebses
Wendekreis des Steinbocks
Aequator
GOLFSTROM
Drift Strömung des N.O. Passats
Drift Strömung des S.O. Passats
PASSATS
NORDOST
MEXICANISCHE KUESTEN
WINDSTILLEN
ANTARCTISCHE STROEMUNG
STROEMUNG
CAP HOORN ST.
CAP STR.
SÜDATLANTISCHE STR.
VERBINDUNGS STRÖMUNG
RÜCKLAUFENDE STRÖMUNG
MOZAMBIQUE STR.
Falkland Is.
Isothermische Linien für den atlantischen Ocean nach M. Maury.
Fig. 7.
TEMPERATUR VERHAELTNISSE IM ATLANT. OCEAN
Breite
der Luft im
des Meeres
D. Meer wärmer od. kälter als d. Luft
Winter
Frühling
Sommer
Herbst
im Jahresmittel
Differenz
Fig. 8.
WINTER
FRÜHLING
SOMMER
HERBST
REGION DES N. O. PASSATS
ZONE DER VERAENDERLICHEN WINDE UND WINDSTILLEN
Aequator
REGION DES S. O. PASSATS
Aus d. k.k. Hof- u. Staatsdruckerei

第七章 暗含动机的劝导式地图

我第一次见到劝导式地图，是在纽约的一个特别书展上。一位图书馆负责人找到我，告诉我他想买“描绘了地理之外的信息”的地图。在这一章中，我们要探讨的就是这一类地图。

正如我们在前几章中看到的，制图师的创作很少是缺乏动机的。有些地图是为追求科学真理，有些是宣扬宗教价值观，还有的则是追求政治或民族理想主义。从 19 世纪末到 20 世纪中叶，作为宣传工具的地图达到了前所未有的复杂程度。显著区别于许多早期地图，这些宣传地图所强调的并不是地图本身，而是地图背后所要传达的信息。由于地图制作的重要性让位于强有力的信息传递，那些传统制图学所追求的要素：精确的地理信息、先进的投影系统以及标准化的比例制图都被弱化了。许多这类地图依靠人为更改的地理信息来宣扬所要表达的理念，通常给地图带去一种说教式的特点。

宣传地图最早出现在一些早期的印刷地图之中，但这种将重心从纯粹的地理科学升华到非地理信息的表达的制图理念，则是到 19 世纪下半叶才在欧洲流行起来。最早的劝导式地图是以亦庄亦谐的（Serio-Comic）地图形式出现的。这种风格的起源不详，但是是由英国的弗雷德·罗斯（Fred Rose）带动起来的。这些地图通常描绘的是欧洲列国，其中运用卡通的人物形象代表各个国家。例如，英国可能是一位年老的妇人，其形象的边缘大致与英国的疆域形状相符。这类地图既风趣又严肃，描绘出了 19 世纪末至 20 世纪初欧洲波云诡谲的政治局面。从我们制图的角度来看，最重要的是使这样的地图得以存在的时代背景。

到了 19 世纪末，地理科学已经由过去以男性为主的富商精英阶层，向民众普及。随着经济型的印刷技术（如平板印刷术和蜡板印刷术）在 19 世纪中期蓬勃发展，普通民众第一次可以接触到地图和图集。与此同时，全球化也渐渐成为时代的潮流。在军人、商人和旅行家周游世界的同时，他们的家人和朋友也可以在家中对着地图了解他们的旅行。通过改良地理学知识，那些运用地理学知识来更改现实世界的图景以达到某种宣传目的的手法逐渐变得实际和可行。像弗雷德·罗斯这样的宣传地图制图师通常假设他们的读者已经具有相当的地理学背景知识。因为只有能够理解传统地图上的地理信息的读者，才能读懂宣传地图中那些经过调整的地理信息背后所代表的含义。

大多数早期的宣传地图中的信息表达并不隐晦，甚至可以说是直白又清晰的。制图师会运用鲜亮的颜色来强调他们所要表达的观点。最常见的一种宣传地图制图方式是直接将所要表达的相关信息叠加在已有的地图上。就像斯坦福地理出版社的《第一次世界大战宣传地图》（*World War I Propaganda Map*）中的标题：“德国的野心”（*What Germany Wants*），以及牧师阿瑟·塔潘·皮尔逊（Arthur Tappan Pierson）的《世界宗教全图》（*Map of the World’s Religions*）中展现的那样。这些地图在已经完成的地图上加入鲜艳的颜色来传达信息。比如在《第一次世界大战宣传地图》

中，通过图像所要表达的信息是：“小心！德国的目标就是你！”而皮尔逊的宗教地图所传达的信息更加复杂。他相信通过他这一代传教士的努力，就可以实现世界完全基督化，因而他的地图完全就是一个战斗计划。

另一种劝导式地图运用了超越现实的意象，而地图在其中只是一个有效支持相关宣传信息的视觉背景。吕西安·布歇（Lucian Boucher）为法国航空公司（Air France）所作的一系列宣传图就是一个很好的例子。他在一张人们熟悉的地图上，堆叠了大量的插图和炫目的色彩，这些装饰铺满了图面以至于原有的地图都看不清了。他的地图中只标明了几处真实的地理位置，而这几处位置的出现只是为了宣传法国航空公司的航线。这里所要传达的信息再明确不过了：“在这个世界上，法航可以将您安全舒适地带往任何地方。”

类似的手法也运用在日本报纸《朝日新闻》于1925年发行的一幅大富翁地图上，用以宣传双翼飞机“初风”（Hatsukaze）和“东风”（Kochikaze）从东京到罗马的历史性试飞成功。位于宣传图中央的地图，以全球视角有效地宣传了这次飞行。但不论如何突出，地图在这里的作用也不过是一个背景。与之相对地，地图的边框被各种图案所包围，“初风”与“东风”的形象也覆盖在全球的图景之上。在这一切之后，日本标志性的“旭日初生”图案出现得隐晦却富有影响力，它有效地传达了日本的民族主义精神，并宣传了日本在科技上的成就。

其他的宣传性制图技法还有制图师直接将客观世界扭曲变形，以顺应所要表达的视角或理念。就像奥兰多·弗格森（Orlando Ferguson）于1893年所作的，神奇的《平板地球图》。在图中，弗格森将我们所熟悉的地球变成了一个内环型的结构，以此来搭配他的“地平说”理论。在主地图的右侧，他嘲笑“地球理论家”是一群“终其一生都在跟随地球，以每小时65000英里的速度在太空中飞驰”的人。他带着这张地图到处旅行，走到哪里就将这个试图替代《圣经》的可疑的“科学”理论推广到哪里。它所传达的信息十分有效，以至于在125年后的今天，那些“地平说”的拥护者依然在使用弗格森的地图。

哈里森（Harrison）的《目标东京》和《目标柏林》则运用了更加隐晦的手法来将现实世界变形，从而表达概念。这两幅由美国政府发行的“二战”宣传海报，依靠一个巨大的地球图像和夸张的摄影技术来强调位于地图中心的目标，比如东京。像许多劝导式地图一样，它的视觉效果直接而浅显，并不需要经过深入思考来理解。它仅仅需要读者具有基本的地理知识。哈里森把地球画作一个巨大的目标，而东京和柏林则是两处靶心。这两幅地图是在战争结束时发布的，“敌人已在视线中”的信息传达得响亮而清晰。

在今天，劝导式地图依然在商业广告、政治宣传以及幽默地图中经常出现。

《平板地球图》

Map of the Square and Stationary Earth

奥兰多·弗格森在 1893 年创作的这幅奇异地图展现了从 19 世纪后期一直延续至今的冲突——信仰与科学之间的内在冲突。弗格森是一个对宗教深信不疑的人，他认为在当时已经建立的完善的关于宇宙、地球以及自然的科学体系与他所理解的《圣经》经典完全无法相容。于是，他在这幅地图中给出了一个两相协调之后的答案。

图中的最右侧有一个彗星般的地球飞行在太空中，还有两个可怜人为了保住他们珍视的人生紧紧抓着地球，生动形象地阐释了弗格森的“飞行地球理论”。这幅“地图”的绘制完全根植于《圣经》理论。弗格森圣经式的基本宇宙观与行星运动理论完全矛盾：“世界也坚定不得动摇。”（《历代志（上）》16:30，The world also shall be stable that it be not moved）然后，为了证明地球是四方形的，他在图中为地球定义了四个角（《以赛亚书》11:12）。援引在字里行间的《圣经》经典思想，帮助弗格森最终完成了这幅作品：一个拥有凹环形面北半球和凸环形面南半球的世界。

弗格森在 1891 年出版的《天文学最新发现：反驳地球球体理论》（*The Globe Theory of the Earth Refuted*）一书中收录了这幅地图，并在书中大胆宣称：“将地球球体理论彻底赶出去！”尽管他的思想在我们看来根本难以相信，也有数不胜数的事实可以用来反驳它，但现代的“地平说”理论家仍然引用着弗格森的理论作为经典。

制图师

奥兰多·弗格森（Orlando Ferguson，1846—1911）是来自美国南达科他州热泉市（Hot Springs，South Dakota）的地产商和自封的“教授”。他到各地传授他的“地平说”理论，即使在当时，也受到了来自更加科学的思想流派的嘲讽。

SCRIPTUR

And his hands were steady until the going down of the sun.—Ex. 17: 12. An
To him that stretched out the earth, and made great lights (not worlds).—Ps. 136: 6–
is at rest.—Isaiah 14: 7. The prophecy concerning the globe theory.—Isaiah: 29th c
degrees.—Isaiah 38: 8–9. It is he that sitteth upon the circle of the earth.—Isaiah
hath laid the foundation of the earth.—Isaiah 58: 13. Thus sayeth the Lord, which
turned into darkness, and the moon into blood.—Acts 2: 20.

IS THE GLOBE THEORY.

ıe moon stayed.—Joshua 10: 12-13. The world also shall be stable that it be not moved.—Chron. 16: 30.
ned in his going forth.—Isaiah 12: 10. The four corners of the earth.—Isaiah 11: 12. The whole earth
ous children, sayeth the Lord, that take counsel, but not of me.—Isaiah 30: 1. So the sun returned ten
h the earth.—Isaiah 52: 5. That spreadeth abroad the earth by myself.—Isaiah 54: 24. My hand also
by day, and the moon and stars for a light by night (not worlds).—Jer. 31: 35-36. The sun shall be

Send 25 Cents to the Author, Prof. Orlando Ferguson, for a book explaining this Square and Stationary Earth. It Knocks the Globe Theory Clean Out. It will Teach You How to Foretell Eclipses. It is Worth Its Weight in Gold.

《世界主流宗教及福音传播地图》

Prevailing Religions of the World and Progress of Evangelization

这幅 1894 年的彩色地图旨在描绘分布在世界各地的基督教福音派，由新教牧师亚瑟·塔潘·皮尔逊定制，用来帮助推行他在全世界传福音的雄心壮志。地图印在上过蜡的亚麻染布上，这个不寻常的选择，无疑是为了延长地图的使用期，使其能够随着年轻传教士的脚步走遍世界的每一个角落。

皮尔逊将每一个宗教团体都以颜色标示：红色代表罗马天主教徒，黄色代表新教徒，粉红色代表东正教基督教徒，黑色代表犹太人，绿色代表穆斯林，灰色代表“非基督教徒”（pagans），浅灰色代表“异教徒”（heathens）。黄点则代表“传教基地”。

图中并未提供“非基督教徒”与“异教徒”的定义。很可能“非基督教徒”是指那些知道基督教但并未被基督教感化的人，而“异教徒”是指那些从未接触过基督教教义的人。

图中列出的世界上新教徒人口为 1.5 亿人，教会成员为 4 千万。罗马天主教徒有 1.75 亿至 2.1 亿人；东正教教徒（包含“希腊与东方”的教徒）有 8400 万至 9900 万人；穆斯林教徒（Mohammedan）有 1.6 亿到 2 亿人；非基督教徒有 2 亿至 2.5 亿人。犹太教徒在图例中只占了一小块，且没有提供人口统计数字。我们需要知道的是，犹太教教徒“分散”在世界各地，因此在图中并没有一个明确的区域代表犹太教徒。异教徒人口在 6.09 万至 7.14 万人之间：皮尔逊的任务实在是太艰巨了。

制图师

亚瑟·塔潘·皮尔逊（Arthur Tappan Pierson，1837—1911）是活跃在 19 世纪末 20 世纪初的一位美国长老会牧师、学者和传教士。皮尔逊相信在他的有生之年可以实现世界全面基督化教，并积极主张在世界各地增加传教活动。他因传教活动而走遍了韩国、英格兰、苏格兰和美国，并在美国致力于转变土著人的信仰。

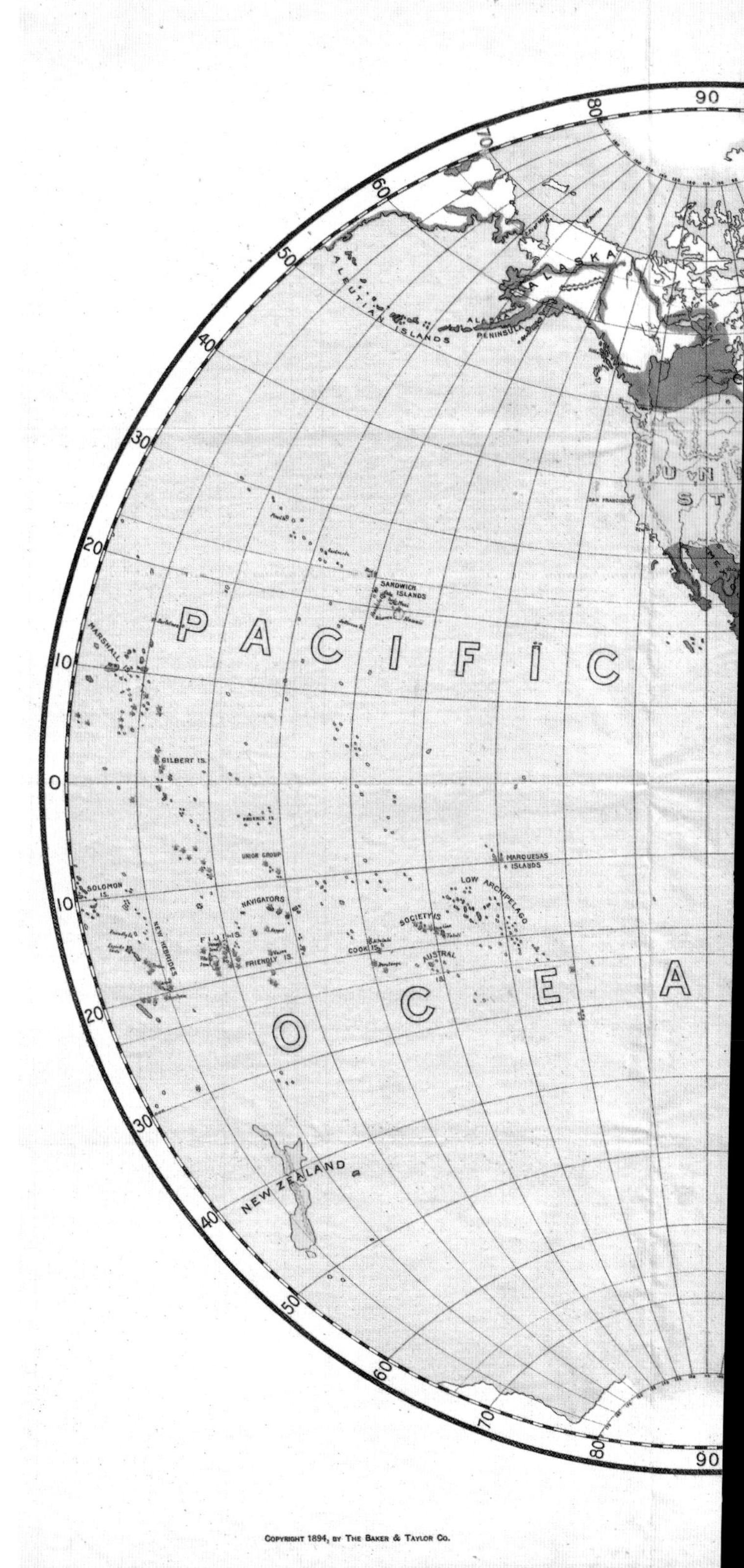

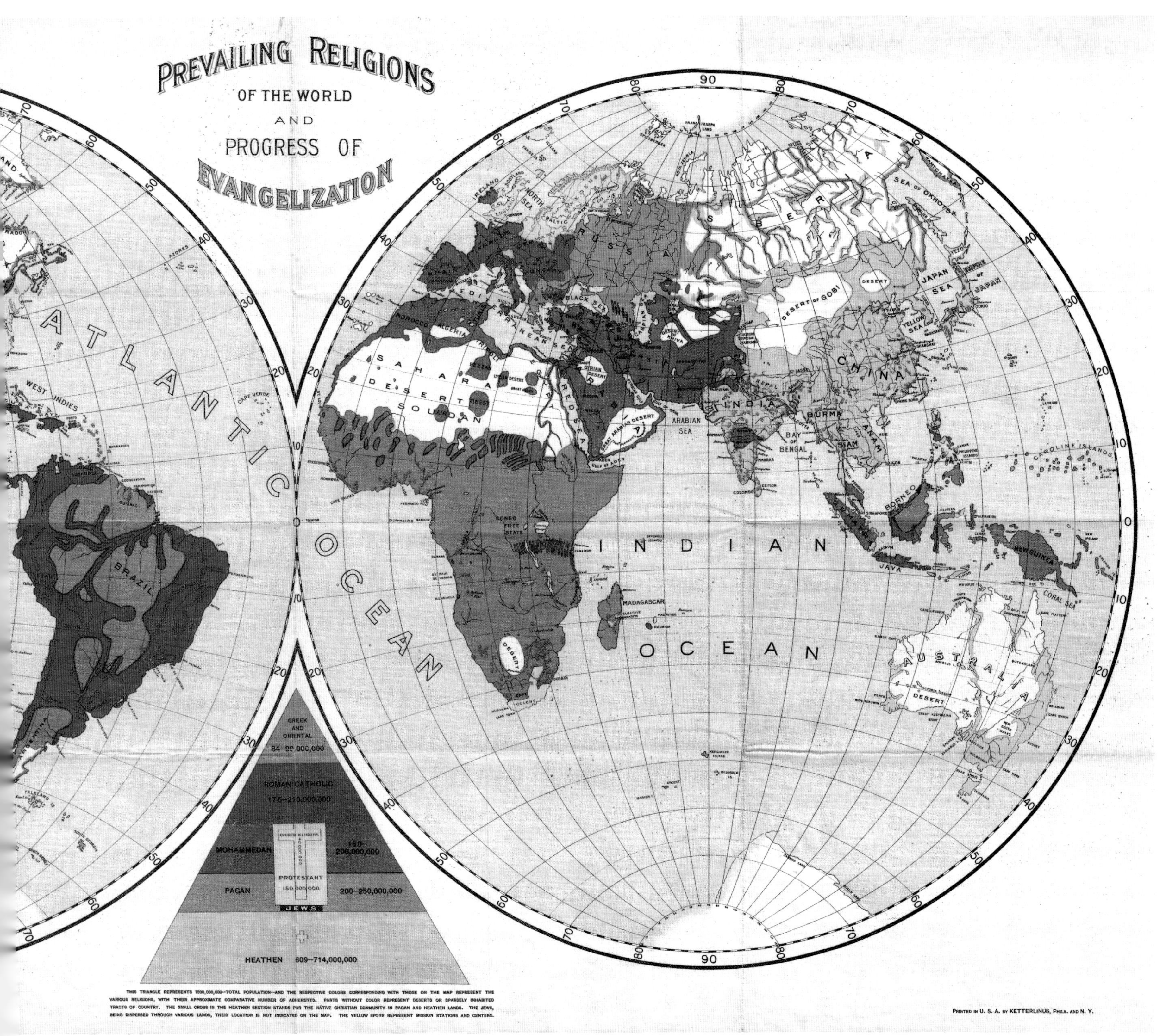
PREVAILING RELIGIONS
OF THE WORLD
AND
PROGRESS OF
EVANGELIZATION
ATLANTIC OCEAN
WEST INDIES
BRAZIL
AZORES
CAPE VERDE
IRELAND
NORTH SEA
BALTIC
RUSSIA
SIBERIA
SEA OF OKHOTSK
JAPAN SEA
JAPAN
YELLOW SEA
DESERT OF GOBI
DESERT
BLACK SEA
CASPIAN
MEDITERRANEAN SEA
MOROCCO
ALGERIA
SAHARA DESERT
SOUDAN
ARABIA
RED SEA
GREAT ARABIAN DESERT
SYRIAN DESERT
PERSIA
GULF OF ADEN
ARABIAN SEA
INDIA
BAY OF BENGAL
BURMA
SIAM
ANAM
CHINA
CAROLINE ISLANDS
BORNEO
JAVA
NEW GUINEA
CORAL SEA
CONGO FREE STATE
MADAGASCAR
INDIAN OCEAN
AUSTRALIA
DESERT
GREEK AND ORIENTAL 84–98,000,000
ROMAN CATHOLIC 175–250,000,000
MOHAMMEDAN 180–200,000,000
PROTESTANT 150,000,000
PAGAN 200–250,000,000
JEWS
HEATHEN 609–714,000,000
THIS TRIANGLE REPRESENTS 1500,000,000--TOTAL POPULATION--AND THE RESPECTIVE COLORS CORRESPONDING WITH THOSE ON THE MAP REPRESENT THE VARIOUS RELIGIONS, WITH THEIR APPROXIMATE COMPARATIVE NUMBER OF ADHERENTS. PARTS WITHOUT COLOR REPRESENT DESERTS OR SPARSELY INHABITED TRACTS OF COUNTRY. THE SMALL CROSS IN THE HEATHEN SECTION STANDS FOR THE NATIVE CHRISTIAN COMMUNITY IN PAGAN AND HEATHEN LANDS. THE JEWS, BEING DISPERSED THROUGH VARIOUS LANDS, THEIR LOCATION IS NOT INDICATED ON THE MAP. THE YELLOW SPOTS REPRESENT MISSION STATIONS AND CENTERS.
PRINTED IN U. S. A. BY KETTERLINUS, PHILA. AND N. Y.

《北极地区探险路线图》

The Arctic Regions Showing Exploration Towards the North Pole

罗伯特・皮尔里（Robert Peary）和弗雷德里克・库克（Frederick Cook）都认为自己是世界上第一个到达北极点的探险家。这幅由马修斯－诺思拉普出版社于 1909 年出版的极地投影地图，描绘了两位探险家相互矛盾的声明。图中的红色叠印显示了他们当年探险时的竞争路线。

1909 年，弗雷德里克・库克和罗伯特・皮尔里都宣称了自己是北极点的官方发现者。库克曾在皮尔里于 1891 年组织的一次探险中担任外科医生，尽管最终那次探险失败了。1908 年，库克离开，并秘密组建了只由他自己和因纽特人组成的探险队。1908 年 4 月 21 日，库克和两位向导抵达了他认定的北极点。

1908 年 7 月，皮尔里在对于库克的探险队毫不知情的情况下，开始了自己第五次也是最后一次到达北极点的尝试。皮尔里带领着一个 23 人的探险队，对于探险过程进行了详尽的记录，并确信自己于 1909 年 4 月 6 日到达了北极点。

最终，因为库克的探险记录有限，并且与向导的报告相矛盾，法院裁定由皮尔里获得“北极点的发现者”这一殊荣。近年来，英国著名探险家沃利・赫伯特（Wally Herbert）提供了令人信服的证据，证明皮尔里实际到达的地方很可能与极点相差了 60 英里，从而将发现权下放给了库克。

制图师

马修斯－诺思拉普出版社（Matthews-Northrup Works，约 1900—1930）是一家位于纽约州水牛城，集写作、印刷、设计、装订和雕版于一体的出版公司。他们通过为铁路行业出版地图而成为著名的出版社。拓展到其他领域，马修斯－诺思拉普出版社最具影响力的成就是在 1910 年为《国家地理》杂志重新设计封面。

THE ARCTIC REGIONS
Showing Explorations
towards the
NORTH POLE
COPYRIGHT, 1907, BY THE J. N. MATTHEWS CO., BUFFALO, N. Y.
THE MATTHEWS-NORTHRUP WORKS, BUFFALO, N.Y.
SMITH SOUND REGION
Winter Camp at Cape Sheridan
FRANZ JOSEPH LAND
SPITZBERGEN
Coast Explored by
United States
British
Scandinavian (Norwegian, Swedish and Danish)
German and Austrian
Dutch
Italian
Russian
The Routes of the Explorers have the color of their native country.
Noted Explorers of the AMERICAN (Smith Sound) Route
Elisha Kent Kane (American) 1853-55
Isaac Israel Hayes (American) 1860-61
Charles F. Hall (American) 1870-73
Sir George Nares (English) 1875-76
General A. W. Greely (American) 1881-84
Capt. Sverdrup (Norwegian) 1898-1902
Com. R. E. Peary (American) 1891-09
Dr. F. A. Cook (American) 1907-08
Center of Unexplored Region
North Pole
Peary, arrived April 6, 1909
SIBERIAN ARCTIC OCEAN
GREENLAND SEA
BARENTS SEA
GREENLAND
BAFFIN BAY
ALASKA
DOMINION OF CANADA
SIBERIA
FINLAND
NORWAY
ICELAND
Kara Sea
Nordenskjöld Sea
New Siberia
De Long Islands
Banks Land
Baffin Land
Elevations and Depths are given in English Feet.
Soundings where bottom has not been reached are indicated thus:
Telegraph Lines
Railroads
Steamship Routes
Winter Harbors
Average Limit of Icepack and solid Drift Ice
Tundra
Kilometers
Nautical Miles
Statute Miles
Cook's Route 1907-1909 thus:
Peary's Route 1908-1909 thus:

訪欧大飛行記念飛行双六
モスクワ
カザン
クルガン
ノヴォニコラエフスク
ベルリン
パリ
ロンドン
ブラッセル
ストラスブール
リオン
ローマ
到着兵
到着豫想
750
720
600
1180
700
1100
520
400
375
355
1050
ライン河
エッフェル塔
テームス河
アルプス山脈
ウラル山脈
クレムリン宮殿
初風
遊戯の仕方

《访欧大飞行纪念飞行棋》

Great European Visit Memorial Flight Game

为了庆祝历史上第一次从日本到欧洲横跨大陆的飞行圆满完成，日本《朝日新闻》发行了这张地图。那时的日本对西方还所知甚少，因而这次著名的跨大陆飞行意义非凡，其影响力可媲美两年后查尔斯·林德伯格（Charles Lindbergh）横跨大西洋的飞行。两名飞行员及其工程师的照片被印在地图的右上角。这次飞行的两架布勒盖 19 型双翼飞机（Breguet 19 biplanes）被分别命名为“初风”（Hatsukaze）与“东风”（Kochikaze）。在这次冒险旅程中，他们飞越了 16565 英里，共记录了近 111 个小时的飞行情况。

这幅插画地图本身是一个双陆飞行棋的游戏板，位于中心的是西半球的地图。双陆游戏是一种在日本很流行的“盘旋阶梯”式桌上游戏。玩家从位于东京的起点开始，沿着实际飞行的路线一路经过西伯利亚、莫斯科、柏林、巴黎和伦敦，最终抵达罗马。

最后还有一个有趣的信息。日本与韩国关于两国之间的海峡的命名争论了两个多世纪，直到今天依然是两国知识分子间的一大辩论热点。日本人将其命名为“对马海峡”，而韩国人则坚持称其为“朝鲜海峡”。奇怪的是，一向以民族自豪感著称的日本人，竟在这幅地图上，沿用了“朝鲜海峡”的称谓。

制图师

《朝日新闻》（*Asahi Shimbun*）是日本历史最悠久的报社之一。1879 年，报社始建于大阪。1888 年，《朝日新闻》东京分部成立，至今仍在发行报刊。

《目标柏林》

Target Berlin

这幅标志性的地图，由F.E.曼宁于1943年绘制。“二战”期间，美国战争部的宣传部门：美国陆军特种部队－特殊服务部（Special Service Division Army Service Forces），为部队的新兵训练课程发布了两张最具戏剧性的新闻地图（Newsmaps）——《目标柏林》和《目标东京》。这些新闻地图被分发给海外作战的美军部队。与此同时，地图上还为同盟国在俄罗斯、意大利、印度尼西亚以及东亚战场的胜利作了乐观的报道。

《目标柏林》则是在针对柏林的第一次大规模空袭开始前几天发布的。这一系列袭击持续了近5个月。柏林的大部分地区都在轰炸中被摧毁，但这一切似乎并没有减慢德国战争机器的运转。

制图师

F.E.曼宁（F.E. Manning）是一名在《芝加哥太阳报》（*Chicago Sun*）工作的新闻制图员。在制图界，他因推出了浮雕球状投影（relief globular projection）而备受推崇。浮雕球状投影是一种在球形投影地图的基础上添加浮雕效果的制图技术。在第二次世界大战期间，这种技术广泛用于描绘战事。

NEWSMAP
Prepared and distributed by ARMY ORIENTATION COURSE,
Special Service Division Army Service Forces,
WAR DEPT., 2E581 Pentagon Bldg., Washington, D. C.
CANADA
GREENLAND
POLAR ICE CAP
ARCTIC OCEAN
NORWEGIAN SEA
BARENTS SEA
ATLANTIC OCEAN
NORWAY
SWEDEN
FINLAND
UNION OF SOVIET SOCIALIST REPUBLICS
GREAT BRITAIN
EIRE
GERMANY
Berlin
POLAND
FRANCE
SPAIN
ROMANIA
HUNGARY
YUGOSLAVIA
GREECE
TURKEY
SYRIA
IRAQ
IRAN
INDIA
CHINA
MANCHURIA
JAPAN
MEDITERRANEAN
TUNISIA
ALGERIA
LIBYA
EGYPT
SAUDI ARABIA
FRENCH WEST AFRICA
NIGERIA
GOLD COAST
LIBERIA
SIERRA LEONE
FRENCH EQUATORIAL AFRICA
ANGLO-EGYPTIAN SUDAN
ETHIOPIA
BELGIAN CONGO
ANGOLA
TANGANYIKA
MADAGASCAR
INDIAN OCEAN
Moscow
Leningrad
Stalingrad
Warsaw
London
Paris
TARGET Berlin
This map is a photographic view of the world with the center at Berlin. Thus, with the detachable scale, distances can be measured along any line running thru Berlin. It should be noted that an inch at the center represents less mileage than an inch closer to the edges. The detachable scale has been designed to compensate for this and should be used only with the center on Berlin.
MAP
The photographic process used in making this map makes all distances measured with the tape approximate only. Distances are shown in statute miles. Lines between key cities do not represent regular air routes in all cases. They show distances between points that do not fall on a line going thru the center of the projection.
Scale (A)
Scale (B)
This scale is correctly used only when the center is placed at Berlin.

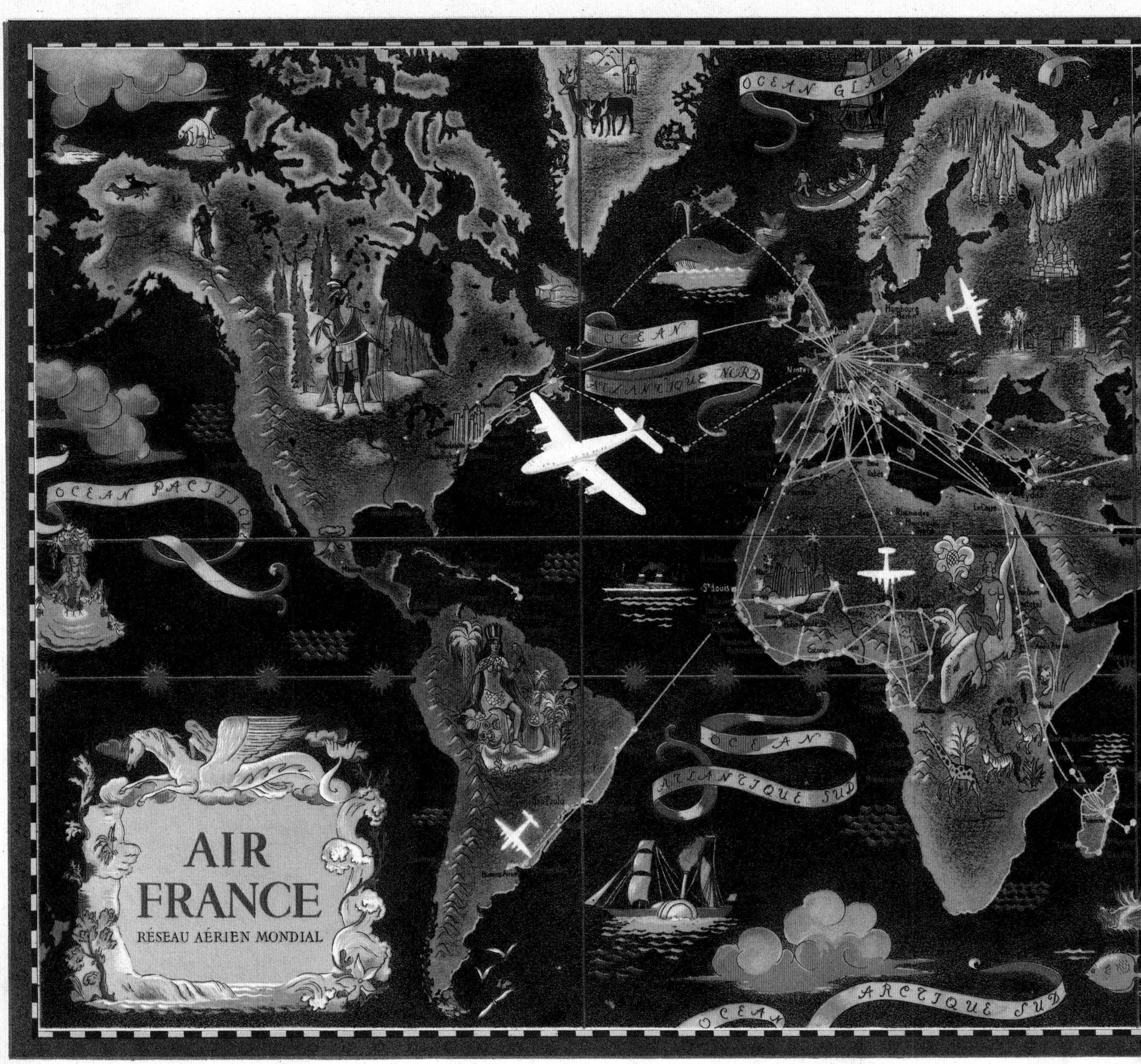
AIR
FRANCE
RÉSEAU AÉRIEN MONDIAL
OCEAN GLACIAL
OCEAN
ATLANTIQUE NORD
OCEAN PACIFIQUE
OCEAN
ATLANTIQUE SUD
OCEAN
ARCTIQUE SUD
St Louis

《法航全球航空网图》

Air France Reseau Aerien Mondial

这幅装饰艺术风格的世界地图由吕西安·布歇创作于1947年，是当年法国航空公司的系列推广宣传图之一。由巴黎的佩瑟瓦尔出版社（Perceval）印制的这幅彩色平版印刷图中，鲜艳的彩色图案与深沉的黑色和棕色对比鲜明，无数客机翱翔于天空中，无数轮船往来于大海中。代表法航的明亮耀眼的白色飞机，飞越过漆黑的水域，视觉上给读者带来更强烈的吸引力与安全感。背景是被简化了的、看上去更加开阔的手绘世界地图，衬托出复杂的、以白色为标记的法航航班路线，使其更加鲜明而引人注目。

在图中，大洋洲有鸵鸟，亚洲有老虎。北半球地区人口稠密，海上则遍布着帆船与蒸汽轮船。现代科技在这里被充分展示，对比危险丛生的陆上交通路线和被孤立于黑暗水域的古代船只，飞机显得强大而安全。

布歇为法国航空公司所作的作品，标志着融合了平面设计与广告宣传的现代制图学的一个新的巅峰时代。然而，近些年来，布歇的作品也因为涉及性别及种族问题而备受批判。例如，在这幅图中，女性形象的服饰大多只覆盖了部分身体，并以斜倚着或其他更为被动的姿态出现；而男性形象则衣着体面，更有活力地在事业上追求更高的建树。同样地，来自几个大洲的土著人民也以刻板形象出现在地图中。

制图师

吕西安·布歇（Lucian Boucher）是一位法国艺术家与作家。他的许多卡通画作被刊登在《幽默》（*Le Rire*，一本充满风趣与幽默的周刊）杂志中。布歇在日后创作了一系列地图主题的宣传作品，如文中介绍的这幅为法国航空公司所作的宣传图。他的作品被认为是装饰派艺术（Art Deco）和超现实主义美学（Surrealistic Ethics）风格的结合。

第八章
19世纪：绅士旅行家和扶手椅冒险家

19 世纪的曙光，照亮了一个前所未有的、属于国际主义与全球化的崭新纪元。在这个世纪将要结束的时刻，世界上绝大部分的地区终于可以以其完整、精确的样貌，出现在地图上了。芒戈·帕克[1]、斯皮克[2]、斯坦利[3]和利文斯通[4]探索着神秘的非洲内陆。橡胶男爵[5]忙着在亚马孙丛林深处开采橡胶。英国的约翰·罗斯爵士[6]和美国的约翰·威尔克斯[7]带着探险队考察南极洲的海岸和北冰洋的水域。波利尼西亚群岛的位置终于确定在了地图上，而英国殖民主义制图师则派出秘密探险队深入中国西藏。无论是淘金者[8]还是铁路大亨，都在为了寻找财富而一路向西开进，并在这个过程中将美国西部从一个鲜有人问津的边疆，转变为一个繁华的商业中心。曾经闭关锁国的中国和日本，终于在欧美的武力胁迫下开放了国际贸易。在一段极短的时间内，所有的国家与社会都接触到了一个难以置信的，充斥着外国思想、产品与文化的世界。人类本能的、对于世界的好奇心日益旺盛起来，而那些商家，从广告商、玩具商到传统地图出版商，都在这个着迷于异国风情的 19 世纪赚得盆满钵盈。

19 世纪的科技革命为制图界带来了两大变化。首先，在全球开展的蒸汽交通体系和铁路建设彻底改变了人们的出行方式。突然间，用一种快捷、安全又经济的方式横跨大洋大洲，成为可能。随着这一巨大的变革，对于渴望看看外面世界的寻常百姓来说，曾经专属于贵族与富豪的休闲旅行变得不再遥远。与此同时，为了更好的生活而搬到不同的城市定居，也变得更加容易。世界第一次具有了一种流动性。这种流动性被商人、学者和传教士坚决拥护，其背后所体现出的是一种全球性的好奇心。

在欧洲，以英国商人托马斯·库克（Thomas Cook）为代表的第一代旅游代理商，引领着国际旅游业蒸蒸日上。而那些无法出行的人，依然可以在儒勒·凡尔纳（Jules Verne）的《八十天环游地球》中尽享充满异域风情的环球冒险。

19 世纪制图学的另一项重要发展，则是印刷技术的革新。到了 19 世纪 30 年代，平板印刷变成了最主要的印刷方式。在 18 世纪甚至更早的时候，地图制造通常运用铜版凹版印刷技术。这套技术是将图案精心雕刻在铜版上，然后使用印版和印刷机来印制地图。这种技术的不足之处在于，铜是一种

1 芒戈·帕克（Mungo Park）：苏格兰探险家。

2 约翰·汉宁·斯皮克（JohnHanningSpeke）：英国探险家、英国驻印度军队军官，曾三次对非洲进行探险。

3 亨利·莫顿·斯坦利（Henry Morton Stanley）：威尔士记者与探险家。

4 大卫·利文斯通（David Livingstone）：苏格兰公理会信徒，曾去非洲探险。

5 橡胶男爵（Rubber Barons）：意指19世纪末20世纪初涌入亚马孙河流域的橡胶投机商人。

6 阿德米拉尔·约翰·罗斯爵士（SirJohnRoss）：英国海军军官，曾进行北极探险。

7 约翰·威尔克斯（JohnWilkes）：此处应为查尔斯·威尔克斯（CharlesWilkes）。

8 淘金者（Forty-Niners）：原文为“49人”，指去加利福尼亚淘金的人。1848年旧金山发现黄金，同年大批淘金者涌入加州，加入淘金的浪潮。人们称呼这些人为“1849人”或者“49人”。

质地柔软又昂贵的材料。铜质的印版磨损得很快，由此限制了印刷品的产量。

1796年，德国人阿洛伊斯·泽内费尔德（Alois Senefelder）发明出平版印刷术，从此一切都改变了。平版印刷术使用石灰石版而非铜版制作印版，印刷技术的核心则是利用水油不相容原理。早期的平版印刷术是在印版上用油脂或蜡基油漆在石版上绘制图像，然后用酸来蚀刻那些未被蜡层覆盖的区域。当石头被水浸湿时，水被保留在石版的蚀刻区，油基油墨会被水排斥，但会附着在石版的非蚀刻区域。之后，便可以将印版压在纸张上印制图像。平版印刷术远比铜版印刷术要经济实用。首先，石灰石比铜便宜得多。其次，与铜版不同，石灰石版不易磨损，因而可以无限次地使用。最后，绘制图像比蚀刻图像要容易得多，因此再也不需要昂贵的蚀刻机来生成复杂的大型图像了。

出版商看到了商机，并很快接受了平版印刷这项新技术。在此方面，美国出版商尤为成功。在纽约，平版印刷术的出现催生出了史上产量最高的出版公司之一：J.H.科尔顿公司（J. H. Colton）。随着铁路在整个大陆上铺展开来，科尔顿意识到了人们对于便携式铁路地图的需求，于是运用价格低廉的平版印刷技术，迅速印发了大量供驿站马车和铁路的旅客使用的地图。

与此同时，这些出版商还意识到，地图不仅可以服务于旅行，还可以用于鼓励人们出行，从而增加地图的销量。由此，他们开始在地图上添加精美的小插图和大量带有装饰性边框的绘画作品。常见的主题，包括中国香港、加尔各答（Calcutta）、廷巴克图（Timbuctoo）和开普敦等遥远城市；或旧金山、伦敦、巴黎和罗马等更便于到达的热门旅游目的地。另外，19世纪的制图师还喜欢在地图中饰以充满异域风情的各地民族服饰、节日活动和文化背景主题的插图。

在地图上添加小插画并不是在19世纪才流行起来的制图风尚。但当轻而易举便可以在地图上大规模地加入插画之后，新一代具有高度装饰性的地图便出现了。这些地图不仅完美地服务于那些真正远行的旅人，还可以让那些渴望将自己投身于远方的人文风土之中的“扶手椅探险家”，足不出户便能知晓天下事。由约翰·塔利斯[9]（John Tallis）、维克托·勒瓦瑟（Victor Levasseur）、亚历山大·维耶曼（Alexander Vuillemin）等制图师精心制作的书柜地图集（cabinet atlases）成为当时附庸风雅之士的书架上必不可少的书目。

在这一章节中，我们将一一浏览这些地图，从书柜中的地图册，到包含众多小插画的游戏地图、甚至还包括其他更宽泛的类别。每一幅图都将向我们展示出一种独特的类型，或在某一个类型中不同的制图理念。

9　约翰·塔利斯（John Tallis）：英国地图出版商。

JEU INSTRUCTIF DES PEUPLE
ET COSTUMES DES QUATRE PARTIES DU MONDE ET DES TERRES
REGLES DU JEU. D'abord il faut convenir de ce que l'on veut jouer et payer aux rencontres et accidents. Ce jeu
depuis 1 jusqu'a 63, et celui qui arrive le premier à ce nombre final, qui est la france, gagne la partie; mais on n'y arrive
Pour jouer à ce jeu il faut avoir deux dez que chaque joueur jettera une fois: autant de points qu'il fera, autant il en co
sa marque sur le point amené. Chaque joueur aura une marque différente afin de la reconnoitre. Il faut savoir que l'on ne pe
de l'Europe, et si le nombre amené y conduit le joueur, il redouble son no
Celui qui au premier coup fera 9 par 6 et par 3, ira au nombre 26 où est le Thi
fera 9 par 5 et par 4, ira au nombre 53 où est l'île de Sumatra. - Celui qui du pr
de cordes, payera le prix convenu et ira se noyer dans le Fleuve des Amazones au N
où est l'île hospitalière d'Otaïti, payera le prix convenu et y restera pendant
deux coups. - Celui qui arrivera au N.° 31, où est la Siberie, lieu d'exil, payera le pr
ce qu'un autre joueur amenant le même point vienne l'en retirer; alors il ira à l
Celui qui arrivera au nombre 42 où est le Japon, pays dont l'entrée est int
le prix convenu et ira au N.° 30 où est l'Abyssinie. - Celui qui arrivera au nombr
d'esclavage, payera le prix convenu et y restera jusqu'à ce qu'un autre vienne l'en r
nombre 58 ou est la Nouvelle Zélande, ile habitée par les Anthropophages, payera le prix con
Celui qui sera rencontré par un autre payera le prix convenu, et ira prendre la place de celui
Vive HENRI IV vive ce Roi vaillant
63
France.
62 Tschurtschi (Asie)
Baie de Nootka (Amer. merid.)
36 Hollande (Europe)
37 Madagascar (Afrique)
38 Bresil (Amer. merid.)
39 Nouvelle Guinée (Mer du Sud)
40 Guiane (Amer. Merid.)
41 Hongrie (Europe)
42 Japon (Asie) Navigateurs repoussés de la Côte.
43 Nubie
Italie (Europe)
Suisse (Europe)
Empire Mogol (Asie)
Nigritie (Afrique)
Iroquois (Amer. Sept.)
Caffres (Afrique)
EUROPE.
1 Chine (Asie)
2 Perou (Amer. merid.)
3 Indostan (Asie)
4 Laponie.
5 Angleterre (Europe)
6 Mexique (Amer. merid.) Vue d'un pont de cordes.
7 Nouvelle Hollande (Terres Australes)
8 Kamtschatka (Asie)
9 Russie
A Paris, chez Basset M.d d'Estampes rue S.t Jacques au coin de celle des Mathurins N.° 64.

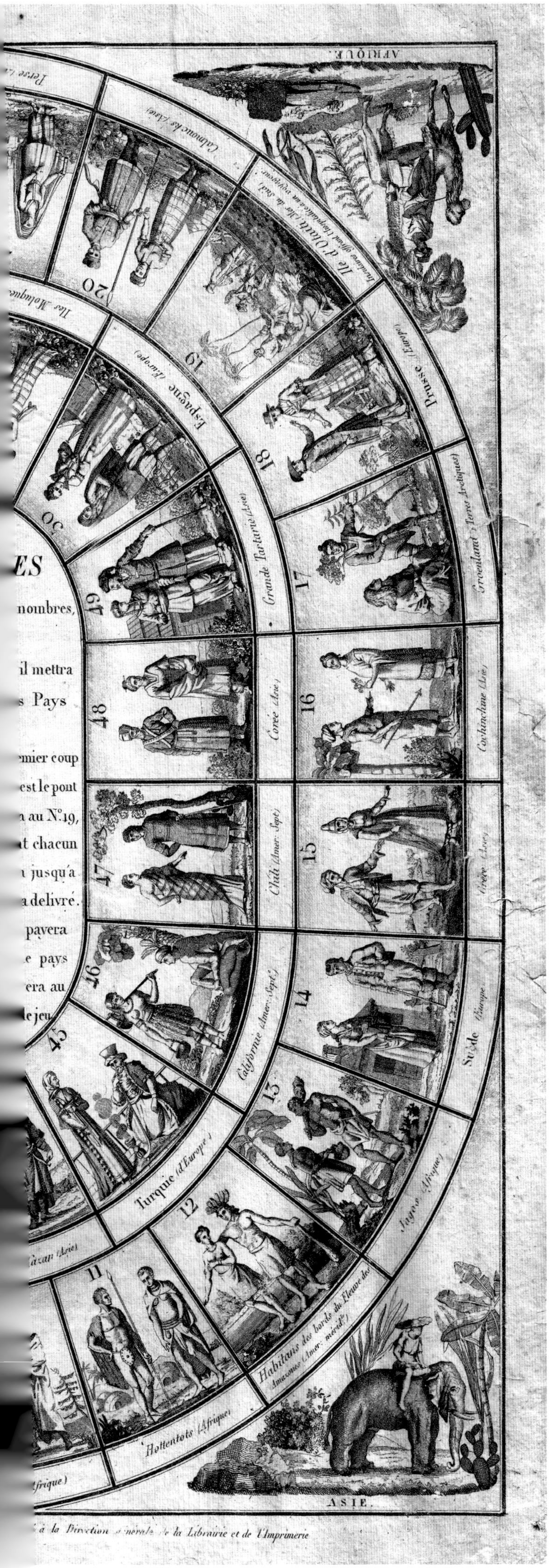

《世界人民和传统服饰知识游戏图》

Jeu Instructif des Peuples et Costumes

这款 1815 年的桌上类游戏以地理为主题，通过 63 个代表不同目的地的方格，带领玩家进行了一场环球之旅。游戏以螺旋形式开展，需要用到两个骰子。玩家在游戏中需要躲避途中危险、考虑国际关系，最后抵达终点线。这幅游戏图的出版紧随拿破仑的战败而出现，因此终点线的法国是以亨利四世的形象为代表的。

“赛鹅图”（jeux de l’oie）的游戏发明于 16 世纪末的意大利，大部分此类游戏都遵循一个标准化的结构，其中包括桥梁、旅馆、井、迷宫、监狱和死亡等障碍（遇到“死亡”则需要返回“方块 1”）。 在我们看到的这个版本的游戏中，“死亡”是被新西兰“吃掉”；“迷宫”位于日本，由于其“闭关锁国”政策，玩家被拒绝入境；“井”则是被流放到西伯利亚，走到这里的玩家不得不原地等待，直到出现可以和其他玩家交换位置的机会，才能逃离。游戏规则出现在图板的正中央。

制图师

安德烈·巴塞（André Basset，约 1720—1865）曾与人合伙经营一家知名的法国公司。该公司业务包括地图、欧洲城市景观图和游戏等在内的印刷品。他的儿子，安德烈·保罗·巴塞（André Paul Basset）在父亲去世后接管了这家公司。

39
40
41
Nouvelle Guinée (Mer du Sud)
Guiane (Amer: Mérid)
Hongrie (Europe.)
5
6
7
Angleterre (Europe)
Mexique (Amer: mérid.e)
Vue d'un pont de cordes.
Nouvelle Hollande (Terres Aus

大多数这样的游戏由63个方格组成，呈螺旋式环绕展开，这是一个由犹太教神秘主义教义（Kabalistic teachings）衍生而来的系统。有些方格涉及危险、奖金或罚款。我们看到的这个例子，很显然使用的是标准的方格系统。6号格子通常是“桥”，在图中由墨西哥或中美洲代表。42号格子通常是一个迷宫，在这里则由日本代表，因其拒绝航海家的进入。每一场比赛都不止于简单的地理图像，而是通过游戏规则与图像的象征，向人们传达一些故意存入的“信息”，这些信息是关于政治、商业和文化的。这类游戏让人们深入了解欧洲历史上不同时期的国际关系、人们的看法与误解。这张地图也不例外。代表欧洲国家的方格的指示普遍要优于代表非欧洲国家的方格，如上所述，后者可能会涉及“被吃掉”，或是“被奴役”的危险。

52

Barbarie (Afrique)
Voyageur réduit a l'Esclavage

53

Ile de Sumatra (Asie)

Portu

22

Armenie (Asie.)

23

Allemagne (Europe.)

Ar

55
56
Europe)
Ile de Java (Asie.)
Terre de Feu (Amer: merid)
25
26
Pégu (Asie)
Thibet (Asie.)

《新墨卡托投影世界地图》
（局部）

这幅巨大的地图将世界建立在了一个不断延伸的墨卡托投影系统上，在当时是有教养的绅士的书房必备单品，由亨利·蒂斯代尔发表于 1844 年。地图被分成 32 块大图，并衬在亚麻布上、折叠、还有精致的压花皮革封皮装订，便于放置在绅士的阅读室的书架上。

制图师一定是一位英国人，地图中大量的注解也证明了这一点。例如，作为一个完全独立的共和国，得克萨斯州在图中的注解如下："由英格兰承认的独立主权国家，1840 年 11 月。"那些与英国利益或民族自豪感不符的发现，都被忽略了。其中包括美国人查尔斯·威尔克斯在南极洲的重大发现，英国人认为这与他们本国的詹姆斯·克拉克·罗斯（James Clark Ross）探险队在南极洲的考察发现相冲突。同样，在北美地区，从华盛顿向南延伸至哥伦比亚河的区域都被标示为英国领土，而非美国领土。

还有许多其他重要的历史片段，都可以在注解中看到。比如，在利比里亚和非洲："这个地区是由美国向土著酋长……购买的……用来安置大量的、在美国被解放了的奴隶。"

制图师

亨利·蒂斯代尔（Henry Teesdale，1776—1856）是英国的地图与地图集出版商。他是皇家地理学会的成员，曾与数位著名的雕版师合作著图，其中包括克里斯托弗·格林伍德（Christopher Greenwood）、约翰·克兰德·道尔（John Crane Dower）和约西亚·亨舍尔（Josiah Henshall）。不同于大多数制图师，他后来成为苏格兰皇家银行的合伙人与创始人之一。这或许暗示了亨利后来在地图出版上取得的巨大商业成功。

R T H
A M E R I C A
HUDSON BAY
CUMBERLAND I.
SOUTHAMPTON LAND
HUDSON STRAIT
ATHABASCA
SASKATCHAWAN
NORTHWEST TERRITORY
LAKE HURON
LAKE MICHIGAN
Lake Erie
James Bay
CANADA
NOVA SCOTIA
CAPE BRETON I.
St. JOHN
BOSTON
WASHINGTON
KENTUCKY
PENNSYLVANIA
N. CAROLINA
ARKANSAS
TEXAS
UPPER CALIFORNIA
NEW ALBION
Rocky Mountains
GREAT SLAVE LAKE
GREAT BEAR L.
COPPER INDIANS
DOG RIB INDIANS
BEAVER INDIANS
HARE INDIANS
R. Columbia or Oregon
C. Mendocino
Port St. Francisco
CALIFORNIA was discovered by Herman Cortes in 1536.
TEXAS was acknowledged as Independant State by England, Novr. 1840.
Note. The boundary between the British Possessions and the United States is as settled by treaty August 9th 1842.
GULF OF MEXICO
Havana
WEST INDIES
JAMAICA
HAITI or St. DOMINGO
CARIBBEAN SEA
Bermuda Is.
Barbados
Trinidad
CARTAGENA
PANAMA
Isthmus of Panama
Galapagos Is.
Gulf of Guayaquil
C. Blanco
TRUXILLO
Commodore Anson in 1743
Capt. Vancouver in 1795
Capt. Cook in 1774
EQUATOR OR EQUINOCTIAL LINE
A T L
O
C
N
T H E R N
149

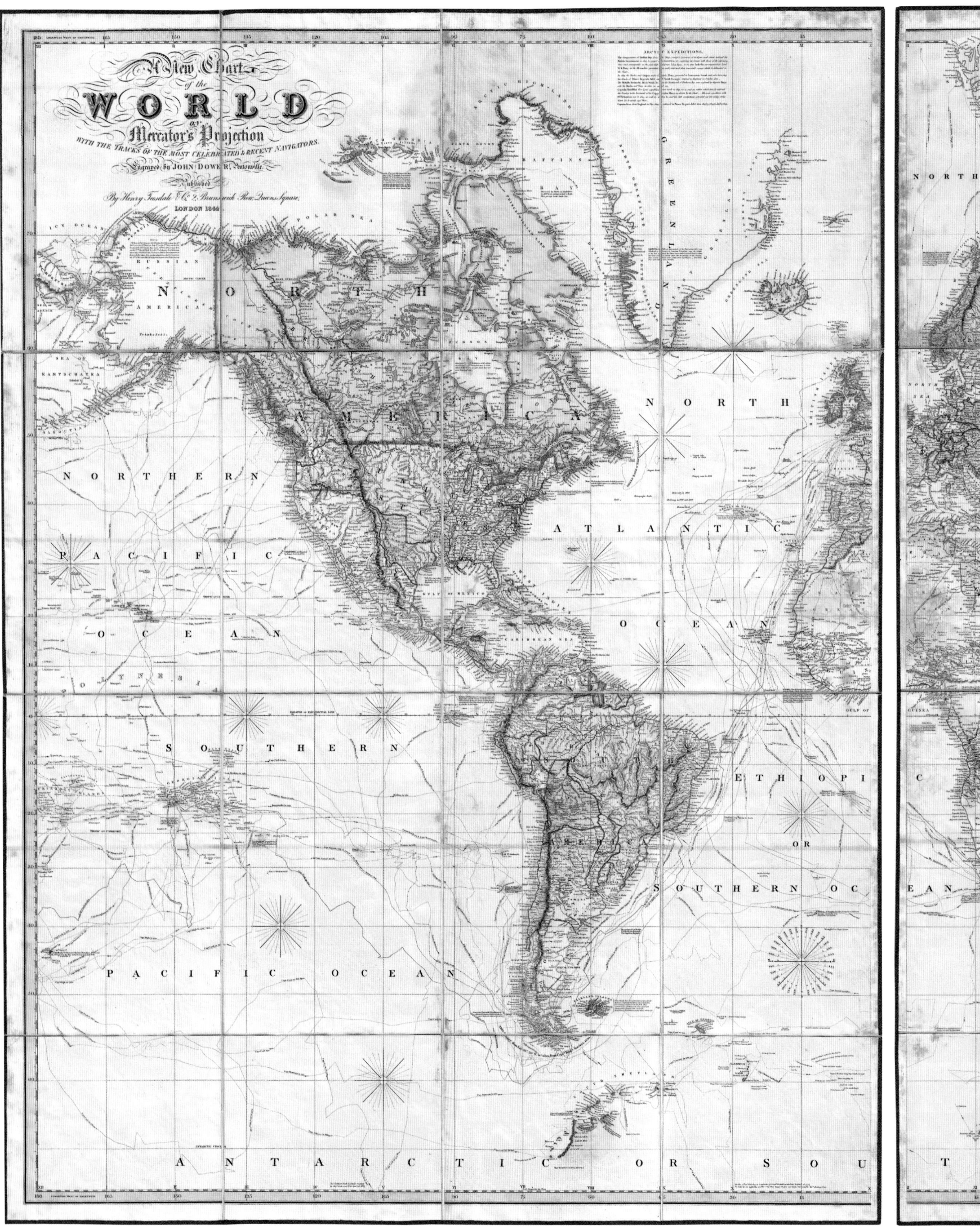
A New Chart of the WORLD on Mercator's Projection
WITH THE TRACKS OF THE MOST CELEBRATED & RECENT NAVIGATORS.
Engraved by JOHN DOWER, Pentonville.
Published
By Henry Teesdale & Co. 2, Brunswick Row, Queens Square,
LONDON 1844
ARCTIC EXPEDITIONS.
NORTH AMERICA
NORTHERN PACIFIC OCEAN
NORTH ATLANTIC OCEAN
SOUTHERN PACIFIC OCEAN
SOUTH AMERICA
ETHIOPIC OR SOUTHERN OCEAN
ANTARCTIC OR SOU
GREENLAND
RUSSIAN AMERICA
POLAR SEA
ICY OCEAN
SEA OF KAMTSCHATKA
GULF OF MEXICO
CARIBBEAN SEA
WEST INDIES

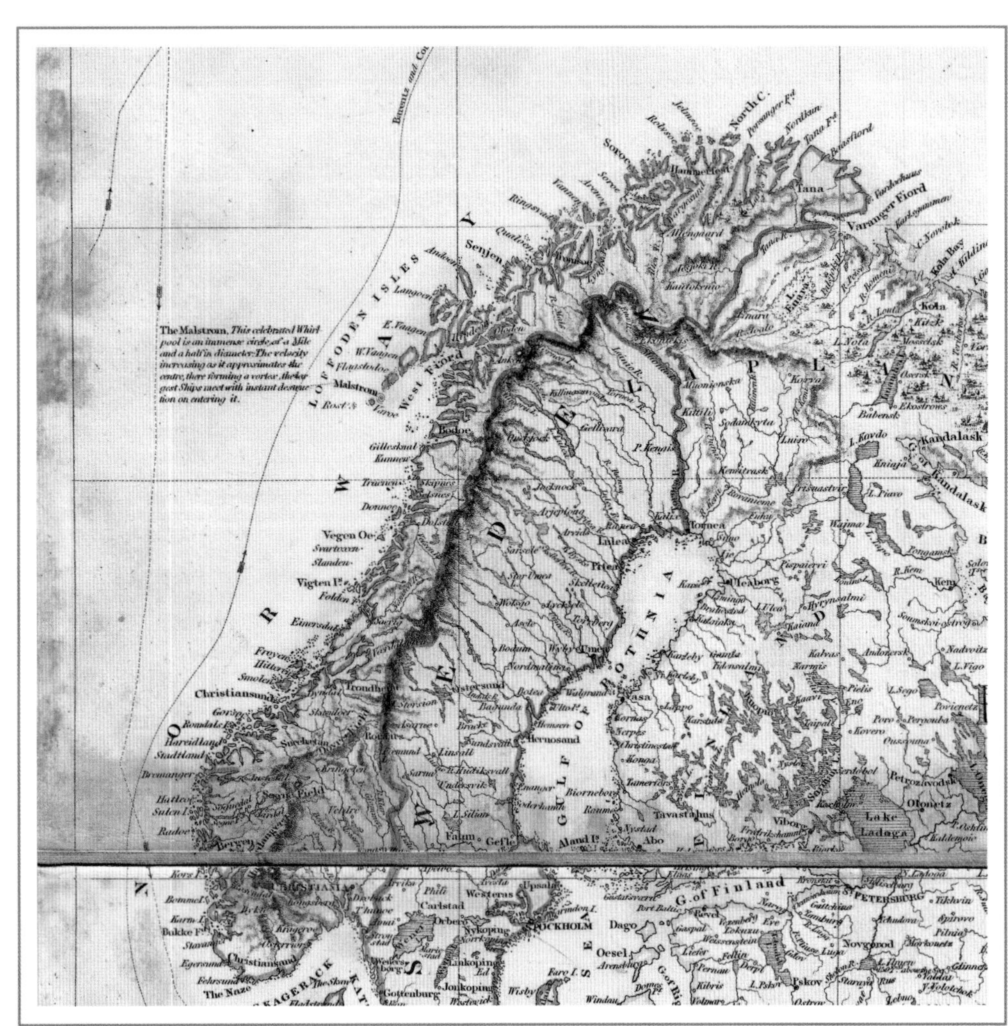

在地图中挪威北部的罗弗敦群岛（Lofoten Islands）周围，还有专门的注释介绍传说中的罗弗敦旋涡。“这个著名的旋涡是一个直径长达1.5英里的巨大圆形涡流；越靠近涡流的中心，水流的速度就会越快，形成下沉的旋涡，就连世界上最大的船只也会被它吞噬。”

《西半球地图》

Western Hemisphere

这幅1850年出版的、精巧的地图，是19世纪中叶最引人入胜的地图集作品之一，被纳入1850年版的约翰·塔利斯《世界插画地图集》中。尽管从制图角度来看稍显薄弱，但这幅地图的装饰性外表却极富吸引力。我们眼前的地图穷极奢华，大量有边框装饰的插图作品精致地描绘了西半球的人物、植物与动物。这样的地图是为“那些扶手椅探险家”量身定做的，以便他们可以在自家富有绅士派头的庄园里，坐在熊熊燃烧的炉火前，舒舒服服地去探索世界。

尽管这幅地图以装饰性为主，但却并非没有任何制图方面的亮点。例如，地图中根据上色的范围确定了美国的边界。由于地图的出版在《瓜德罗普－伊达尔戈条约》[1]（*Treaty of Guadeloupe-Hidalgo*）签订之后，这里的美国版图中已经包含了得克萨斯州。然而经过仔细查看，我们会发现图中还有一条虚线作为得克萨斯州边界。这符合英国人对“得克萨斯共和国”（the Texan Republic）的认可，也似乎表明得克萨斯州既是也不是美国领土的一部分。这个有趣的选择可能是早期地图中的一个遗留问题，在多数地图中，得克萨斯州不是被单独标出，便是被暗示该地区存在政治不确定性。

神话般的“极光群岛”（Aurora Islands）出现在图中南美洲的东南方。据说，该群岛最早在18世纪中期被西班牙船队“极光”（Aurora）所发现，从此便出现在了很多19世纪的地图上。直到19世纪末，人们才放弃这个概念，群岛的存在也随之被贬为“神话”。

制图师

约翰·塔利斯（John Tallis，1817—1876）是19世纪中期活跃于英国的企业家和地图出版商。他出版了19世纪最伟大的装饰图集之一——《世界插画地图集》（*Illustrated Atlas of the World*）。这是一次巨大的商业成功，并使塔利斯一跃跻身富豪之列，其遍布全球的出版帝国包含了200多名雇员和代理商。尽管如此，与许多地图出版商一样，晚年糟糕的商业决策导致他的商业帝国全面崩溃。在抵押了自己的家产之后，塔利斯在负债累累中去世。

1 《瓜德罗普-伊达尔戈条约》是1848年2月美国和墨西哥签署的和平条约。墨西哥同意将占全国国土面积一半的89万平方公里的领土（包括今加利福尼亚州、亚利桑那州、新墨西哥州和得克萨斯州）割让给美国。作为交换，美国付给墨西哥1500万美元。

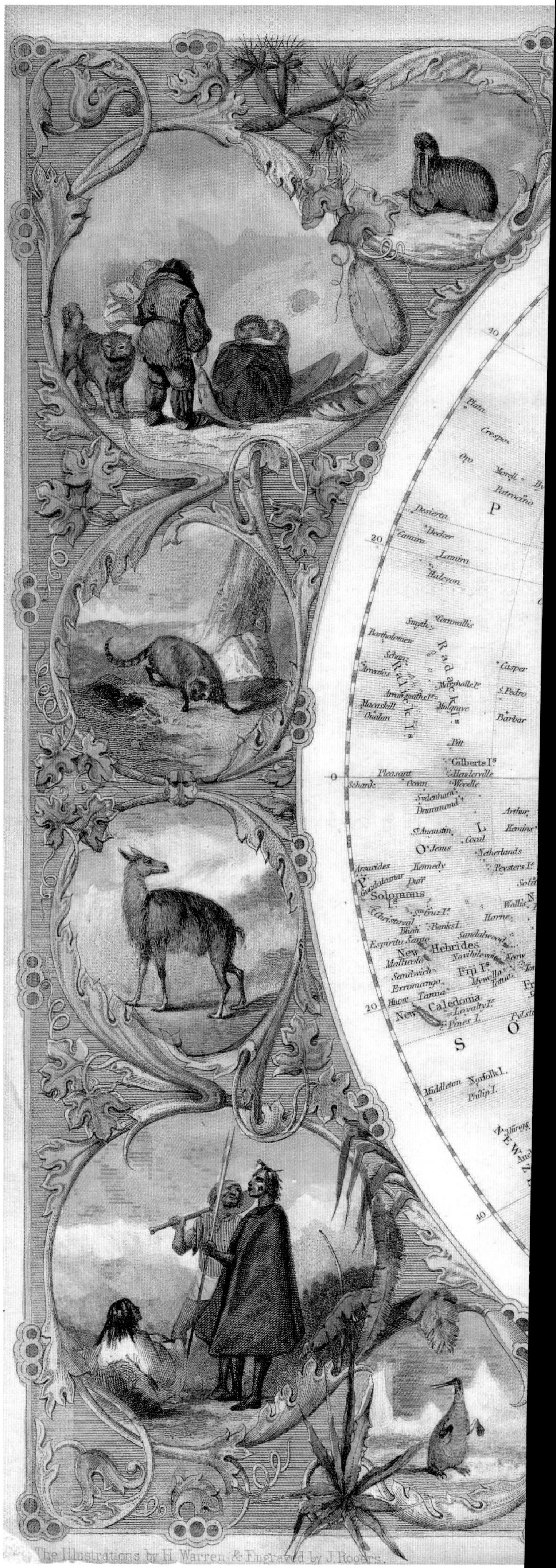

WESTERN HEMISPHERE.
North Pole
South Pole
ARCTIC OCEAN
NORTH AMERICA
UNITED STATES
NORTH ATLANTIC OCEAN
SOUTH ATLANTIC OCEAN
PACIFIC OCEAN
ANTARCTIC OCEAN
SOUTH AMERICA
Tropic of Cancer
Tropic of Capricorn
Equator or Equinoctial Line
Antarctic Circle
GULF OF MEXICO
CARIBBEAN SEA
WEST INDIES
Galapagos
Marquesas Is.
Sandwich Is.
Cape Verd Is.
Falkland Is.
South Shetland Is.
SOUTH VICTORIA
CALIFORNIA
PATAGONIA
BRAZIL

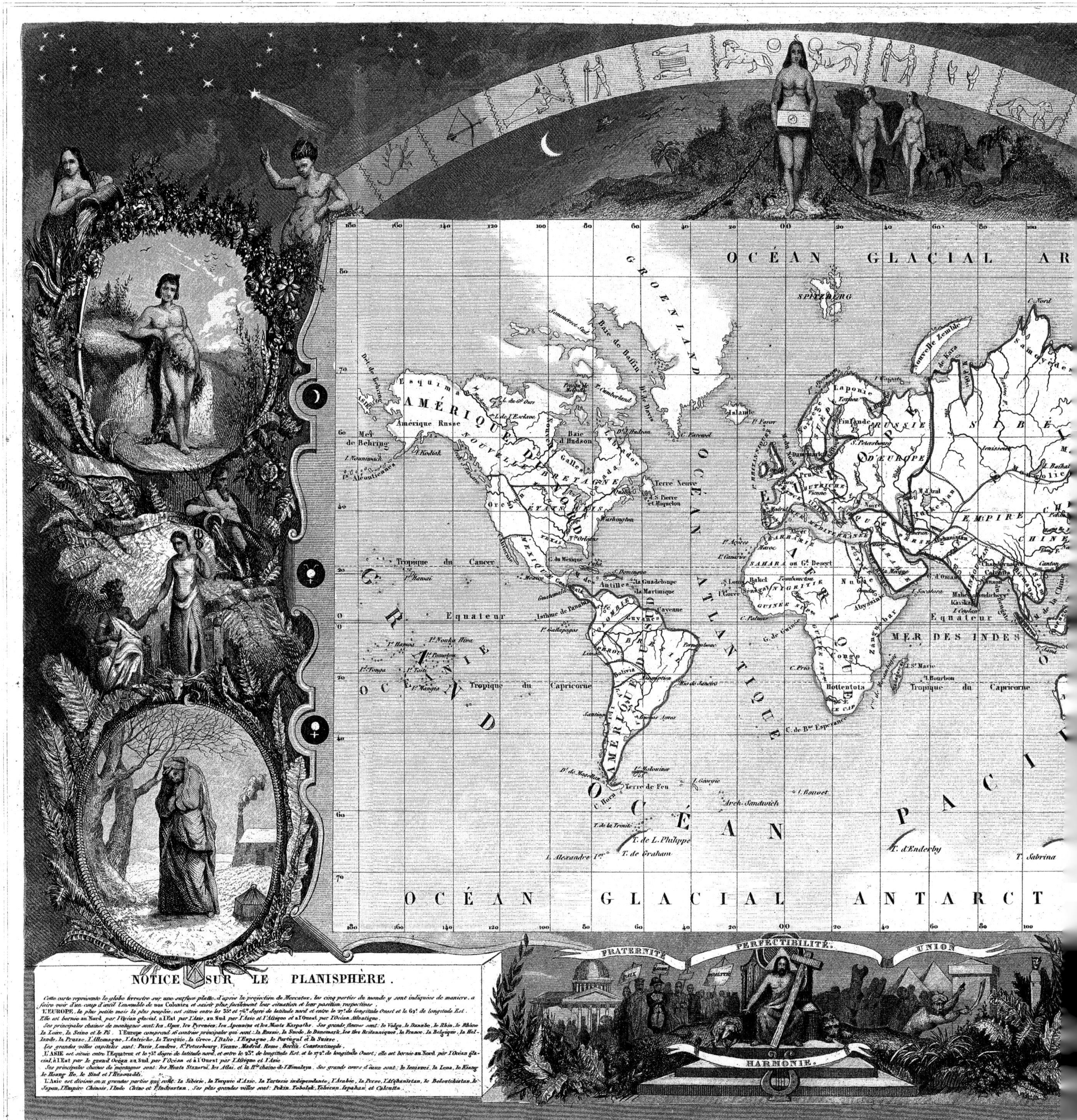

PLANISPHÈRE.

Impr. de Lemercier, Paris.

《平面世界地图》

Planisphere

这幅极具美感与艺术性的世界地图，由维克托·勒瓦瑟于 1852 年出版。制图师尽力遵循了从 19 世纪中叶开始在法国流行的极简主义地图风格，但地图四周有装饰性边框的插画作品依旧极尽奢华富丽，并且富含共济会的象征手法。苍穹布满了地图的顶部，上有十二星座的象征符号。一位拥有两对乳房的、很可能是潘多拉的女神，怀抱着她那被封锁的、可怕的盒子。在她的右边，亚当和夏娃牵手漫步于伊甸园，没有注意到紧随其后的巨蛇。在地图的右侧和左侧，插图描绘了拟人化的四季。在地图的底部，耶稣基督在飘扬的横幅中间登上了宝座，横幅上写着共济会的信条：“博爱、完善、团结、和谐”（Fraternité，Perfectibilité，Union，Harmonie）。

这幅地图本身相对简约，很少标注地名，轮廓及色彩也简单。与同时期的大多数英国制图师不同，法国制图师普遍支持美国人拥有对不列颠哥伦比亚省和俄勒冈向北直到 54° 40' 这片区域的主权，这一观点也如实地体现在了地图上。另外值得我们注意的是位于北极的极北地区的这片开放海域，这证明了发现“西北通道”的希望，直到 19 世纪中期依然被部分人所坚持。

这张地图是为 19 世纪最后一个伟大的装饰地图集之一《法国国家插画地图集》（*Atlas National de La France Illustré*）而创作的。

制图师

维克托·勒瓦瑟（Victor Levasseur，1800—1870）是法国工程师，制作了具有非同寻常的艺术性的版画与地图。其最著名的作品，是大型装饰性法国地图集《法国 86 省及属地插画地图集》（*Atlas National Illustré des 86 Départements et des Possessions de La France*）。

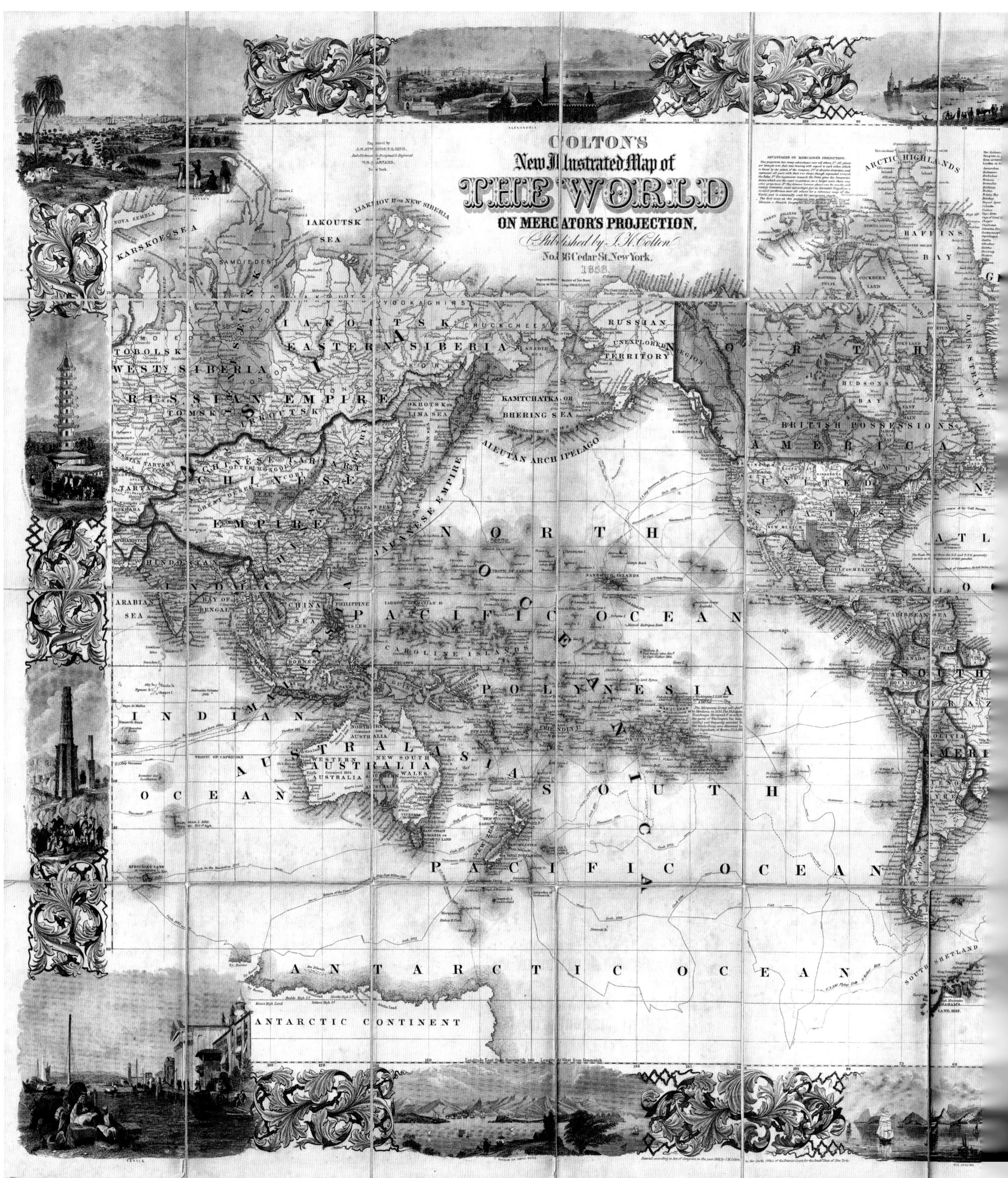
COLTON'S
New Illustrated Map of
THE WORLD
ON MERCATOR'S PROJECTION,
Published by J. H. Colton
No. 136 Cedar St. New York.
1858.
ALEXANDRIA
NOVA ZEMBLA
KARSKOE SEA
IAKOUTSK SEA
LIAKHOV I. OR NEW SIBERIA
TOBOLSK
WEST SIBERIA
RUSSIAN EMPIRE
TOMSK
IRKOUTSK
IAKOUTSK
EASTERN SIBERIA
YOOKAGHIRS
CHUCKCHEES
OKHOTSK SEA
KAMTCHATKA OR BHERING SEA
ALEUTAN ARCHIPELAGO
RUSSIAN
UNEXPLORED TERRITORY
ARCTIC HIGHLANDS
BAFFINS BAY
HUDSONS BAY
BRITISH POSSESSIONS
AMERICA
UNITED STATES
GULF OF MEXICO
CARIBBEAN SEA
DAVIS STRAIT
CHINESE TARTARY
CHINESE EMPIRE
JAPANESE EMPIRE
HINDOSTAN
INDIA
ARABIAN SEA
BAY OF BENGAL
CHINA SEA
PHILIPPINE ISLES
BORNEO
NORTH PACIFIC OCEAN
SANDWICH ISLANDS
TROPIC OF CANCER
CAROLINE ISLANDS
EQUATOR
POLYNESIA
OCEANICA
INDIAN OCEAN
AUSTRALASIA
AUSTRALIA
WESTERN AUSTRALIA
NEW SOUTH WALES
TROPIC OF CAPRICORN
NEW ZEALAND
SOUTH PACIFIC OCEAN
ANTARCTIC OCEAN
ANTARCTIC CONTINENT
SOUTH SHETLAND
GRAHAM'S LAND
Longitude East from Greenwich 180 Longitude West from Greenwich

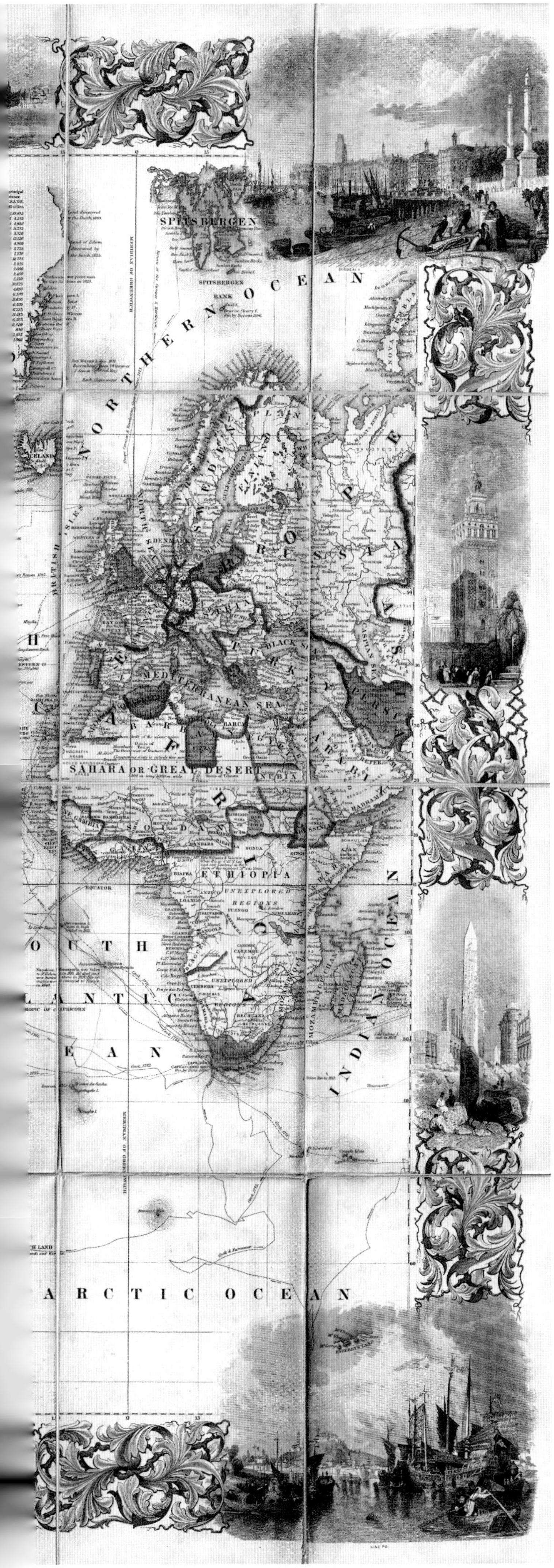

《科尔顿的新插画世界地图》

Colton's New Illustrated Map of the World

这幅宏伟壮丽、尺寸巨大的墨卡托投影世界地图，是伟大的美国制图师约瑟夫·哈钦斯·科尔顿以“盒式地图”（case-format）的形式于1853年创作的。地图中鲜艳的色彩勾勒出不同的国家与地区，地图周围环绕着由W. S. 巴纳德（W. S. Barnard）所设计的极尽奢华的带有边框的插画作品。这些插画塑造了哈瓦那、亚历山德里亚、君士坦丁堡、波尔多、塞维利亚、卡尔纳克神殿所在的卢克奈（埃及城市）、宁波、里约热内卢、香港、威尼斯、加兹尼（阿富汗城市）以及南京的大型城市图景。

为了便于运输和更好的保存，这幅地图是以组图的形式发布的。其制作的过程是先印制大图再将其裁剪为小块，而我们看到的这幅地图则是由32块独立的小图组成。之后，再将这些小图贴在亚麻布或帆布上。这项工艺的理念是，在折叠和展开地图时，布料可以承受更多的压力，从而尽可能地保持地图的完整性。这类地图被称为“口袋地图”（pocket maps）或“盒式地图”（case maps），因为它们很容易运输，并且常常配有皮制或纸制的盒子。通常情况下，像科尔顿这样的制图师会将他们所制的大型地图以多种形式提供给客户，其中包括折叠式、盒式、口袋式以及卷轴式。

制图师

约瑟夫·哈钦斯·科尔顿（Joseph Hutchins Colton，1800—1893）是19世纪最重要、最多产的美国商业制图师之一。他大概从1833年开始出版地图，起初主要集中出版利润丰厚的“侨居指南”。1858年，他受玻利维亚政府委托制作一幅大型的玻利维亚地图。在生产过程中，委托作图的政府被推翻，预期的付款也从未到账，致使科尔顿的公司破产。虽然后来，他与A.J.约翰松（A.J.Johnson）等人进行的种种英明的商业交易让他能继续维持生意，但却再也没能恢复到从前的繁荣景象。

《图解世界地图》

Planisphere Illusté

这幅由亚历山大·维耶曼于1857年绘制的地图，为那些足不出户的学者展现了一幅描绘着世界各地人物风貌的图画。伟大的发现、著名的探险家，以及大量的注释和丰富的装饰性元素都出现在地图的教育性内容当中。细节贯穿全图，包括历史、文化气候、殖民地、主要城市、航海路线，甚至还有多种行程所需的时间。

该地图最引人注目的大概就是其中无数精美的插图，例如撒哈拉的骑士、北极的因纽特人、美洲的印第安部落以及捕鲸船。地图底部的两幅大图则显示了多个民族的服饰和生理特征，其中包括西班牙人（Espagnols）、蒙古人（Mongols）、麦加的阿拉伯人（Arabes de la Mecque）、希腊人（Grecs）、中国人（Chinois）、俄罗斯人（Russes）、意大利人（Italiens）和法国人（Francais）。

制图师

亚历山大·维耶曼（Alexandre Vuillemin，1812—1880）是一位多产的法国编辑和制图师，其最著名的作品是一部关注工商业的地图集《工商业地理图集》（*Atlas Illustré de Géographie Commerciale et Industrielle*）。他曾在奥古斯特·亨利·迪富尔（Auguste Henri Dufour，1795—1865）的指导下学习雕版并从事与出版相关的工作。维耶曼有大量作品流传至今，但他的个人生活却一直是个谜。

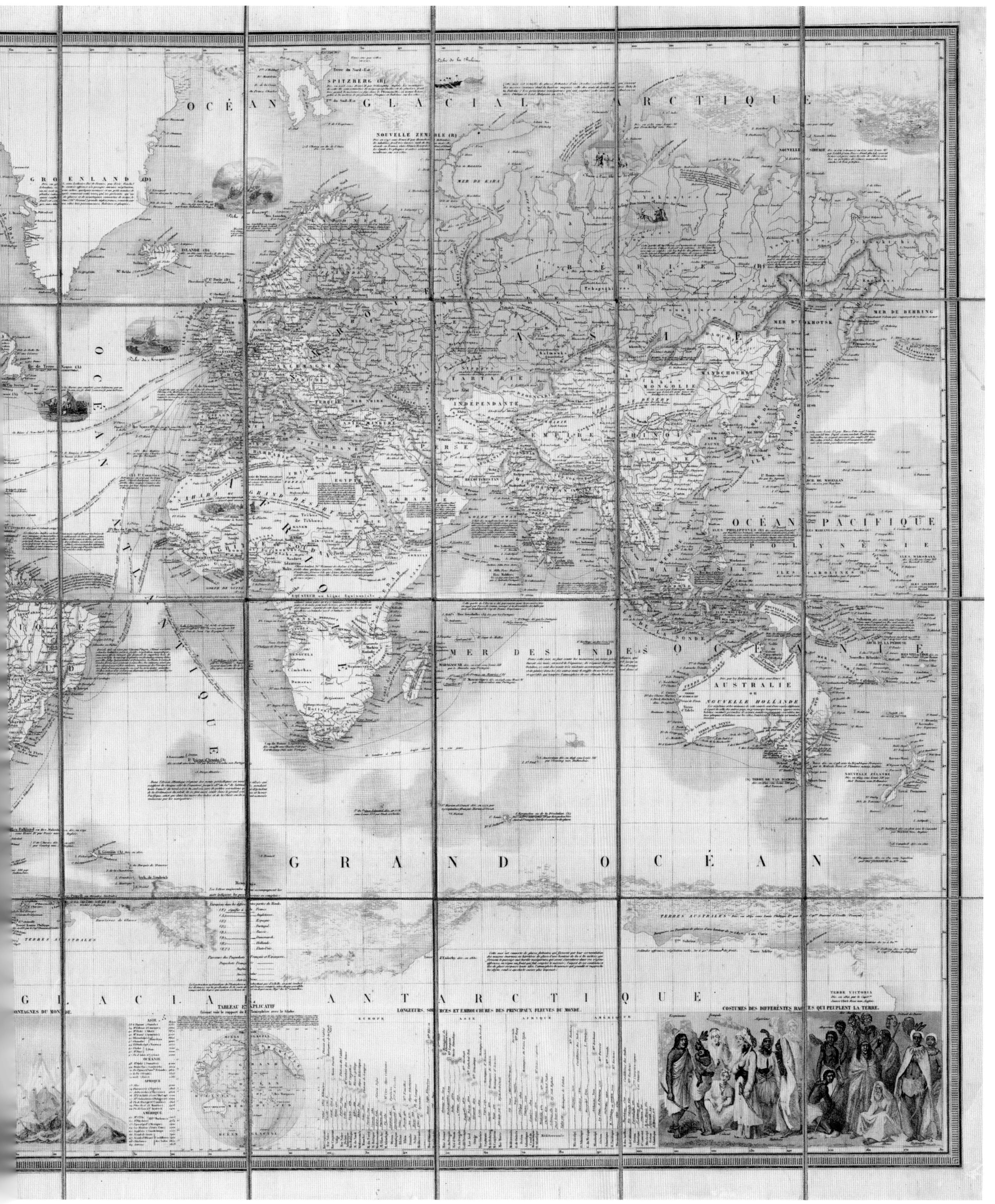
OCÉAN GLACIAL ARCTIQUE
SPITZBERG (B)
NOUVELLE ZEMBLE (B)
GROENLAND (D)
ISLANDE (D)
MER DE KARA
NOUVELLE SIBÉRIE
SIBÉRIE
MER DE BEHRING
MER D'OKHOTSK
MANDCHOURIE
MONGOLIE
TARTARIE
INDEPENDANTE
PERSE
EMPIRE CHINOIS
OCÉAN ATLANTIQUE
GRAND DESERT
EGYPTE
ARABIE
AFRIQUE
OCÉAN PACIFIQUE
POLYNÉSIE
MER DES INDES
OCÉANIE
AUSTRALIE
OU
NOUVELLE HOLLANDE
NOUVELLE ZÉLANDE
GRAND OCÉAN
TERRES AUSTRALES
TERRE VICTORIA
GLACIAL ANTARCTIQUE
MONTAGNES DU MONDE.
TABLEAU EXPLICATIF
LONGUEURS, SOURCES ET EMBOUCHURES DES PRINCIPAUX FLEUVES DU MONDE.
EUROPE
ASIE
AFRIQUE
AMÉRIQUE
COSTUMES DES DIFFÉRENTES RACES QUI PEUPLENT LA TERRE.

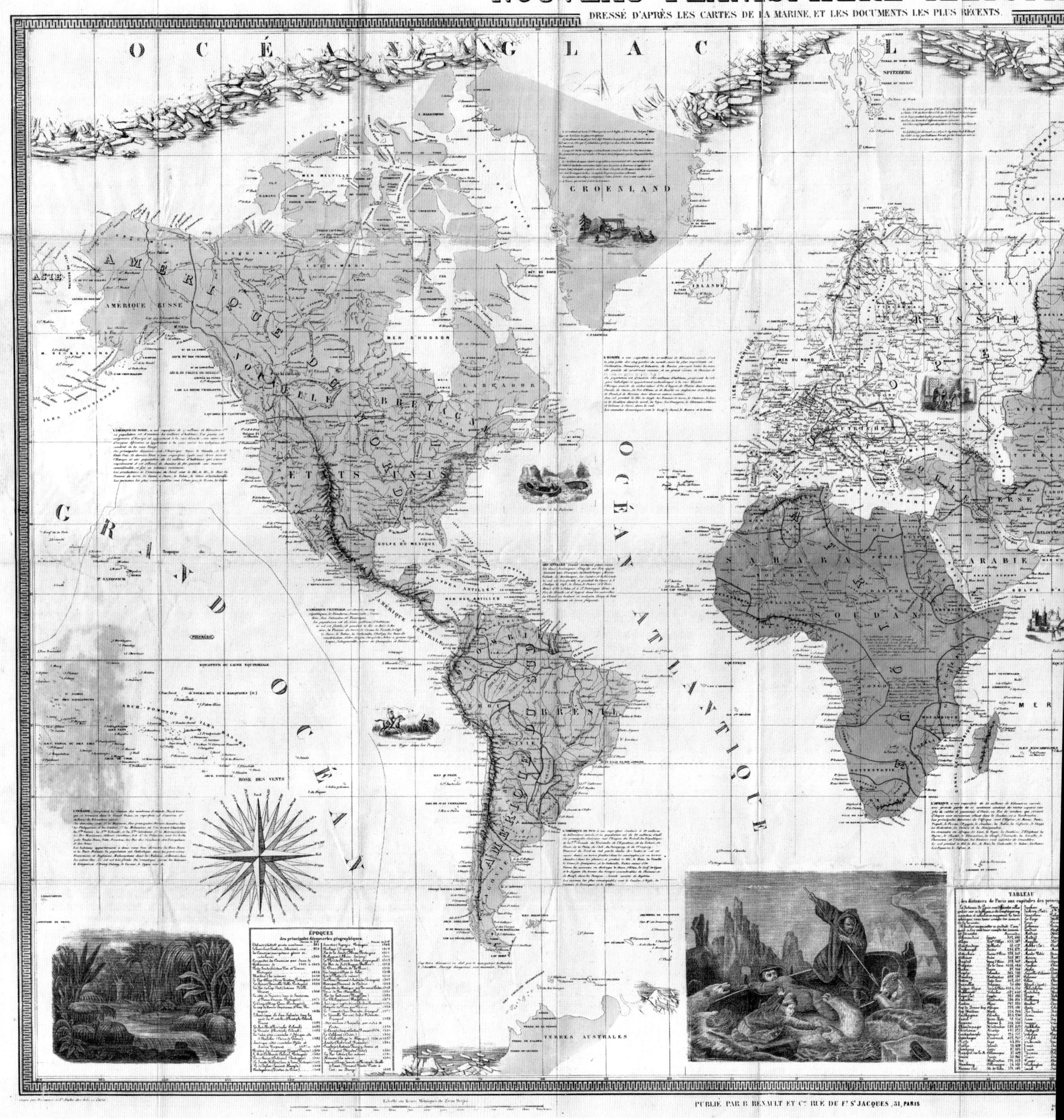
NOUVEAU PLANISPHÈRE ILLUSTRÉ
DRESSÉ D'APRÈS LES CARTES DE LA MARINE, ET LES DOCUMENTS LES PLUS RÉCENTS.
OCÉAN GLACIAL
CROENLAND
AMÉRIQUE RUSSE
AMÉRIQUE DU NORD
NOUVELLE BRETAGNE
MER D'HUDSON
LABRADOR
ÉTATS UNIS
GOLFE DU MEXIQUE
MER DES ANTILLES
GRAND OCÉAN
OCÉAN ATLANTIQUE
BRÉSIL
ROSE DES VENTS
ISLANDE
SPITZBERG
MER DU NORD
EUROPE
AFRIQUE
SAHARA
SOUDAN
ARABIE
TERRES AUSTRALES
ÉPOQUES des principales découvertes géographiques
TABLEAU des distances de Paris aux capitales des principaux...
PUBLIÉ PAR B. RENAULT ET Cie RUE DE Fg St JACQUES, 31, PARIS

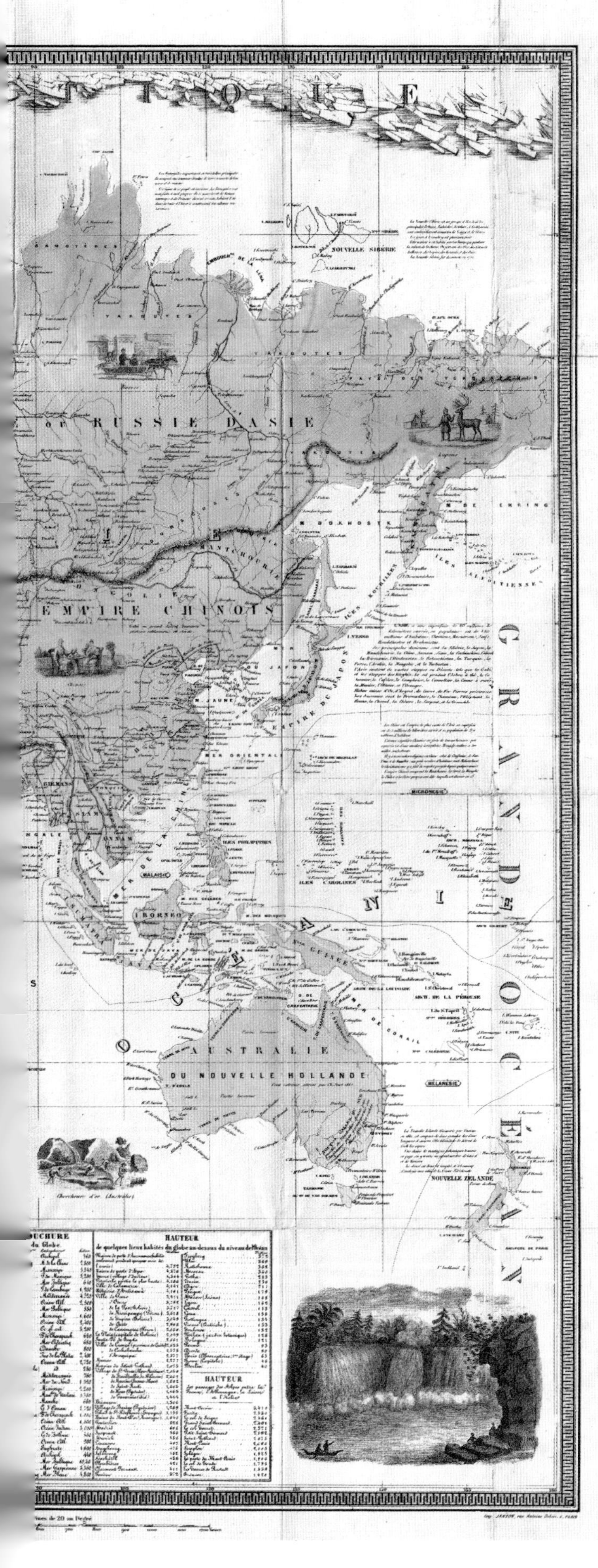

《新图解世界地图》

Nouveau Planisphere Illustré

由费利克斯·德拉马尔什于1862年创作的这幅世界地图，极富戏剧性与观赏性。在这幅里程碑式的地图的底端，三个惊恐万分的男人在一艘岌岌可危的小船上与凶恶的北极熊搏斗，这也是全图中无数精美插图里最引人注目的一幅。此外，还有其他引人入胜的插图，比如在南美洲，一个骑在马上的男人试图用绳子套住一只老虎；在俄罗斯，两名女子坐在马拉的雪橇上；在中国，一男一女在对饮品茶；还有在阿拉伯（“Arabie”）地区附近，一名富有的男子倚靠在由两人抬着的躺椅上。比起制图师，德拉马尔什更像一个商人，这幅地图中包含超过15幅精美插图，无疑是为了吸引迅速增长起来的“扶手椅冒险家”市场。

在19世纪初，由于社会上流行极简主义制图风格，地图上的插画被大规模地精简了。到19世纪中叶，新发明的印刷技术使得高度细节化的地图能够批量生产，由此改变了制图出版业的市场，使曾经只有精英阶层才消费得起的服务，普通群众也负担得起了。于是公众喜爱的插画开始重新出现在地图中，尤其是约翰·塔利斯、费利克斯·德拉马尔什和维克托·勒瓦瑟的作品。

制图师

费利克斯·德拉马尔什（Félix Delamarche，1830—1880）是一位法国制图师，也是查尔斯·弗朗索瓦·德拉马尔什（Charles François Delamarche，1740—1817）出版帝国的继承人。他与制图师查尔斯·迪安（Charles Dien，1809—1870）共同经营着公司。

《克罗弗特新环游世界地图，基于跨美洲大陆与跨欧洲大陆的铁路网》

Crofutt's New Map of the Trans-Continental, American, and Trans-Continental, European, Route Around the World

克罗弗特的这幅于 1871 年出版的世界地图展现了蒸汽轮船和火车头等新科技的出现带动的旅行热潮。克罗弗特意识到，曾经对于普通旅行者来说遥不可及的环球旅行现在终于可以实现了，因而制作了这幅地图来证明他的发现。

这幅地图为我们提供了几条环游世界的路线，甚至还附加了时刻表和预算报价。克罗弗特认为，最佳路线是从纽约开始，沿着新落成的联合太平洋铁路穿越美国，再从旧金山出发，旅客可以乘坐蒸汽轮船前往上海，然后转乘铁路或轮船前往印度。在孟买，旅行者将再次出海，穿过苏伊士运河进入地中海。从希腊出发的路线有很多条，但最快捷的是乘坐火车去往巴黎，然后乘船横渡英吉利海峡。最后从伦敦可以轻松预订回到纽约的轮船。

也许是受到了克罗弗特的启发，儒勒·凡尔纳（Jules Verne）在这幅地图发行两年之后，于 1873 年发表了小说《八十天环游地球》。按照克罗弗特的计算，斐利亚·福格[1]需要 87 天又 13 个小时才能完成最快的环游世界旅行。在书中，福克大约比克罗弗特的估算提前 7 天完成了旅行，但根据克罗弗特估算的报价，他也多花了 75% 的旅费呢！

制图师

乔治·安德鲁·克罗弗特（George Andrew Crofutt，1826—1907）是一位美国艺术家和出版商，因出版的《美国西部旅游指南》而在出版界闻名。其大部分作品都是关于不断壮大的北美铁路网和西部扩张运动。他因影响了美国西部移民的增加而获得了许多赞誉。

1　斐利亚·福格（PhileasFogg），《八十天环游地球》中的人物，是一位英国上流社会的绅士。

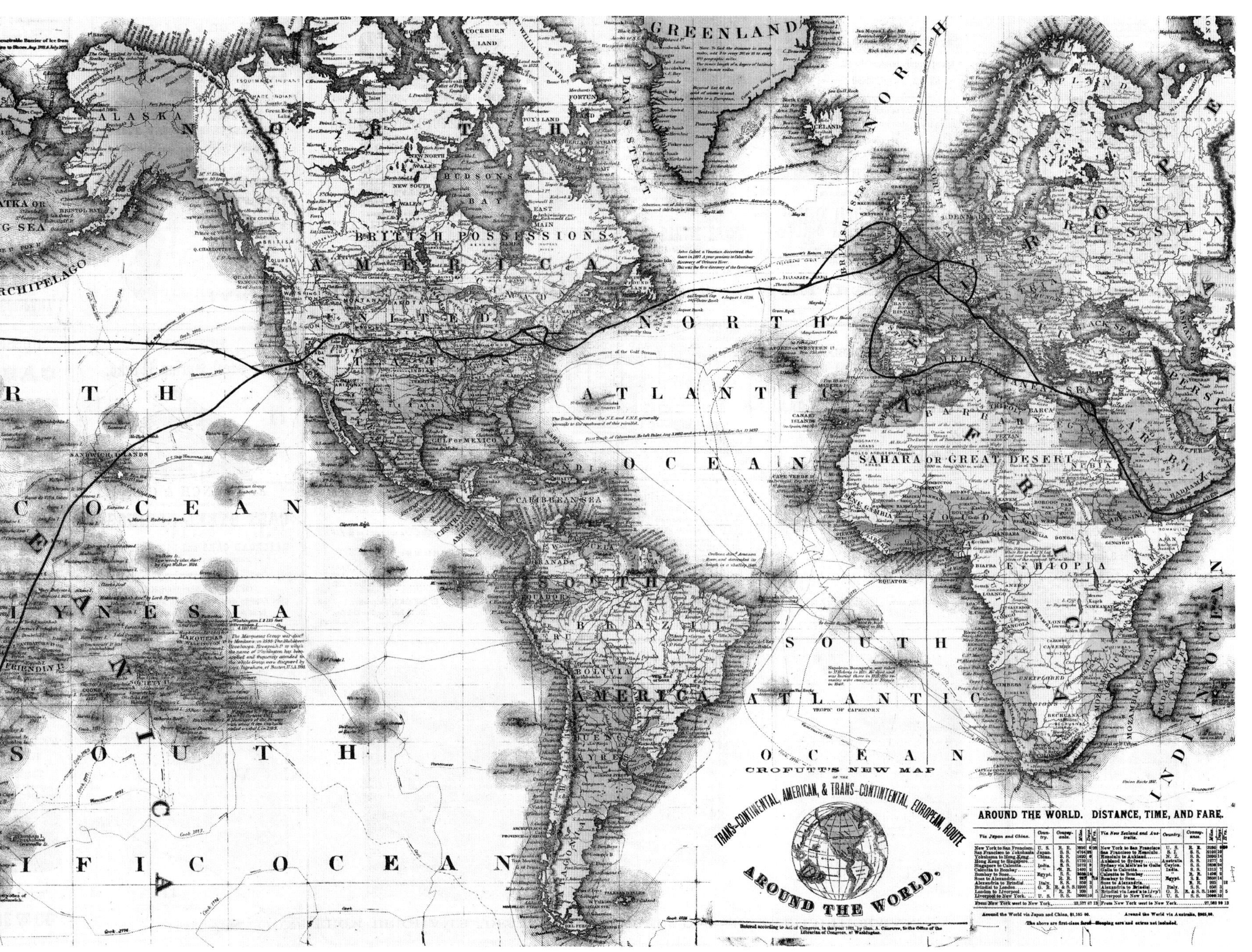

AROUND THE WORLD. DISTANCE, TIME, AND FARE.

Via Japan and China.	Country.	Conveyances.	Miles.	Days.	Hrs.	Via New Zealand and Australia.	Country.	Conveyances.	Miles.	Days.	Hrs.
New York to San Francisco.	U. S.	R. R.	3396	6	20	New York to San Francisco	U. S.	R. R.	3296	6	20
San Francisco to Yokohama	Japan.	S. S.	4764	22		San Francisco to Honolulu	S. I.	S. S.	2100	10	
Yokohama to Hong Kong	China.	S. S.	1620	6		Honolulu to Aukland	N. Z.	S. S.	3890	14	
Hong Kong to Singapore	"	S. S.	1750	11		Aukland to Sydney	Australia	S. S.	1277	5	
Singapore to Calcutta	India.	S. S.	1672	9		Sydney via Melb'ne to Galle	Ceylon.	S. S.	5830	24	
Calcutta to Bombay	"	R. R.	1400	2		Galle to Calcutta	India.	S. S.	1315	7	
Bombay to Suez	Egypt.	S. S.	[illegible]	14		Calcutta to Bombay	"	R. R.	1400	2	
Suez to Alexandria	"	R. R.	[illegible]		[illegible]	Bombay to Suez	Egypt.	S. S.	3600	14	
Alexandria to Brindisi	Italy.	S. S.	850	3		Suez to Alexandria	"	R. R.	225		12
Brindisi to London	G. B.	R. & S. S.	1200	3		Alexandria to Brindisi	Italy.	S. S.	850	3	
London to Liverpool	"	R. R.	200		5	Brindisi via Lond'n to Livp'l	G. B.	R. & S. S.	1400	3	5
Liverpool to New York	U. S.	S. S.	3000	10		Liverpool to New York	U. S.	S. S.	3000	10	
From New York west to New York			23,577	87	13	From New York west to New York			27,583	99	13

Around the World via Japan and China, $1,105 00. Around the World via Australia, $965,00.

The above are first-class fares—Sleeping cars and extras not included.

Entered according to Act of Congress, in the year 1871, by Geo. A. Crofutt, in the Office of the Librarian of Congress, at Washington.

《世界之旅一览图》

Le Tour du Monde en un Clin d'Oeil

这幅宏大瑰丽的图画地图，为我们提供了一次“转眼间便能完成的世界之旅”。它是为了增补法国著名期刊《插画世界》（*Le Monde illustré*）1876 年的 1 月刊而发行的。这幅地图中呈现的世界，是仿佛要我们置身于太空中才能看到的样貌，地图周围还环绕着丰富而生动的插图，使它看上去既遥远又亲切。

一个热气球缓缓飞过繁星点点的夜晚，一座灯塔远远地照向漆黑、暗涌的深海之上，一座火山喷发时天空坠落了一颗流星，与此同时，村庄里的市集则是车水马龙、欣欣向荣之景。有超过 75 位身着“传统服饰”的人物形象栩栩如生地出现在地图中。生动逼真的人物形象、有边框装饰的插图，与整幅地图遥相辉映，简直就是一幅令人目不暇接的视觉全景画卷。

在北美，美国国旗飞扬在看起来很小的华盛顿、费城和纽约附近。联合太平洋铁路将驶过芝加哥的工业化图景之下。在遥远的亚洲，北京的南边，一座佛教寺庙耸立在一处鸦片馆旁。杰出的探险家出现在北极与非洲。而在大海中，各式各样的船只在航道上行驶匆忙。在地图的顶端，金黄色的十字架下面标注着“自由的海域”（Mer Libre），暗示了人们对于“西北航道”存在的希望持续不灭。

制图师

丹尼尔·别尔赫（Daniel Vierge，1851—1904）是一位西班牙插画家和水彩画家，曾在马德里美术学院（the Madrid School of Fine Arts）接受教育，随后前往巴黎，加入了那里如火如荼的出版行业。1870 年，他应夏尔·伊里亚特（Charles Yriarte）的邀请为法国著名期刊《插画世界》工作。他还为大量的书籍创作过插图，其中包括维克多·雨果的《凶年集》（*L'Annee Terrible*）。

福蒂内·路易·梅奥勒（Fortuné Louis Méaulle，1844—1901）是法国的木刻雕版师，他的作品出现在《插画世界》和其他法国图画类期刊上。

TOUR DU MONDE EN UN CLIN D'ŒIL
MER LIBRE
MONDE
ILLUSTRÉ
F. MÉAULLE. SC
PAVILLONS MARITIMES

MIRAGE
H. Scott.
PANAMA
JAMAIQUE
Venezuela
Bogota
QUITO
QUINQUINAS
PÉROU
LAMAS
Cocos Capilata
Fourmillier
VIERGE

在这幅地图中，植物、动物、历史事件、文物和土著人民都以绘画的形式出现。本跨页展示的局部图里，包含了地图下方出现的 75 位来自世界各地身着传统服饰的人，其描绘极尽精美、惟妙惟肖。

Mourzouk
TOUAREGS
Dr E. Vogel
Kartoum
Café
Moka
Nachtigal
1873
Mungo Park
Obeid
Condar
Russegger 1839
Barth
REGIONS
INCONNUES
Schweinfurth
1871
M'Kozanga
Miani
Schweinfurth
1870
Baker
1864
Richard Lander
Du Chaillu
Kingston Tuckey
Tuckey
Bastian
ANGOLA
Gorille
Tschobugos
1871 Livingstone
1050 MAGYARD
Pombeiros 1806
GRAÇA 1846
STANLEY
LIVINGSTONE
46
47
48
49
50
51
52
53
54
55
56
57
58

INCINÉRATION HINDOUE
PÊCHE DES PERLES
Pondichéry
MER DES INDES
Iles Maldives
Ceylan
ILE DE PAQUES
69
67
66
65
70
CANADIEN
60
76
74
71
62
63
64
73
72
77
78
79
F. MÉAULLE. SC

第九章
虚实世界

从第一幅地图诞生的那天起，人们就发现描绘一个非现实的世界是一种本能的冲动。有一个真实的世界存在，便有一个隐喻的世界与之相随。在远古的人类历史中，世界是神明与怪物的国度，那些拥有着我们最好与最坏品质的神话形象，代表着我们最极致的渴望与恐惧。将这个隐喻的世界通过地图展现出来，是帮助人类理解那个世界的一种方式。这个过程，需要运用到人类对于世界、以及自身与世界的关系的掌控能力。

最早的这类地图与占星术，以及对星空的描绘有关。人们相信，夜空中的星宿反映出的是一个属于神祇的世界。在西方文化中，海格立斯[1]、珀伽索斯[2]、奥里翁[3]和德拉科[4]会在夜晚的天空中同安德洛墨达[5]及卡西欧佩亚[6]嬉戏游玩。在欧洲以外的文化中，天国则是被另一批神明以不同形式但主题相似的方式统治着。已知最早的星图是在古代丝绸之路上的莫高窟发现的《敦煌星图》，可追溯到公元700年左右。虽然《敦煌星图》中描绘的是中国神话中的众神，但其基本概念与西方是完全相同的：尘世之外，在那个浩渺的宇宙之中，存在着一个寄托了我们的梦想的世界。

另一种描绘幻想世界的古地图是宗教主题的寓言地图。我们在前面的章节中已经介绍了这类地图，其中便有颇具代表性的《赫里福德世界地图》（见第一章）。让我们来简要回顾，并用一个全新的视角来解读《赫里福德世界地图》。的确，这幅地图所展现的是一个已知的世界。尽管存在着许多想象的成分，但其地理信息依然是可识别的。除此之外，正如地图的概述中所说，它在一个宗教化的虚拟世界中，展示了一条从罪恶通往救赎的象征之道。

这些美丽无疑的地图，也是政府和教会用来传播其理念和教义的实用宣传工具，后两者的合作通常是亲密无间的。在当今这个更为直观、少有想象力的世界中，人们很容易错过象征比喻中所包含的信息，但它们却极易被中世纪到19世纪时期的人们捕捉到。甚至直到20世纪初，受过中等水平教育的人依然可能对希腊-罗马神话与《圣经》传统故事知之甚详，他们可以毫不费力地理解各位神祇所代表的多重寓意，或辨认出《圣经》故事中的场景。例如，法国的太阳王路易十四定期委托画家为他画像。画中的他仿若太阳神阿波罗，身边环绕着月桂花环、太阳和金色战车等太阳神的象征。这样一来，民众便明白，他的统治所倡导的是太阳神阿波罗所代表的美德：音乐、哲学与知识。

因此，在18世纪或更早的时代，地图中通常会蕴含大量的比喻和象征，尤其经常出现在地图的注解栏当中。寓言栏（Allegorical Cartouches），也需要像地图本身一样易于解读，从而将制图师所要表达的关乎制图甚至于整个社会的思想与理念传达给读者。早期的制图师还更进一步地制作了纯象征式的图表和地图。在这一章中，我们将看到两幅这种类型的地图，第一幅是1743年的

1 海格立斯（Hercules）：武仙座，古希腊神话中主神宙斯与阿尔克墨涅之子。他力大无穷，是古希腊神话中最伟大的英雄。

2 珀伽索斯（Pegasus）：飞马座，古希腊神话中由美杜莎与海神波塞冬所生之子，是长有双翼的飞马。

3 奥里翁（Orion）：猎户座，古希腊神话中海神波塞顿之子，是一位年轻英俊的巨人。

4 德拉科（Draco）：天龙座，古希腊神话中的巨龙。

5 安德洛墨达（Andromeda）：仙女座，希腊神话中的一位公主。

6 卡西欧佩亚（Cassiopeia）：仙后座，希腊神话中的埃塞俄比亚皇后。

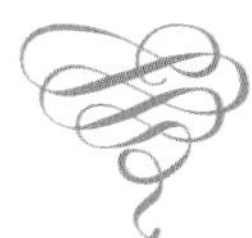

《极乐岛之图》（*Carte de L'Isle de la Félicité*），第二个是 J. B. 霍曼的《乌托邦全图》（*Accurata Utopiae Tabula*）。

这两张地图在主题或内容上都不是宗教式的，但却都借用了《圣经》中的寓言象征。两幅地图中较早创作的是霍曼的《乌托邦全图》。地图中展现的世界远远不是我们今天所了解的那个乌托邦世界，而是一个放荡堕落的国度，就如德文中的“Schlaraffenland”，是一个“愚人的乐园”。这个世界包含着每一种形式上的“过分”，而真正的灵性乐园却远在愚人无法抵达的巍峨山巅，坐落于一片“无人知晓的土地”（Terra Incognita）之上。

《极乐岛之图》包含的则是另一种喻意。它是一个神秘的准共济会[7]组织“幸福之社”（L'Ordre de la Félicité）的作品，从组织的名字上看，其宗旨应是追求“喜乐的人生”。这幅地图诠释了该组织的教义，即人们必须找到方向，驶进“富裕”“美貌”“美德”等港口，才能最终抵达极乐城堡，是为了让初入会的成员熟悉教义而制作的。跟随着图中的路径所经过的这些象征很可能代表着这个准共济会组织的世界观。

这类地图的各种变体在 19 世纪依然流行，当时人们主要用这种形式来鼓励和宣传社会与政治运动——从鼓励婚姻幸福、选举投票到禁酒节制。其中一个例子就是我们在本章中将看到的 1838 年出版的《禁酒之境》（*Temperance Map*），图中很典型地描绘了一条道路，穿梭于各种令人生畏的领地和海洋之间。假如人们可以在饥饿、痛苦、贫穷、谋杀和其他令人生畏的困境（horrors）之中寻找到正确的方向，那么就可以抵达美妙、安宁的“克己”（Self-Denial）之国，其中遍布着令人愉悦的“勤奋”（Industry）、“繁荣”（Prosperity）和“喜乐”（Enjoyment）等城邦。

这类地图通用的主题，便是将人生比喻为一场伟大的旅程，其终点往往是天堂之境，无论是存在于现实世界、精神世界或来世之中。在这场生命之旅中，旅人必须克服诸多危险，并拒绝各种试图将他们拉入歧途的诱惑。在本章中，几乎所有的地图都包含着一个强烈的道德甚至是正义的元素。其暗含的假设，是所有人必须接受一个单一的“好”与“正确”的定义，这在今天的我们看来未免是狭隘而封闭的。

到了 20 世纪初，则出现了一种不同的、更加微妙的“美好”的图景。第一次世界大战不仅摧毁了广大欧洲土地，还打破了社会、道德和政治的边界。对与错、善与恶之间不再界限分明。随着这种变化的到来，一种新的地图风格：幻想地图（fantasy map）应运而生。最早的幻想地图也许是伯纳德·斯莱（Bernard Sleigh）于 1918 年创作的《梦幻岛古地图》（*Anciente Mappe of Fairy Land*）。斯莱从德国和英国的童话故事，古希腊、古罗马及挪威等地的神话故事中取材，编绘成了这幅幻想地图。斯莱并不提倡道德训诫，他的地图中也没有关于对错的评判。正如同一枚硬币的两面一样，这里的光明与黑暗被赋予了同等的地位。斯莱所创造的这种新地图带动了幻想风格在制图界、艺术界以及文学界的风靡，甚至还可能影响了 20 世纪的绘画地图（pictorial map）。

7 共济会（Freemasonry）：诞生于18世纪的西欧，是一种非宗教性质的兄弟会，一般只有男性能够加入。共济会习惯运用比喻与象征来传递理念。

《平球星图》

Planisphaerium Coeleste

这是由弗雷德里克·德·威特创作于 1680 年的一幅绚丽而梦幻的双半球星图。乌云烘托出标题横幅，与另外 6 幅天文图环绕着主天体图。这些附图中描绘了月球相对于太阳的相位变化、月球环绕地球的公转以及哥白尼和托勒密的天文体系。

在主星图中，每个半球都在以椭圆的极点为中心的极球面投影体系中。在星星的周围，以图画形式描绘出的星座与之相对应，其中尤以黄道星座为主。有些在这里出现的次级星座并不为我们所熟知，也许这些星座取自霍安·布劳（Joan Blaeu）在 1658 年出版的一系列天体图。

这幅星图并没有被正式收录到当时的任何标准地图集中，但它有时会与桑松的《新地图集》（*Atlas Nouveau*）和阿拉德的《重要地图集》（*Atlas Major*）放在一起。

制图师

弗雷德里克·德·威特（Frederik de Wit，1629—1706）是制图黄金时代荷兰阿姆斯特丹的雕版师和制图师。 1689 年，他获得了“特权”（Priviledge），即版权的一种早期形式。在他去世后，他的遗孀将他的地图和印版拍卖出售，印版由彼得·莫尔捷（Pieter Mortier）收藏，为随后的科旺 - 莫尔捷出版社（Covens and Mortier）奠定了基础，该社日后成为了 18 世纪荷兰最大的出版社之一。

SPHÆRIUM CŒLESTE
HYPOTHESIS PTOLEMAICA
HYPOTHESIS TYCHONICA
HYPOTHESIS COPERNICANA
P. LANSBERGII SCHEMA
MOTUS TERRÆ ANNUT CIRCA SOLEM
PISCES
ARIES
AQUARIUS
Cetus, Balena
Piscis notius
Phœnix
CAPRICORNUS
Grus
TAURUS
Fluvius Eridanus
Orion
Indus
Hydra
Lepus
Colomba Noe
Pavo
Corona australis
SAGITTARIUS
Apous Indica
Cameleon
Canis maior Sirius
GEMINI
SCORPIUS
Ara, Thuribulum
Musca
Canicula Procyon
Argo Navis
CANCER
Centaurus
Hydra
LIBRA
Crater Vas
LEO
Corvus
VIRGO
Equuleus
Delphinus
Antinous
Aquila
SAGITTARIUS
Serpentarius Ophiuchus
Serpens
SCORPIUS
LIBRA

《乌托邦全图》

Accurata Utopiae Tabula

这幅 1694 年出版的乌托邦地图，是 17 世纪德国发行的最重要的文学地图之一，由艺术经销商、出版商丹尼尔・丰克（Daniel Funck）委托约翰・巴普蒂斯特・霍曼完成。图中的乌托邦场景取材于 16 世纪的纽伦堡歌者汉斯・萨克斯（Hans Sachs）所作的讽刺音乐作品。这种暗黑形式的乌托邦并不常见，但与英国的《安乐乡》（*Land of Cockaigne*）极为相似。

神圣之地（Terra Sancta）位于地图的顶部，并被标志着“无人知晓”（Incognita）。在地图的底部，是更为通俗易懂的“地狱王国”（Das Hollische Reich），及其中的“别西卜”、“撒旦”以及“路西法”[1]等地。整个乌托邦世界的大部分地区都是由人类的各种恶行与鄙俗来命名的，从“贪得无厌”到“酩酊大醉”，从“谋财害命”到“好逸恶劳”。总而言之，在这幅拥有 1700 多个地名的地图上，绝大部分都代表了人类的罪恶和恶习。这个“乌托邦”也被称为“愚人的乐园”（Schlaraffenland），原是一个高地德语中的词汇，大意指“懒惰的猿人之国”（Lazy Ape Land）。

制图师

约翰・巴普蒂斯特・霍曼（Johann Baptist Homann，1664—1724）是德国纽伦堡多产的地图出版商。通过与法国和荷兰的地图出版社低价竞争，霍曼建立了一个繁荣的地图出版帝国，也成为了历史上最多产的地图出版商之一。在他去世后，其出版社更名为霍曼・赫尔斯（Homann Heirs，霍曼的继承人），并继续出版地图。

1　别西卜（Beelzebub）、撒旦（Satan）、路西法（Lucifer），皆为《圣经》中的魔鬼与魔王。

感谢康奈尔大学图书馆提供的 P.J. 莫德劝导式地图收藏集（P.J. Mode Collection of Persuasive Cartography）

SISTÉME DE LA CRÉATION DU MONDE SUIVANT MOÏSE. 2ᵉ Planche

l'Élément aride, ou la Terre sans Eaux. *Genés. I. v. 9.*

Dieu fit deux grands corps de Lumiére..... Et les Etoilles. *Genés. I. v. 16.*

《创世纪图解》

Sisteme de la Creation du Monde

安托万·奥古斯丁·卡尔梅创作于1728年的这部双幅地图为我们提供了一个从神秘晦涩的宗教科学的视角看到的世界。这幅地图是为补充描绘卡尔梅富有影响力的著作《批判性圣经地理、文学及历史年代记大词典》（*Dictionnaire Historique Critique, Chronologique, Geographique et Littéral de la Bible*）中的观点而出版的。

地图中上方的圆球描绘了一个以东半球为中心的世界，这种视角源自弗朗西斯·培根（Francis Bacon）所倡导的一种地理假设，当时培根被讽刺为“科学方法之父”。这个假设认为，地球是一个巨大的水球，因此上帝在创世时才能够使大陆板块漂浮在其上。而大陆的重量是如此巨大，以至于它们所置换出的大量的水从北半球流向了南半球,淹没了赤道以南的绝大多数陆地,只留下少数山地幸存。

下方圆球中描绘的是一个前哥白尼时代的宇宙观。地球位于宇宙的中心，星星和月亮都围绕着地球旋转。太阳则是一个上帝一般的存在，地球沐浴在它的圣光普照之中。而在哥白尼之后，人们普遍接受了地球绕日公转而非太阳绕地公转的理论。

制图师

安托万·奥古斯丁·卡尔梅（Antoine Augustin Calmet，1672—1757）是法国本笃会修道士和《圣经》学者。他对《圣经》研究的学术方法影响了《圣经》释读的新时代，其核心在于对重要意义的批判性探索。教皇贝内迪克特十三世主动提出授予他“主教的尊严”（Episcopal Dignity），但他秉承着一颗虔诚与谦逊的心，拒绝了这份荣誉。

《极乐岛之图》

Carte de L'Isle de la Felicite

在这幅1743年的珍奇的寓言地图中，“幸福岛”南临一片平静的大洋，北接一片凶险的海域。这幅大胆奇作以色彩丰富的水彩绘制并辅以大量的金箔装饰，是为一个神秘的准共济会组织“幸福之社”（L'Ordre de la Félicité）创作的。这个组织鼓励女性入会，因而在共济会系统中很特别。尽管组织的存在一直隐藏在神秘之中，但这幅华美的寓言地图还是能够帮助我们了解其教义和特征。

这幅地图着重描绘通向“极乐城堡”的道路，到达那里意味着你已经成功战胜了人生的许多挑战。首先，你的船只不能冲上“善变”或“假正经”礁石。其次，你不能陷进“诱惑”浅滩。你必须找到安全的港口，在这里有“美丽”、“美德”、“亲切”、“幸福”（Félicité）与“财富”可供选择。最后，在岛上前行的过程中，你还必须躲避危险，如“卖弄”小径和阴暗的“趣味”沼泽。

神秘的共享晚餐和加密的航海术语是该组织社交生活的基石。图中关于性的暗讽似乎并没有明确的分类，而图中的“放荡”（libertine debauchery）一词是否符合当时普遍的用法也未可知。组织的会员、记者让-皮埃尔·莫埃（Jean-Pierre Moët）曾制作了一本密语词典，其中包含了一系列只能从下流的（risqué）角度来理解的密语，比如“乳房”（breasts）对应海岬（promontory）、“大腿”（thighs）对应绞盘（capstan）、“腹部”（stomach）对应干船坞（dry dock），甚至还有“掀姑娘的裙子”（lifting a woman' s skirts）对应收帆（reefing the sails）。我们唯一知道的是，每个新会员都需要完成入会仪式（其中包括一个“扬帆驶向幸福岛”的环节），并在仪式中克服一定数量的“困难”，才能最终正式加入该组织。

制图师

约翰·马丁·魏斯（Johann Martin Weis，1711—1751）是来自法国斯特拉斯堡的杰出艺术家、绘图师和雕刻家。

感谢波士顿珍奇地图公司（Boston Rare Maps）和 HS 珍本书籍公司（HS Rare Books）提供的地图

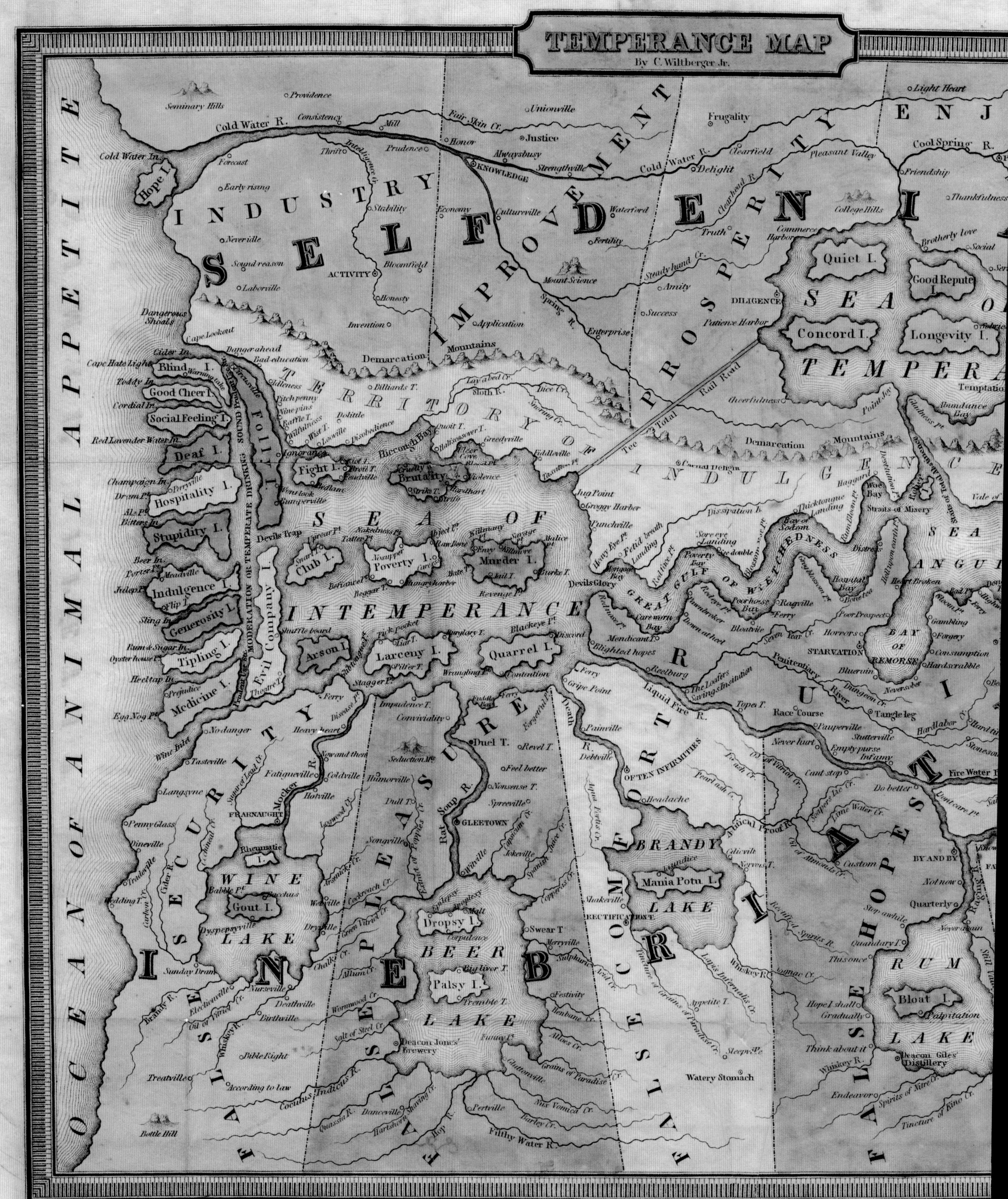

感谢康奈尔大学图书馆提供的 P.J. 莫德劝导式地图收藏集

《禁酒之境》

Temperance Map

这幅由小约翰·克里斯蒂安·威尔特伯格牧师于 1838 年绘制的辉煌的寓言地图，阐释了戒酒所要面对的挑战和收获。地图中的这个危险世界充满了诱惑和陷阱，但却回报丰厚。地图的底部是“酩酊大醉”（Inebriation）的国度，其中包含“虚假的希望”（False Hope）、“虚幻的快乐”(False Pleasure) 和“无动于衷”(Total Indifference) 等领地，而位于各个领地中心的则是邪恶之湖，如“葡萄酒湖”和“啤酒湖”等。向北方去，横跨过“禁酒之海”（Sea of Temperance）或“悲惨大海湾”（Great Gulf of Wretchedness），那里便是“克己天堂”（Paradise of Self Denial），可以到达“长寿之岛”（Longevity I.）、“好声望之岛”（Good Repute I.）、“繁荣之地”和“喜乐之地”。

像许多其他同类的地图一样，这幅猛烈抨击饮酒的地图本质上是一个说教式的视觉广告，希望通过寓教于乐的方式，达到教育大众的目的。通常情况下，这些宣传图会在大街上分发，或偷偷张贴在酒吧、小酒馆和其他的饮酒场所，希望以此劝导人们放弃酒精，转而投向以茶代酒的克制之道。

制图师

小约翰·克里斯蒂安·威尔特伯格（John Christian Wiltberger Jr., 1766—1851）是一位来自美国费城的牧师、传教士和禁酒活动家。

《梦幻岛古地图》

An Anciente Mappe of Fairy Land Newly Discovered and Set Forth

这幅由伯纳德·斯莱（Bernard Sleigh）创作于1918年的地图，为我们描绘了一个被光明与黑暗一分为二的世界。在图中，绿草如茵的田野和阳光明媚的海滩距离古墓和狂风呼啸的大海仅有一箭之隔。地图综合了来自古希腊神话、欧洲民间传说和文学故事中的各种人物形象，为我们展现了一个“古老仙境”的全景画面。从“梦幻之海”（the Sea of Dreams）启航，或沿着彩虹走向尽头，就可以到达那充满无尽美妙梦幻的国度。

在绵延的高山与谷地之间，我们可以找到托尔金的天堂[1]、兰斯洛特[2]、灰姑娘，彼得·潘，穿靴子的猫[3]、彼得·派珀[4]、汉塞尔和格蕾特尔[5]、精灵与龙。在仙境中，游客可以在“和平之湖”（the Peace Pool）游泳，参观亚瑟王的陵墓，或者看到珀修斯[6]救出安德洛墨达的场景。沿着红线向前，是从“现世”（world as it is）到“圆满之境”（that never was and always will be）的旅程。从“梦境之港”（Harbour of Dreamland）到海边晒太阳的美人鱼，这里有许多地方可供你的灵魂休憩，还可以令你回忆起孩童时光憧憬过的奇幻世界。

这张地图作于 1918 年第一次世界大战结束之时。此时的欧洲正沉浸在战争带来的痛苦中。这幅地图也许可以帮助人们缓解一些不可避免的伤痛，为人们带来宁静美好的、童年般的温柔安慰。

制图师

伯纳德·斯莱（Bernard Sleigh，1872—1954），英国插画家和壁画家，曾在伯明翰艺术学院（Birmingham School of Art）学习，受到了当时工艺美术运动（Arts and Crafts Movement）的影响。他还出版了其他几张英格兰地区地图，但这幅《梦幻岛古地图》是他最著名的作品。

---

1 约翰·罗纳德·鲁埃尔·托尔金（JohnRonaldReuelTolkien）：英国作家、诗人和语言学家。曾是牛津大学的教授，创作了奇幻文学著作《霍比特人》、《魔戒》以及《精灵宝钻》。

2 兰斯洛特（Lancelot）：亚瑟王传说中的圆桌骑士团成员之一，出现在很多法国小说和文学作品中。

3 《穿靴子的猫》（*Puss in Boots*）：法国作家夏尔·佩罗（Charles Perrault）创作于1697年的小说，讲述了一只聪明的猫要帮助它穷困潦倒的主人翻身，经过机智勇敢的行动，最终帮助主人得到了国王的青睐和公主的爱慕。

4 彼得·派珀（Peter Piper）：可能是《彼得兔的故事》（*The Tale of Peter Rabbit*）中的角色。《彼得兔》系列童话绘本书由英国作家、插画家海伦·比阿特丽克斯·波特（Helen Beatrix Potter）所作。第一部《彼得兔》创作于1902年。

5 《汉塞尔和格蕾特尔》（*Hansel and Gretel*）：《格林童话》中的一则童话寓言故事，讲述了一对兄妹，在后母的逼迫下被父亲抛弃，在森林里误入了女巫的糖果屋，后历尽艰辛终于杀死女巫，回到家中，从此和父亲过上幸福生活的故事。

6 珀修斯（Perseus）：古希腊神话中的英雄，亦是天神宙斯之子。珀修斯受命去取魔女美杜莎的头。凭借着过人的机智与胆量，他完成了任务，在回来的路上救下了公主安德洛墨达，并与之结婚。珀修斯将美杜莎的头献给了智慧女神，女神将珀修斯升到天上成为英仙座，也将公主升到天上成为了仙女座。

在这幅六英尺长的绝世图画中，由经典欧洲传说与古希腊神话故事融汇而成的独一无二的国度，以及其中种种梦幻而又奇妙的细节，都让人惊羡不已。

在左侧的局部放大图中，我们可以看到珀耳塞福涅的花园、得墨忒耳、喀耳刻[1]的小岛、珀修斯拯救安德洛墨达、阿尔戈英雄[2]和冰雪女王[3]。这里的传说也是独一无二的：人们在图中还可以找到代表许愿井、小矮人的宝藏、精灵的神庙、仙女之光和乡村旅馆的地标。

右侧的图片则展示了彼得·潘的房子，以及亚瑟王的传奇故事：从断钢剑[4]到兰斯洛特和珀西瓦尔[5]，再到达梦境之港。

---

1 喀耳刻（Circe）：古希腊神话中住在艾尤岛上的一位令人畏惧的女神。她是古太阳神赫利俄斯的女儿，拥有火红色的长发。在古希腊神话中，喀耳刻善于运用魔药将她的敌人和反对者变成怪物。

2 阿尔戈英雄（Argonauts）：古希腊神话中的一群英雄，出现在特洛伊战争之前。

3 《冰雪女王》（The Snow Queen）：安徒生童话中的一则童话故事。故事讲述了一个小女孩为了救出被冰雪女王带走的青梅竹马，历尽艰险，最终成功。

4 断钢剑（Excalibur）：指亚瑟王在魔法师梅林的引导下，得到湖中仙女所赠的一柄宝剑，亦称“湖中剑”。

5 珀西瓦尔（Percival）：亚瑟王的圆桌骑士之一，被赋予“圣光骑士”的称号。

Amfortas
Ogier the Dane
Silverbell Light
Here is Avalon
King Arthur's Tomb
Galahad lyeth here
The House of Echoe
Here are manie Blue Birds
Excalibore
Parsifal
Titurel
Here is the Castle of Joyous Gard
Lancelot
Guenevere lyeth here
Here is the Imp Tree
The Hydra
The Pool of Hippocrene
Percival
Here liveth Morgan Le Fay
This is Carbonek
Here is Kundry
A wishing Well
Merlin
Here is Narcissus
Contrary Mary's Home
Here is the Magic Forest of Lyonesse
Pool of the Nereids
Here is Rhodope
Elfland
World
This is Actaeon
These are Satyrs
Here is the Sibyl.
The Harbour of Dreamland.
The Gold Caverns.
The Enchanted Sea.
This is the Shippe of Tristram of Lyonesse
Caves

South of Sirius
Oberons Shield
Scale of Thoughts
100 200 300 400
The Northe Beacon
Here are the manie Vallies of Sleep
The Bay of Dreams
Here are Were Wolves
A Watch Tower
Ogres Tongue Cape
Here do they kennel Nightmares
West Beacon
The Bridge of Rocs' Eggs
The Bay of Moaning
The Valley of Fire
The Witch Wood
Landing Place for the Region of Blacke Magick
Mouth of Dream River
Castle of Seven Towers
Here is the Greate Whirlpoole
Crowned Fish
These bee Tritons
Allalonestone Rock

Simele Mountain
Kobolds' Caves
Cliffs of the Giants
Here are Boliaun Caves
The Sapphire Lake
The Sheean Gannan House
The Lake of the Oreads
They singe here at Nightfall
Here doe grow Witch Herbs
The Witch Tern
Fairies Marsh
Donkey Cabbages grown here
These are Cluricháun
The Lake of Allhallows
Here is a Wishing Well
The Lake of Weeping
Here doe they make Wishing Caps and Cloaks of Darkness
Elfinmere
Here are horned Children
The Laidley Worm
Workshop for Seven League Boots
The Faerie Flocks
Japonel
The Peries Village
This is Ole Luk
Beauty and her Beast
Here is the Palace of La Belle Dormante
The Weird Wood
Blackadder Lake here Afanc broodeth
Bogles Corner
Here live the Seven Little Dwarfs
The Relpies Hamlet
Valley of Dragons
Here doe Rocs build their Nests
An Elfin Monastery
Rapunzel, her Tower
Here are the Dwarfs' Caves
Here is Will o' the Wisp
Hansel & Gretel
Here they doe Magick
Undine Bay
To Goblin Land
Here do they blow the Horns of Elfland
No landing here
Here doe dwelle horned Monsters
These Cliffes are of Diamonde
Dangerous Shoals and Reefs are here
Sentinel Rock
Mermen
This is Ulysses, his Shippe
100 Fathoms
AREA

致 谢

在此，我要衷心感谢在这本书出版过程中所有支持和帮助过我的人。

首先是劳拉·艾科马索（Laura Accomazzo），作为本书的责任编辑，她自始至终运用她的远见卓识来引导整个项目的进程，并在编辑文字与图片的过程中赋予我极大的耐心。还要感谢我的朋友、本宁顿学院的研究生金·霍顿斯坦（Kim Hottenstein），他在审稿过程中，与我邮件交流了许多想法。同样，还要感谢我的助理斯潘塞·亨特（Spencer Hunt），在我的写作后期与我一同研讨书稿。

如果没有那些从事古董地图交易的朋友，这本书也不可能完成。波士顿珍奇地图公司的迈克尔·比勒（Michael Buehler）、巴里·劳伦斯·鲁德尔曼珍奇地图公司的巴里·鲁德尔曼（Barry Ruderman）和HS珍本书籍公司的塞巴斯蒂安·伊达尔戈·索拉（Sebastian Hidalgo Sola），都慷慨地将收藏库中的地图授权予我使用。

还要感谢有远见的地图收藏家P.J. 莫德。他精彩的劝导式地图收藏给我带来很多启发。他慷慨地授权我们使用了几幅数字化的地图，并对本书提供了极大的支持。 P. J. 将他的藏品都捐赠给了康奈尔大学，其中大部分藏品现已实现数字化。

最后，要感谢我善良无私的父母：威拉德和卡罗尔·布朗（Willard and Carol Brown）。感谢我才华横溢的人生伴侣季媛（Yuan Ji），她的开朗与热情一直照亮我的内心。还要感谢我最好的伙伴，小狗舒米（Shumi），它总能真实地活在当下。

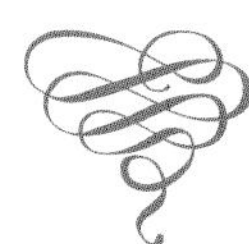

图片版权

本书中的地图大部分来自珍奇古董地图网站。以下为个别特供来源:

第 13 页， MONDADORI PORTFOLIO/AKG Images
第 14—15 页， MONDADORI PORTFOLIO/AKG Images
第 21 页 ，Universal History Archive/UIG/Getty Images
第 17 页 ， Waldseemuller Map - Library of Congress
第 18—19 页， Oronce Finé Map - 1531 - Barry Lawrence Ruderman Rare Maps
第 26—27 页，Fine Art Images/Heritages Images/Getty Images
第 30—31 页， Nova Orbis Terrarum - Kepler - Library of Congress
第 42—43 页， Nova Totius Terrarum - Visscher - Barry Lawrence Ruderman Rare Maps
第 174—175 页， the Homann Map of Utopia - Cornell University Library, P.J. Mode Collection of Persuasive Cartography
第 178—179 页， Allegorical Map of Felicite - Boston Rare Maps and HS Rare Books
第 180—181 页， the Temperance Map 1838 - Cornell University Library, P.J. Mode Collection of Persuasive Cartography

译后记

我对这个世界最初的认识，是跟随着外公布满岁月痕迹的手指，在一幅密密麻麻的中国地图上，描摹出一只雄健昂扬的大公鸡和它身上繁复的细节。像书中的“绅士旅行家”一样，外公和他那个时代的许多知识分子都会在书桌的玻璃板下压着一张中国地图。地图上，红蓝铅笔标记出外公作为土壤科学家在辗转而又丰富的一生中曾经生活、工作和走访过的地方，密密麻麻，几无空白。一张地图，加上在其上累积的标记，便勾勒出了外公的一生。原来，地图具有这样的功能，它可以在空间与时间上标识和定义我们：我们从哪里来，我们是谁，我们要到哪里去。

其实，地图从不止是一个精准的工具，阅读地图也不仅仅是在观察物质世界。在那些瑰丽又精密的图像背后，有兢兢业业的制图匠人、坚韧不拔的探险家、求真求实的科学家，更有雄心勃勃的权贵。这些地图来自私语窃窃的小酒馆、繁荣喧闹的港口、暗流涌动的科学院，甚至是紧张到一触即发的战争指挥部。地图承载的不仅仅是一个物质的世界，而是曲折发展的人类史。

作者通过大量珍贵的历史细节，力图客观地为我们展现一个精彩的昨日世界。然而由于制作地图的古人与今天的我们存在着许多认知上的不同，使得本书中部分地图包含一些有争议的细节。其中有些是不同的文化主体对于同一历史事件的不同解读，有些是作者术业专攻之外的知识，有些则是已经消散在历史之中的细节。譬如在第五章，介绍东南亚国家的地图时，作者从制图技术的发展角度分别列举了中、日、朝三个东亚主要政权在受到西方制图理念与技术影响前后所制作的地图。其中引人深思的是中国与日本采取或放弃闭关锁国政策的时间先后、在受到西方科学技术带来的冲击时所采取的不同应对方式，以及最终呈现在地图上的迥异的科学观与世界观。我认为，作者希望在此展现的是东西方在文明与技术的交流中碰撞出的火花，并强调其对于世界制图发展所做出的贡献。

我们乘着地图时光机穿越到过去，一路上看遍了懵懂、愚昧、封闭、启明、渴求、追寻、积累与欣欣向荣，看遍了进步与倒退、执着与妥协、狭隘与包容、自私与博大。这是人类认知的历史，是人类探索自身与世界的历史。我们的祖先制作地图，源于记录与表达。而今天的我们拥有更加多元化的记录与表达的形式。在记录与表达中，我们怀着主观的心不断靠近客观的真理，就像地图中存留的人性与社会性：有荒谬与伪真，也有信仰与坚守。那些在地图上被以“科学”之名杜撰、幻想、编造出的“南方大陆”、“黄金之国”以及“北极之海”，让人啼笑皆非，却又激励着人们不断勇敢开拓。

翻译这本书的过程，是一段学习谦逊与包容的朝圣之旅。作者一点点拭去沉积在昨日世界之上的灰尘，为我们展现出一个个逝去的时空。在作者的眼中，这个世界是以制图学在技术与理念上的发展为坐标，层层构建而成的。千百年来，科学技术与意识形态的变化对制图学发展的影响常常矛盾对立却又相辅相成，仿佛人类历史发展的缩影。不论是追求现世繁盛还是精神不朽，提倡对外开放还是封闭自守，地图都忠实地记录了当时的人们在他们的时代所做出的选择。如今，我们也走到了我们这个时代的岔路口。

我们的时代是一个快速、敏感、碎片化的时代。我们所发出的和听到的表达越来越多而纷杂，也从另一个方面印证了每个个体对于推动社会向前进步所付出的努力。如同第一位勇敢地举着火把走出部落、去向未知远方的原始人，心怀恐惧与好奇，还需要一些舍身忘我的勇气。正是这样每一个微小的个体所迈出的不间断的步伐，启明了蒙昧，才有了我们今天赖以生存的一切“理所当然”。希望这些美丽的地图与文字能够唤起我们内心对于世界的好奇与向往，从而照见自身与世界的存在。愿勇敢之心永未泯。

木同

2020 年 8 月 15 日

图书在版编目（CIP）数据

地图时光机 /（美）凯文 · J. 布朗著 ; 木同译 . --
北京 : 中国画报出版社 , 2021.1（2021.11 重印）
书名原文 : A JOURNEY BACK IN TIME THROUGH MAPS
ISBN 978-7-5146-1956-0

Ⅰ . ①地… Ⅱ . ①凯… ②木… Ⅲ . ①地图- 历史-
世界- 通俗读物 Ⅳ . ① P28-091

中国版本图书馆 CIP 数据核字 (2020) 第 229412 号

地图时光机

[美] 凯文 · J. 布朗 著　木同 译

出 版 人：于九涛
策划编辑：赵清清
责任编辑：赵清清
装帧设计：李晓然
责任印制：焦　洋
营销主管：穆　爽

出版发行：中国画报出版社
地　　址：中国北京市海淀区车公庄西路 33 号　邮编：100048
发行部：010-68469781　010-68414683（传真）
总编室：010-88417359　版权部：010-88417359

开　　本：12 开（889mm×1194mm）
印　　张：16
字　　数：144 千字
版　　次：2021 年 1 月第 1 版　2021 年 11 月第 2 次印刷
印　　刷：北京汇瑞嘉合文化发展有限公司
书　　号：ISBN 978-7-5146-1956-0
定　　价：158.00 元

America primum
detecta à Christophoro Colombo aº 1492
at ab Americo Vesputio latius retecta aº 1499
deq; suo nomine eam dixit hinc aº 1520 à Ferdinan:
do Magellano, Fretum quod de nomine suo Magella:
nicum dictum, Traiectum est: Idem prestiterunt Fran:
ciscus Draco aº 1579. Thomas Candisch aº 1587. Oli:
verius à Nort aº 1600. Sebaldus de Weert aº 1600.
Gorgius Spilberg aº 1615. Commodius vero et
titius fretum deprehensum aº 1616 a Iacobo
le Maire, quod et ab ipsius nomine
dictum fretum le Maire.
Mare Congelatum
Circulus Arcticus
Fretum Davis
Terra de Labrador
Magni hujus Oceani primus obtector Ille fuit Mr. Hudson
Anian Regnum
Quivira Regnum
America Septentrionalis
Nova Francia
Canada
Florida
Sinus Mexicanus
Tropicus Cancri
Ilhas de Ladrones
Mar del
Circulus Æquinoctialis
Oceanus
Zur
Peruvia
America Meridionalis
Tropicus Capricorni
Mare
Pacificum
Chili
Fretum Magalanicum
Terra del Fuego
Fretum le Maire
Ho regiones cuidam Hispano apparuerunt cum disiectus a classe in hoc Austrah vagarotur
America Septentrionalis